Gero von Boehm

Odyssee 3000 – Reisen in die Zukunft

Gero von Boehm

Odyssee 3000

Reisen in die Zukunft

Mit einem Vorwort von Hans Helmut Hillrichs

C. Bertelsmann

Umwelthinweis:
Dieses Buch und der Schutzumschlag
wurden auf chlorfrei gebleichtem Papier gedruckt.
Die Einschrumpffolie (zum Schutz vor Verschmutzung)
ist aus umweltschonender und recyclingfähiger
PE-Folie.

1. Auflage

Umschlaggestaltung: Design Team München
Satz: Uhl + Massopust, Aalen
Druck und Bindung: Graph. Großbetrieb Pößneck
Printed in Germany
ISBN 3-570-00268-3

Für Jani, Katharina, Julia und Felix

»Schon ist mein Blick, am Hügel, dem besonnten,
dem Wege, den ich kaum begann, voran.
So faßt uns das, was wir nicht fassen konnten,
voller Erscheinung, aus der Ferne, an –

und wandelt uns, auch wenn wir's nicht erreichen,
in jenes, das wir, kaum es ahnend, sind:
ein Zeichen weht, erwidernd unserm Zeichen …
Wir aber spüren nur den Gegenwind.«

Rainer Maria Rilke
»Spaziergang«, 1924

Inhalt

Skylla und Charybdis

Glaubt man dem amerikanischen Autor John Brockman, dann steht derzeit eine vielzitierte »dritte Kultur« auf dem Sprung, die traditionelle Kluft zwischen der ersten (literarischen) und der zweiten (naturwissenschaftlichen) Kultur durch einen innovativen Brückenschlag zu überwinden. Vor allem die Öffentlichkeit, so hofft Brockman, werde von dieser Entwicklung profitieren, indem sie frühzeitig in die Diskussion neuer wissenschaftlicher Entdeckungen und Weltbilder einbezogen werde.

So schön diese Hoffnung ist, so wenig sollte sie darüber hinwegtäuschen, daß auch weit zurückliegende historische Epochen das grenzüberschreitende Denken längst kannten und seine neuzeitliche Renaissance erst möglich gemacht haben. Ganz gewiß ist die »dritte Kultur« keine Errungenschaft der Moderne, sondern eine kostbare, aber verschüttete Erbschaft der Vergangenheit, die bis in die Anfänge der griechischen Philosophie zurückreicht und die es wieder freizulegen gilt.

Überblickt man die Programmgeschichte des ZDF, so stößt man frühzeitig auf Namen und Projekte, die einen solchen Anknüpfungsversuch geleistet haben. Hoimar von Ditfurths »Querschnitt«-Sendungen oder Heinz Habers »Blauer Planet« stehen exemplarisch für das Bemühen, geistes- und naturwissenschaftliche Fragestellungen (wieder!) miteinander auszusöhnen und sich auf jene grenzüberschreitend populäre Weise an die Öffentlichkeit zu wenden, die John Brockman an den

Protagonisten seiner »dritten Kultur« soeben neu entdecken möchte.

Aus dieser Tradition heraus ist das Projekt »Odyssee 3000« zu verstehen, das Gero von Boehm ebenso langfristig wie akribisch vorbereitet hat und das eine umfassende kultur- und wissenschaftsgeschichtliche Bilanz an der Jahrtausendschwelle ermöglichen soll. Das Spektrum der Themen reicht von den explosiven Erkenntnisfortschritten der Gen- oder Gehirnforschung bis zu den globalen Schlüsselfragen des Überlebens auf dem Planeten Erde. Die Retrospektive einerseits, die prospektive, nach vorn gerichtete Betrachtung andererseits sind die methodischen Merkmale dieser Dokumentarreihe.

Programmakzente in der Nähe dessen, was John Brockman als »dritte Kultur« bezeichnet, leisten aber nicht nur notwendige Brückenschläge zwischen Geistes- und Naturwissenschaften. Sie sind darüber hinaus ein wichtiges Korrektiv jener Gegenwartsbezogenheit, die das Fernsehen unvermeidlich prägt, je besser seine aktuellen Journalisten arbeiten.

Aktualität, gerade weil sie unverzichtbar ist, nicht zum Fetisch, zum alleinigen Bezugspunkt werden zu lassen, ist eine eminente Herausforderung für die Kultur- und Wissenschaftsdokumentation. Es gilt die Gesamtlandschaft der Geschichte, »the story of mankind«, die Odyssee der Evolution vor dem Zuschauer zu entfalten, damit das Fernsehen sich nicht einer Horizontverengung und eines verkürzten Zeitverständnisses schuldig macht. Titel und Konzept der neuen ZDF-Reihe sollen dem Rechnung tragen; das Buch ist dabei ein wertvoller Bündnispartner.

Im Unterschied zur *Ilias* ergreifen in der klassischen *Odyssee* die Götter nicht aktiv Partei. Die handelnden Personen sind auf sich selbst und die eigene Verantwortung verwiesen, und statt zwischen Segen und Fluch bleibt ihnen oft nur die Wahl zwischen dem größeren und dem kleineren Übel – zwischen Skylla und Charybdis.

Auch »Odyssee 3000« wird keine Patentrezepte oder Allheilmittel verabreichen. Vor der Hoffnung auf das, was sein könnte, steht die Beobachtung dessen, was ist. »Gero von Boehm berichtet«, heißt es nüchtern, der Warnung des Griechen-Verehrers Hölderlin eingedenk: »Wo die Nüchternheit endet, ist die Grenze Deiner Begeisterung.«

Gero von Boehm hat sich mit sensiblen Dokumentarfilmen, brisanten Wissenschaftsreportagen, präzisen Künstlerporträts und einer Fülle von Gesprächsendungen, die herausragenden Persönlichkeiten der Zeitgeschichte gewidmet waren, einen Namen gemacht. Seine Arbeit bürgt für unanfechtbare Seriosität, und die allein ist einem derart weitgespannten Buch- und Fernsehprojekt angemessen.

Prophetische Vorausdeutungen, wie sie die griechischen Seher praktiziert haben, oder orakelhafte Beschwörung der Zukunft sind deshalb trotz aller Sympathie für die titelgebende epische Vorlage von Gero von Boehm nicht zu erwarten. Wer ihn kennt, traut ihm allerdings zu (und damit wäre schon viel gewonnen!), die Zahl der Zyklopen zu mindern, der Einäugigen nämlich, die leider nicht mit den griechischen Sagen ausgestorben sind, sondern sich bester Gesundheit erfreuen – auf der Seite der Euphorie wie auf seiten der Apokalypse.

Ambivalenz, die markante Diagnosen und Prognosen nicht ausschließt, wird statt dessen das Leitkriterium der Reihe »Odyssee 3000« sein. Denn wer vermag schon mit Gewißheit zu sagen, ob das Kapitel Mensch im Rahmen der Evolution eine Odyssee mit positivem Ausgang oder eine klassische Irrfahrt ist?

Dr. Hans Helmut Hillrichs
Leiter der ZDF-Hauptredaktion Kultur und Wissenschaft

Frankensteins Kinder

Wir schreiben das Jahr 2030. Die Menschenzüchtung hat sich in den westlichen Industrieländern durchgesetzt. Fast die Hälfte aller Menschen wird jetzt in der Retorte gezeugt – in riesigen Fortpflanzungskliniken. Schon vor fünfundzwanzig Jahren wurde das Erbgut des Menschen komplett entschlüsselt. Jetzt kann man es bei jedem einzelnen vor der Geburt testen und korrigieren. Die durchschnittliche Lebenserwartung ist auf über achtzig Jahre gestiegen. Aber der Mensch ist auch total erfaßbar geworden. Das Erbgut enthüllt die letzten Geheimnisse. Systematisch wurden die Vorgänge der Zeugung und der Geburt vom Körper abgekoppelt – immer mehr hat man die Natur mit all ihren Unwägbarkeiten zurückgedrängt, und der uralte Traum vom nahezu perfekten Menschen rückt jetzt endlich in greifbare Nähe.

Klingt das nicht unglaublich? Aber die Entwicklung geht tatsächlich in diese Richtung – und zwar mit einer Geschwindigkeit, die sich vor einigen Jahren noch niemand vorstellen konnte – auch die Wissenschaftler selbst nicht. Zwar klagen sie immer wieder über Rückschläge, aber Schritt für Schritt kommen sie ihrem Ziel näher und beschleunigen damit jenen Trend, der das neue Jahrtausend maßgeblich mitbestimmen wird. Zwei Faktoren verbinden sich pünktlich zum Millenniumswechsel: die Entschlüsselung des menschlichen Erbguts und die technisierte Fortpflanzungsmedizin, die längst zu einem blühenden

Industriezweig geworden ist. Der Mensch nimmt die Schöpfung in die Hand. Er hat begonnen, am Rad seiner eigenen Evolution zu drehen. Der molekularbiologische Boom der achtziger und neunziger Jahre, aber auch immer schnellere Computer haben den Forschern die entscheidenden Instrumente in die Hand gegeben. »Der Appetit wird von der Möglichkeit geweckt«, wie der Philosoph Hans Jonas sagte.

Aber der absolute Wille, sich als Schöpfer auf eine Stufe mit den Göttern zu stellen, läßt sich schon seit dem *Gilgamesch*-Epos nachweisen, das die Bewohner des südlichen Mesopotamien, die Sumerer, um 2500 vor Christus mit keilartigen Zeichen auf Lehmtafeln ritzten. Gilgamesch aus der Dynastie der Uruk war der erste Mensch, der nach Unsterblichkeit strebte, um zu werden wie die Götter. Diese Idee, geboren letztlich aus der ewigen Angst vor dem Tod, hat die Menschen immer fasziniert und ihre Phantasie beflügelt. In der griechischen Mythologie wird Prometheus, der Sohn des Titanen Iapetos, zum Begründer der ersten menschlichen Zivilisation. Er bekämpft Zeus und entwendet ihm das Feuer. Zeus bestraft ihn dafür, indem er ihn an einen Felsen kettet, wo ihm täglich ein Adler die Leber zerfleischt, die nächtens wieder nachwächst. Schließlich wird Prometheus von Herakles erlöst. Ungestraft darf man die Götter nicht versuchen, aber immer gibt es auch einen Ausweg, wenn der Mensch Grenzen überschreiten will. Schon früh wurde erkannt, daß gerade dies in seiner Natur liegt – also auch zum Wesen der Wissenschaft gehört. Später, im 16. Jahrhundert, werden die Visionen schon ziemlich konkret.

»Es wird ein Mensch gemacht!«

Der Arzt und Alchimist Paracelsus schreibt im 16. Jahrhundert in seinem Werk *Liber primus de generationibus rerum naturalium* über das Phänomen des *homunculus*, des künstlich hergestellten Wesens: »Auch wenn einige Autoren der Antike Zweifel hatten: es liegt etwas Wahres darin, daß es eines Tages möglich sein wird, entweder durch die Natur oder künstlich einen Menschen außerhalb des Körpers einer Frau und natürlichen Mutter herstellen zu können.« Einen *homunculus*, so glaubte Paracelsus, könne man auf folgende Weise fabrizieren: »Man vermische eine bestimmte Menge Spermium mit frischem Pferdemist. Dann soll man diese Mixtur in einem geschlossenen Glaskolben vierzig Tage faulen lassen.«

Nach vierzig Tagen, so Paracelsus, werde ein Wesen ohne Körper und völlig transparent entstanden sein, weder männlich noch weiblich. Auch das persönliche Schicksal des Paracelsus mag bei dieser Vision eine Rolle gespielt haben. Es gilt als bewiesen, daß er ein Zwitter war. »Wenn diese *homunculi* ein reiferes Alter erreichen«, schreibt er, »werden sie entweder zu Riesen, zu Zwergen oder zu anderen wundersamen Gestalten. Weil sie ihr Leben künstlich empfangen haben ebenso wie ihren Körper – ihr Fleisch, ihre Knochen, ihr Blut –, wohnt die Kunst ihnen inne, sie müssen sie nicht lernen, sondern man muß sie von ihnen lernen.«

Famulus Wagner belehrt im zweiten Teil von Goethes *Faust*-Tragödie, während im Labor der *homunculus* entsteht, den Mephisto: »Es wird ein Mensch gemacht… wie sonst das Zeugen Mode war, erklären wir für eitel Possen… Wenn sich das Tier noch weiter dran ergetzt, so muß der Mensch mit seinen großen Gaben doch künftig höhern, höhern Ursprung haben.« Die Utopie vom Menschen als Schöpfer gipfelt schließlich in Mary Wollstonecraft Shelleys Roman *Frankenstein*, der 1818 erschien. Die Kreatur, die Viktor Frankenstein in seinem Labor schafft, ruft verzweifelt aus: »Sogar du, mein Schöpfer, verabscheust mich und trittst mich mit Füßen, mich, dein Geschöpf … ich sollte ja dein Adam sein! Doch bin ich eher dem gefallenen Engel zu vergleichen, den du um nichts von dir gestoßen.« Frankenstein bereut seine Schöpfung sogleich: »Verflucht sei der Tag, du abscheuliche Ausgeburt, an welchem du das Licht der Welt erblickt hast!« Die Monsterkreatur wendet sich gegen ihren Erzeuger.

Genau hundert Jahre nach Goethes *Faust II* veröffentlichte der englische Schriftsteller Aldous Huxley seine Vision von der *Schönen Neuen Welt.* Darin ist vorweggenommen, worauf wir jetzt, zu Beginn des neuen Jahrtausends, mit Siebenmeilenstiefeln zusteuern: In riesigen dafür eingerichteten Zentren werden Menschen in der Retorte gezeugt, genetisch getestet und schließlich in einem künstlichen Mutterleib herangezogen. Huxley war einerseits fasziniert von den Perspektiven, die die Forschung eröffnet, andererseits abgestoßen von den möglichen Konsequenzen – eine Haßliebe zum Machbaren. Die Szenerie der »Zentralen Brutanstalt« setzte sich aus Fragmenten wissenschaftlicher Publikationen der damaligen Zeit zusammen. Ihr Direktor beschwört das Faszinosum des Fortschritts: »Endlich gelangen wir aus dem Bereich bloßer sklavischer Nachahmung der Natur auf das viel interessantere Gebiet menschlicher Erfindung.« Huxley sah voraus, daß die Medizin alles daransetzen würde, die Vorgänge von Zeugung und Geburt immer weiter von der Natur abzukoppeln. So werden sie immer besser kontrollierbar, manipulierbar und auch immer risikoärmer.

Der erste künstliche Mutterleib

In einer Zeit, in der die Biologie die Physik längst als Leitwissenschaft abgelöst hat und in der die Menschen nicht mehr bereit sind, Risiken und Leid in Kauf zu nehmen, hat eine solche Strategie immer bessere Chancen. Der Essayist Claus Koch bezeichnet das als legitimes Sicherheits- und Emanzipationsbedürfnis, das den alten Gattungsdrang befördert, unsere Organe zu objektivieren, sie loszuwerden: »Das war im Grunde zu erwarten und wäre ganz im Sinne der Evolutionsvernunft – wollte man der Evolution Vernünftiges zugestehen. Der Reproduktionsvorgang in seiner herkömmlichen Form entspricht wirklich nicht mehr dem erreichten Niveau unserer Abstraktionsleistungen und Naturbeherrschungen. Es ist Zeit, mit der Ektogenese, dem Entstehen von Leben außerhalb des Körpers, aus den tierischen Bornierungen auszubrechen, die Vereinigung der Geschlechter im Freien stattfinden zu lassen – und damit die Vermählung des Künstlichen mit der Natur.« Die Ektogenese findet im künstlichen Uterus statt, der letzten Stufe, die die Reproduktionsmedizin erreichen will.

Der erste künstliche Mutterleib der Welt steht in einem Labor in Tokio, im Forschungstrakt des renommierten Juntendo-Hospitals. Mit den grellweißen Neonlichtern, die am Abend aus der riesigen Fassade hervorstechen, und den im Hof geparkten schimmernden Ambulanzen gemahnt dieser Ort im Herzen der japanischen Hauptstadt mit ihren genormt wirkenden Menschenströmen tatsächlich an eine Huxley-Vision. Durch ein Labyrinth enger Korridore werden wir zu einem kleinen, gekachelten Raum im vierten Stock geführt. Professor Yoshinori Kuwabara empfängt uns dort lächelnd und geht sofort *in medias res*. Stolz deutet er auf eine Plastikwanne, in der, von leicht trüber Flüssigkeit bedeckt, ein Ziegenfötus schwimmt. Der kleine Leib ist über dünne Schläuche an eine Herz-Lungen-Maschine angeschlossen. Eine Art künstliche Niere reinigt die neun Liter Fruchtwasser, die durch Heizstäbe konstant auf 39,5 Grad Celsius gehalten werden. Professor Kuwabara, Leiter der gynäkologischen Abteilung des Hospitals, ist der Erfinder dieser künstlichen Gebärmutter.

»Wir haben lange gebraucht, um die richtige Mischung für das Fruchtwasser zu finden«, erklärt er. »Es enthält Traubenzucker, das Bluteiweiß Albumin, Natrium, Kalium, Chlorid und andere Stoffe, die ich Ihnen aus Geheimhaltungsgründen nicht nennen kann. Das Blut der Föten, die inzwischen fast sechs Wochen in unserer Maschine überleben können, reichern wir mit einer Nährlösung an. Sie besteht aus dreißig Prozent Traubenzucker, etwas mehr als drei Prozent Aminosäuren und einem Prozent Sojaöl. Außerdem stellen wir die Föten mit einer Art Schlafmittel ruhig, damit sie nicht strampeln, was den Kreislauf zu sehr belasten würde.« Ein Anästhesist sitzt Tag und Nacht neben der

Maschine und beobachtet die Werte. Das ist sie also, die erste Muttermaschine in der realen Welt.

Immer wieder unterbricht Kuwabara seine Erklärungen und blickt stolz lächelnd auf seine Erfindung, die er so bald wie möglich auch beim Menschen anwenden will. Ethische Bedenken hat er nicht, denn er ist von seiner wissenschaftlichen Mission überzeugt. Schließlich kann man mit dieser Methode den Prozeß der Entstehung von Leben sicherer gestalten und viel besser kontrollieren, als die Natur dazu jemals in der Lage ist. Außerdem, und das wird sehr deutlich, will der Forscher beweisen, daß seine Rechnung aufgeht: Der künstliche Mutterleib wird keine Utopie bleiben. Wie viele Embryonen in den Experimenten, die er für die »Menschenversion« seines künstlichen Mutterleibes durchführen muß, »verbraucht« werden, scheint ihm gleichgültig zu sein. Das enge Labor wird, sobald sich diese Gedanken einstellen, doch zur Kulisse eines Horrorfilms – so sehr wir uns gegen dieses Klischee auch wehren. Die Maschinen surren leise, manchmal zuckt der Ziegenfötus, und das künstliche Fruchtwasser plätschert. Und dennoch:

Kuwabara ist kein Frankenstein, sondern ein Forscher am Ende dieses Jahrtausends, der eine Grenze überschritten hat. Das liegt in der Natur der Forschung. Nichts und niemand kann sie aufhalten. Die Zukunft wird, noch stärker als das zu Ende gehende Jahrhundert, vom technologischen Imperativ bestimmt werden. Das wird in solchen Momenten immer wieder klar. Wann wird der künstliche Schoß den ersten Menschen gebären?

»Wir würden den künstlichen Mutterleib lieber heute als morgen auch beim Menschen einsetzen. Es wird noch einige Zeit dauern, bis das möglich ist – erste Experimente haben wir aber schon gemacht«, sagt Kuwabara und lehnt es ab, darüber nähere Auskunft zu geben. »Bei problematischen Schwangerschaften bietet die Natur nicht genug Sicherheit – unser Apparat dagegen wird immer perfekter. Die künstliche Gebärmutter eröffnet ungeahnte Möglichkeiten. Zunächst wird sie vielleicht nur den letzten Teil einer Schwangerschaft übernehmen. Aber in zwanzig bis dreißig Jahren wird es schon möglich sein, auf diese Weise einen Menschen von der Zeugung bis zur Geburt entstehen zu lassen.« In Rußland und in Australien wird angeblich auch an der Entwicklung eines künstlichen Mutterleibs gearbeitet. Und in Bologna versuchte Professor Carlo Bulletti viele Jahre lang, die menschliche Fortpflanzung vom Körper abzukoppeln. Dann stoppten ihn Proteste.

Vielleicht konnte er im katholischen Italien diese Experimente überhaupt nur beginnen, weil ein künstlicher Mutterleib eines Tages lebenserhaltend für abgetriebene Embryonen sein könnte, bis sie von Frauen adoptiert und in ihre eigene Gebärmutter aufgenommen werden. Diese Vision hatte der Forscher. Bulletti hielt Gebärmuttergewebe, das er aus Operationen gewann, mit Nährstoffen am Leben. Dann führte er den noch mikroskopisch kleinen Embryo in die halb natürliche, halb künstliche Umgebung ein. Er wollte erforschen, wie sich das entstehende Leben dort einnistet. Selbst wenn diese Arbeiten jetzt unterbrochen sind, werden sie irgendwann weitergeführt werden, und als Konsequenz auch der Ergebnisse aus Japan und Australien könnte der alte Traum der Mediziner Wirklichkeit werden. Claus Koch: »Mit der Ektogenese wäre ein Etappenziel der Zivilisation erreicht, das die Mühe lohnen sollte: Die Freiheit der Wahl, ob die Nachkommenschaft weiterhin intrauterin gezeugt und ausgetragen werden soll, wie seit jenem frühen Evolutionsschritt, da die Gattung vom Meer aufs Land stieg und sich aufrichtete – oder ob man dafür das künstliche Milieu vorzieht. Diese Wahlfreiheit enthielte einen Zwang zur Entscheidung. Darin bestünde ein Fortschritt.«

In dem Fernsehspiel *Geboren 1999* wird die Ektogenese gezielt zur Menschenzüchtung eingesetzt. Der sechzehnjährige Karl erfährt eines Tages, daß er, mit genetisch perfektioniertem Erbgut, in einem künstlichen Mutterleib herangewachsen ist. Dieser Gedanke treibt ihn zur Verzweiflung und schließlich in den Selbstmord, nachdem der Forscher ihm jene gläserne Glocke als seine Mutter vorgestellt hat: »Sieh sie dir an, deine

Mutter! Der künstliche Uterus, der später einmal meinen Namen tragen wird, ist die zeitgemäße, weil risikofreie Methode, die Bevölkerung der Industrienationen zu erhalten ... Wenn wir jetzt die Genehmigung erhalten, sie zur Ektogenese einzusetzen, werden Hunderte und Aberhunderte von unverseuchten Keimzellen, die übrigens schon tiefgefroren bereitliegen, zu gesunden Kindern heranwachsen. Die Wünsche der Adoptivwilligen können endlich befriedigt werden. Du glaubst gar nicht, wie viele Menschen sich verzweifelt ein Kind wünschen.« In diesem kurzen Monolog stecken tatsächlich die Elemente, die in Zukunft die Forschung vorantreiben könnten: Eitelkeit der Forscher, Risikominimierung, aktive Bevölkerungspolitik zur Erhaltung der Einwohnerzahl, Reinheit des Erbguts und die Technik der Reproduktionsmedizin, die vor allem zum Ziel hat, den unerfüllten Kinderwunsch ein für allemal der Vergangenheit angehören zu lassen. Und wenn man schon Kinder in der Retorte zeugt, warum dann nicht gleich das Erbgut reparieren?

Züchtungsutopien

Schon in uralten Utopien findet man den Traum von der Menschenzüchtung. Bei dem griechischen Philosophen Platon heißt es vor 2400 Jahren, daß der Staat Männer und Frauen mit guten Eigenschaften zusammenführen solle. Eine zentrale Behörde habe über die eugenische Fortpflanzung zu wachen, um die Qualität der Nachkommen zu sichern. Die monogame Ehe als Fortpflanzungs- und Erziehungsgemeinschaft sollte jedenfalls »aus Sicherheitsgründen« abgeschafft werden. Überdies sei es nützlich, die entstehenden Nachkommen wiederum auf ihre Erbeigenschaften zu prüfen. Zweitausend Jahre später griff Thomas Morus in seiner *Utopia* diesen Gedanken wieder auf, der schließlich, wieder hundert Jahre später, in Tommaso Campanellas *Sonnenstaat* gipfelte. Der ideale Staat, den Campanella entwarf, sollte die Fortpflanzung über ein eigenes Amt regeln, unter Aufsicht eines »Groß-Metaphysikers«. Die Prinzipien der Tierzüchtung sollten auf den Menschen übertragen werden, und Amtspersonen waren damit betraut, Männer und Frauen für die Zusammenführung auszuwählen. Ein Arzt und ein Astrologe sollten den Zeitpunkt des Beischlafes bestimmen.

Der Begriff »Eugenik« wurde schließlich in Anlehnung an jene griechischen Vorbilder von Sir Francis Galton (1822–1911), einem Verwandten Charles Darwins, geprägt. Mehrere Jahrzehnte verbrachte er damit, Stammbäume herausragender Persönlichkeiten zu analysieren. Er kam zu dem Ergebnis, daß deren außergewöhnliche Begabungen von Generation zu Generation weitergegeben würden. Durch sorgsame Eheschließungen könne über mehrere aufeinanderfolgende Generationen hinweg eine hochbegabte menschliche Rasse geschaffen werden, heißt es bei Galton. Einer seiner Schüler, Charles Davenport (1866–1944), Professor in Harvard und Chicago, gründete ein eugenisches Institut und setzte damit in den USA eine ganze Bewegung in Gang, die bald nach Europa überschwappte und zu allerlei krausen pseudowissenschaftlichen Theorien führte. »Die Gesellschaft muß sich schützen«, heißt es bei Davenport. »Genauso wie sie für sich das Recht beansprucht, einem Mörder das Leben zu nehmen, muß sie auch die gräßliche Schlange hoffnungslos fehlerhaften Zellmaterials auslöschen dürfen.«

In den dreißiger Jahren dankten die deutschen Nationalsozialisten der amerikanischen Eugenikbewegung ganz offiziell für die Inspiration, die sie ihnen geliefert hatte und die dann in den Wahnideen gipfelte, von denen die Rassehygieniker des Dritten Reiches getrieben waren. Blonde Hünen sollten mit germanischen Mädels zusammenkommen, zur Zeugung immer »reinerer« Nachkommen. Das Sterilisationsgesetz von 1933 und die »Nürnberger Gesetze« von 1935 enthielten alle entscheidenden Elemente der Utopien von der Menschenzüchtung: Zum einen wurde das Züchtungsziel einer »germanischen Rasse« formuliert, umschrieben durch die Ausgrenzung anderer »Rassen«, zu denen auch die Juden gezählt wurden. Dazu kam der fatale Begriff der sogenannten »Erbgesundheit«, der staatlich verordnete Verhinderung der Fortpflanzung durch Sterilisation implizierte. Staatliche Ärztekollegien sollten – wie bei Platon – über den »Erbwert« und die Ehetauglichkeit von Heiratswilligen entscheiden und Bestimmungen über die Zugehörigkeit zu den rassisch »Wertvollen« erlassen.

Nach dem Ende des nationalsozialistischen Regimes lag der Schluß nahe, Platons alter Traum von der Menschenzüchtung würde ein für allemal begraben sein. Aber die Macht der Technik und das unbedingte Glücksverlangen, das unsere Zeit jetzt immer mehr prägt, waren stärker. Und so ist die Utopie vom perfekten Menschen an der Schwelle zum neuen Jahrtausend lebendiger denn je, nun freilich vor dem Hintergrund subtiler, wissenschaftlich-technischer Möglichkeiten, von denen vor zehn Jahren noch kaum jemand etwas ahnte.

Den Code des Lebens knacken

Die Forscher sagen: »Wir müssen das Erbgut des Menschen vollkommen entschlüsseln, um genau zu wissen, welche Gene Krankheiten auslösen oder bestimmte Merkmale prägen. Dann können wir versuchen, diese Fehler zu reparieren.« Wenn das im großen Rahmen geschieht, kann man den Menschen auf längere Sicht tatsächlich »perfekter« machen. Dazu freilich muß man genau wissen, welcher Erbgutabschnitt für welche Störung oder welches Merkmal verantwortlich ist. Das größte Forschungsprojekt seit Entwicklung der Atombombe, das »Human Genome Project«, hat genau das zum Ziel. Auf der ganzen Welt wird fieberhaft daran gearbeitet, bis zum Jahr 2005 die drei Milliarden Bausteine des Erbguts zu bestimmen. Und schon jetzt hat sich das Bild vom Menschen grundlegend geändert. »Wir haben jetzt die endgültige Definition für das, was ein Mensch ist: nämlich eine Ansammlung von Genen, die Eiweißstoffe produzieren. Binnen kürzester Zeit werden wir den genauen Bauplan für jeden einzelnen Menschen kennen, jedes Detail. Schon jetzt können wir definieren, was ein Mensch ist. Er ist einfach nicht mehr als die Summe seiner Gene, das müssen wir endlich verstehen«, sagt William Haseltine, Präsident und wissenschaftlicher Direktor der Firma Human Genome Sciences (HGS), die sich im »Bio Valley« bei Rockville, Maryland, einer gesichtslosen Gegend in der Nähe von Washington, D. C., angesiedelt hat, wo ähnliche Firmen derzeit aus dem Boden sprießen. Sie alle wollen möglichst schnell Gene identifizieren und erhoffen sich davon das große Geschäft.

Ganz in der Nähe von HGS, in einem unscheinbaren Flachdachbau, residiert »The Institute for Genomic Research« (TIGR) mit seinem Leiter Craig Venter. Der kündigte im Mai 1998 an, seine Firma werde ganz allein in der Lage sein, bis zum Jahr 2001 das komplette menschliche Genom zu entziffern – dank einer Kooperation mit dem Medizingeräte-Hersteller Perkin-Elmer, der sich diese ideale Spielwiese für Sequenzierroboter 200 Milliarden Mark kosten lassen will. Dies bedeutet noch einmal eine enorme Beschleunigung des Projekts. Andere Firmen werden parallel an der Auswertung der gewonnenen Daten arbeiten und sich dabei gegenseitig zu überbieten suchen. Das größte ökonomische Wettrüsten aller Zeiten hat begonnen. Die Goldgräberstimmung ist noch aufgeregter als in den siebziger Jahren im »Silicon Valley«, als die elektronische Revolution ihren Lauf nahm. Komplizierte Robotersysteme arbeiten Tag und Nacht an der Sequenzierung von DNS-Abschnitten.

Um wenigstens noch den Anschein einer Art öffentlicher Kontrolle über das Geschehen zu bewahren, wird das Human Genome Project von Francis Collins an den National Institutes of Health (NIH) koordiniert. An Dynamik ist dieser Wissenschaftler kaum zu übertreffen. Er könnte den Forschertypus der Zukunft verkörpern, wenn er morgens kurz nach seiner Ankunft auf einer Honda Nighthawk in schwarzes Leder gekleidet und mit einem Rucksack durch die Gänge des NIH hetzt, um das Institut frühestens nach fünfzehn Stunden wieder zu verlassen.

Gegenüber seinem Schreibtisch hängt ein Zitat von Churchill: »Erfolg hat nur, wer von Niederlage zu Niederlage seinen Enthusiasmus nicht verliert.«

Bei Francis Collins laufen alle Daten zusammen. Die Aufgabe seiner Abteilung ist es, eine »Landkarte« der hunderttausend menschlichen Gene zu erstellen, die auf den dreiundzwanzig Chromosomenpaaren sitzen. Diese Karte, wenn sie einmal erstellt ist, wird von enormer Tragweite sein. Denn die Ergebnisse des »Human Genome Project« sind tatsächlich der Schlüssel zum Leben und zu dessen Manipulation. Sie werden die gesamte Medizin radikal verändern. Bis auf Infektionen haben alle, aber auch alle Krankheiten ihre Wurzeln in den Genen. Auch Vorgänge wie der Alterungsprozeß wären von einer Manipulation nicht mehr ausgenommen. Das heißt: Wenn man nicht nur weiß, wo die Ursachen zu suchen sind, sondern sie dann auch aktiv beheben könnte, resultierte daraus am Ende eine Welt, in der die Menschen viel weniger krank wären und wesentlich länger lebten – nicht etwa nur als Folge direkter Eingriffe ins Erbgut, sondern auch deshalb, weil Substanzen entwickelt werden könnten, die den wichtigsten Störungen auf den Grund gingen.

William Haseltine hierzu: »In fünfzig Jahren werden wir in der Lage sein, jede Art von Zerstörung im Körper rückgängig zu machen. Wir können dann mit Genprodukten den Verschleiß der Gefäße und des Nervensystems aufhalten und diese Prozesse völlig umkehren. Die durchschnittliche Lebenserwartung wird auf über neunzig Jahre steigen. Die Medizin wird zu einer vorbeugenden Disziplin. Der Patient sagt nicht mehr zu seinem Arzt: ›Heile mich, ich bin krank!‹, sondern: ›Erhalte meinen Zustand!‹ Der Körper ist dann wie ein Auto, man bringt es allenfalls noch zur Inspektion. Größere Unfallschäden gibt es nicht mehr, und Verschleißerscheinungen können auf lange Sicht hinausgezögert werden. Wir werden sozusagen das Automobil neu erfinden, um bei diesem Vergleich zu bleiben.«

Haseltine, ein untersetzter Mittfünfziger, der vom Harvard-Forscher zum Businessman mutierte, hat sein Institut mit Kunstwerken und Museumsplakaten aus der ganzen Welt ausgestattet – alles sehr geschmackvoll und Weltläufigkeit demonstrierend: Wir sind natürlich global und haben Kultur… Er glaubt fest an die goldene Zukunft der Genmedizin. Sein mechanistisch-deterministisches Menschenbild ist typisch für die neuen Herren der Medizin.

Goldenes Kalb Genom

Der neue Biologismus, eine Frucht der revolutionären Erkenntnisse aus der Molekularbiologie seit Entdeckung der DNS, macht das Genom zum Goldenen Kalb. Viele der Fortschrittsparolen, wie Leute vom Schlage eines Bill Haseltine oder Craig Venter sie verkünden, richten sich freilich an die Investoren, deren Hoffnungen auf schnellen Gewinn geschürt werden sollen. Die Sichtweise als solche aber ist eigentlich ein dramatischer Rückschritt. Denn sie negiert beispielsweise wichtige Erkenntnisse aus der Psychosomatik und will auch nichts von neuen, vielversprechenden Disziplinen wie der Psychoneuroimmunologie wissen, die die Verknüpfungen zwischen Gehirn und Immunsystem erforscht. Diese Forschungsrichtungen könnten in Zukunft auch die Erkenntnisse über das Genom relativieren. Deshalb liegen sie nicht im Trend des genetischen Zeitalters. Und weil sie wirtschaftlich nicht so vielversprechend sind, werden sie entsprechend halbherzig gefördert. Die Sequenzierung der DNS dagegen wird weiter in atemberaubendem Tempo voranschreiten. Stolz führt uns Haseltine zu zwei neuen Sequenzierrobotern, die er gerade angeschafft hat, um vielleicht doch noch mit seinem Nachbarn Craig Venter mithalten zu können. Und Francis Collins hält die Auswirkungen des »Human Genome Project« für bedeutender als Mendelejews Periodensystem der Elemente aus dem neunzehnten Jahrhundert. Damit hatte die Wissenschaft einst Struktur in das Chaos der Materie gebracht und auch die moderne Chemie begründet. Ohne das Periodensystem wären die technischen Errungenschaften der letzten hundert Jahre nicht denkbar gewesen.

Ähnliches läßt sich über die Ergebnisse des »Human Genome Project« für die Medizin der Zukunft sagen. Das gigantische Vorhaben wäre wiederum ohne die Computerrevolution nicht durchführbar gewesen. Wofür Laboranten früher Tage brauchten, das erledigen Maschinen heute in einer Sekunde. Der Nobelpreisträger Walter Gilbert von der Harvard Medical School geht davon aus, daß bis zum Jahr 2000 bereits zwanzig bis fünfzig Erbkrankheiten mit DNS-Abschnitten in Verbindung gebracht werden können. Heute gilt das schon für Mukoviszidose, Muskeldystrophie, Sichelzellenanämie, Tay-Sachs-Syndrom, Bluterkrankheit und Chorea Huntington. Francis Collins prophezeit bis zum Jahr 2010 gar die Erfaßbarkeit von zweitausend bis fünftausend erblichen Krankheiten. Und im Jahr 2030 wird man dann bereits den kompletten genetischen Status einer Person erfassen können. Walter Gilbert: »Man kann dann vermutlich in der Apotheke die eigene DNS-Sequenz auf eine CD kopieren lassen und sie zu Hause in Ruhe auf dem PC analysieren. Wir werden diese CD aus der Hosentasche ziehen und sagen können: Das ist der exakte Bauplan eines menschlichen Wesens, das bin ich!«

Weitere zehn Jahre später, wenn die Informationstechnologie noch weiter fortgeschritten ist, kann man dann all diese Informationen auf einen Träger von Kreditkartengröße »pressen«. Vermutlich wird man uns dazu anhalten, dieses genetische Profil immer parat zu haben. Versicherungen und Arbeitgeber werden sich dafür interessieren, und wir werden auch in unsere eigene Zukunft sehen wollen. Wir werden das genetische Orakel befragen, zum Beispiel nach Krankheiten, für die wir empfänglich sind. Wie man dann verhindern will, daß eine Gesellschaft der Angst entsteht, kann heute noch niemand sagen, obwohl dieses Problem schon längst besteht. Denn bereits heute kann man Gene erfassen, die für Krankheiten verantwortlich sind. Schon haben sich Frauen mit einem genetischen Risiko für

Brustkrebs sozusagen vorbeugend beide Brüste amputieren lassen.

»Gene Link«, die erste Genbank der Welt in Fort Worth/Texas, ist ein Vorgeschmack auf die schöne neue Welt des genetischen Zeitalters. Hier können ganze Familien ihr genetisches Profil erstellen und speichern lassen. Erbgutproben jedes einzelnen werden tiefgefroren aufbewahrt. Für Familienabonnements, die auf mehrere Generationen angelegt sind, gibt es Rabatt. Dann läßt sich feststellen, von wem man das krankhafte Gen geerbt hat und ob Geschwister und Kinder es auch in sich tragen. Die Prozedur ist denkbar einfach, sie funktioniert sogar auf dem Postweg: Man schickt ein Stäbchen, mit dem man vorher die Mundschleimhaut berührt hat, an die Genbank. Die winzige Probe enthält das gesamte Erbgut, das aufgeschlüsselt und gespeichert wird.

Das große Geschäft soll kommen, wenn zum Beispiel Versicherungen ein genetisches Profil verlangen. Es muß dann nur noch von der Bank abgerufen werden. Jerry Eisenberg vom University of Texas Medical Center, dem die Genbank angegliedert ist, bemerkt hierzu: »Jetzt, wo die Entschlüsselung des menschlichen Erbguts auf vollen Touren läuft, wird fast jede Woche ein neues Gen entdeckt und dann einer Krankheit oder Störung zugeordnet. Das Bild wird immer dichter. Schon heute können wir hier in unseren Labors das Erbgut auf Hunderte möglicher Fehler testen. Wenn unsere Kunden in der Zeitung lesen, daß wieder ein neues Gen entdeckt wurde, das für eine bestimmte Krankheit verantwortlich ist, dann genügt ein Anruf, und sie wissen, ob sie davon betroffen sind oder nicht.« Eine andere Gen-Bank wirbt schon in New Yorker Taxis: »Call 1-800-DNA TYPE.« Und die Firma Apik bietet im Internet das sogenannte DNA-Defender-System an – ein Instrument von der Größe eines Füllfederhalters, mit dem man, etwa bei Überfällen, blitzschnell Gewebeproben des Angreifers nehmen kann. So läßt sich der Kriminelle später identifizieren. Aber der wahre Markt für DNA-Analysen dürfte wesentlich größer sein:

Dem Arbeitgeber könnte man das genetische Profil vorlegen, wenn er dies verlangt. Aber: Darf er es verlangen? Werden Gentests am Arbeitsplatz irgendwann so etabliert sein wie einst die Stechuhr? Werden künftig Politiker, die ein bestimmtes Amt antreten wollen, ihr genetisches Profil offenlegen müssen? Darf es Zwangsuntersuchungen geben, womöglich für die gesamte Bevölkerung? Die Versuchung ist groß. Denn schon heute sind die Gesundheitskosten in den westlichen Industrieländern so hoch, daß das gesamte System zu explodieren droht. Diese Tendenz wird sich auch durch die neue Genmedizin nicht verändern – im Gegenteil. In dreißig Jahren, so glaubt Arthur Caplan vom Center for Bioethics in den USA, wird man Zwangsuntersuchungen auf Gendefekte fordern, und die Krankenkassen werden sich weigern, zum Beispiel die Krankheitskosten für ein Kind mit einer erblichen Krankheit zu übernehmen, die mit einem Test feststellbar gewesen wäre und die hätte verhindert werden können.

Man braucht aber gar nicht so weit in die Zukunft zu gehen. Schon heute gibt es die genetische Diskriminierung – wir sind bereits auf dem Weg in eine genetische Klassengesellschaft.

Einteilung in Klassen hat es in der Geschichte immer gegeben. Aber jetzt, mit Aufkommen des *Genetic Screening* und der möglichen Eingriffe ins Erbgut, ist die Renaissance einer solchen Gesellschaftsform unvermeidlich, glaubt Jeremy Rifkin, der Präsident der Stiftung für ökonomische Trends in Washington, D. C. In seinem Buch *Das biotechnische Zeitalter* berichtet er von zahlreichen Fällen genetischer Diskriminierung in den USA. In einer Studie der Harvard University wurden 917 Menschen befragt, die ein genetisches Risiko für Chorea Huntington, Mukoviszidose, Phenylketonurie und Hämochromatose tragen. 455 von ihnen fühlten sich durch Versicherungen oder Unternehmen der Gesundheitsversorgung diskriminiert. Weil es zum Beispiel in der Familie einer Frau einen Fall von Chorea Huntington gegeben hatte, verweigerte man ihr eine Lebensversicherung. Einer ganzen Familie wurde die komplette Krankenversicherung entzogen, als die Versicherungsgesellschaft entdeckte, daß eines der vier Kinder ein defektes Gen aufwies. Die anderen Kinder waren davon nicht betroffen. Und in einer gemeinsamen Studie der Universitäten Harvard und Stanford wurden weitere zweihundert Fälle von genetischer Diskriminierung durch Versicherungen, Arbeitgeber oder Adoptionsbehörden festgestellt. Inzwischen sind in sechsundzwanzig Staaten der USA Gesetze verabschiedet worden, die die genetische Diskriminierung verbieten; in den übrigen Staaten hat die starke Lobby der Versicherungsindustrie das bisher erfolgreich bekämpft. Robert A. Maier, der Anwalt des Rates der US-amerikanischen Lebensversicherer, äußert sich hierzu folgendermaßen: »Unsere Branche muß in der Lage sein, genetische Informationen ebenso wie alle anderen medizinischen Informationen zu benutzen, um zu entscheiden, ob wir jemanden versichern wollen und zu welchem Preis.« Einige amerikanische Universitäten machen die Zulassung zum Medizinstudium von Gentests abhängig. Wer beispielsweise unter Chorea Huntington leidet und damit eine verringerte Lebenserwartung hat, wird nicht aufgenommen. Das Argument: »Es lohnt sich nicht, die hohen Ausbildungskosten aufzubringen, weil diese Bewerber aller Voraussicht nach spätestens im Alter von vierzig oder fünfzig Jahren sterben werden.«

Noch sind genetische Tests sehr teuer, aber das wird sich ändern, und erst dann wird die Debatte über Diskriminierung aufgrund breit angelegter Erbgutanalysen richtig losbrechen. Spätestens dann, wenn die Tests so ausgereift sind, daß sie beispielsweise von Industriebetrieben routinemäßig angewandt werden könnten. Mit Hilfe der DNS-Analyse wäre es möglich, genetisch bedingte Empfänglichkeiten für bestimmte Krankheitserreger herauszufinden. Im Extremfall käme es dann zu einer Art genetischer Kastengesellschaft, an deren unterstem Ende jene angesiedelt wären, deren Testergebnisse sie als besonders gefährdet brandmarken – »Unberührbare« des genetischen Zeitalters, verdammt zur ewigen Arbeitslosigkeit. Am obersten Ende stünden jene »Modellarbeiter«, die sozusagen genetisch immun sind gegenüber den Bedrohungen durch Schadstoffe oder Psychostreß. Jene also, deren Erbgut weniger Krebsgene enthält oder keine Gene, die für Bluthochdruck empfänglich machen. Statt also für saubere Arbeitsplätze und zumutbare Bedingungen zu sorgen, würde man umgekehrt per Selektion eine Anpassung der Arbeiter an die Bedingungen vornehmen.

Man stelle sich einen Moment lang jenes Szenario vor, das der Biologe David Suzuki für die USA des Jahres 2030 entwirft: Die Habenichtse eines Unternehmens – genetisch benachteiligte Arbeitskräfte, ethnische Minderheiten, schlecht ausgebildete Hilfsarbeiter – hätten plötzlich die Gelegenheit, den Spieß umzudrehen und ein Gen-Screening bei ihren Vorgesetzten durchzuführen. Das Ziel wäre dann, jene Manager zu identifizieren, die aufgrund genetischer Mängel nicht mehr in der Lage sind, den Erfolg der Firma zu sichern.

Zuerst wird das Komitee der Habenichtse seine neuen Rechte dazu nutzen, Forschungsgelder in Studien zu investieren, die neue Erkenntnisse über solche Genabschnitte bringen, deren Funktion wiederum bedeutsam sein kann für die *job performance* von Managern. Hat der jeweilige Boß eine genetische Disposition für Alkoholismus, Drogenmißbrauch, Depressionen oder Herzprobleme? Je nach Resultat kann er dann in der Hierarchie der Firma empfindlich heruntergestuft oder sogar entlassen werden. Und die neuen Genherren bemühen sich nicht etwa um eine Anpassung der Arbeitsbedingungen an die Dispositionen ihrer Manager. Dieses utopische Szenario zeigt, wie gefährlich die Kombination aus genetischem Wissen und Macht – egal, auf welcher Seite sie anzutreffen ist – sein kann.

Zunächst aber gibt es an einer ganz anderen Front viele ungelöste ethische Fragen. Hier kommt die Fortpflanzungsmedizin mit ihren ungeahnten Möglichkeiten ins Spiel. Jenseits des Atlantiks ist in den letzten Jahren eine regelrechte Babyindustrie entstanden. Das Geschäft mit der Retortenbefruchtung floriert. Mehr als eine halbe Milliarde Dollar wird damit jährlich umgesetzt. Einen Teil dieses Geldes investieren die Babyfabriken in die Forschung und damit in eine Zukunft, die den »besseren« Menschen verheißt. Ei und Samenzelle – je nach Situation von Spenderinnen und/oder Spendern – werden im Reagenzglas zusammengebracht. Der entstehende Embryo wird dann in die Gebärmutter der Frau (in manchen Fällen einer Leihmutter) eingesetzt. Weltweit geschieht das viele tausendmal tagtäglich in den Labors der Fortpflanzungsmediziner. Systematisch haben sie seit Ende der siebziger Jahre die Vorgänge von Zeugung und Geburt nahezu perfekt steuerbar gemacht. So können sie Paaren helfen, die ohne Retortenbefruchtung kinderlos bleiben würden. Und mehr noch: Das Erbgut des Embryos wird getestet, bevor man ihn »verwendet«. So läßt sich das Risiko verringern, ein krankes Kind zur Welt zu bringen. Falls es nicht gleich zur Schwangerschaft kommt, friert man lieber noch ein paar ebenfalls getestete Embryonen ein. In Deutschland ist das alles nach dem Embryonenschutzgesetz verboten, in den USA dagegen an der Tagesordnung. Down-Syndrom, Mukoviszidose und bestimmte Blut- oder Muskelkrankheiten lassen sich auf diesem Weg von vornherein verhindern.

Arthur Caplan glaubt, daß diese Präimplantationsdiagnostik auch für Persönlichkeitsmerkmale und Prädispositionen wie musikalische Begabung oder Kreativität angewandt werden wird, sobald es dafür genetische Marker gibt. »Wohlhabende Familien schicken ihren Nachwuchs auf Privatschulen, zum Musikunterricht oder in Ferientheaterkurse. In Zukunft werden sie sich auch für Embryonenselektion interessieren. Auch in

Deutschland. Die Deutschen sind zwar aus historisch bedingten, guten Gründen mißtrauisch gegenüber der Embryonendiagnostik, aber auch sie werden die Vorteile nicht außer acht lassen. Sie sind nicht weniger konkurrenzbewußt sowie an Persönlichkeits- und Verhaltensmerkmalen interessiert als wir. Ich glaube, daß sie auf lange Sicht ebenso wie wir die technischen Möglichkeiten nutzen werden, ihre Nachfahren genetisch auszuwählen«, so Caplan, der als führender Bioethiker der Vereinigten Staaten gelten kann. Und wie hatte Robert Edwards, der geistige »Vater« des ersten Retortenbabys, 1978 gesagt, als sich alle Welt über die damals revolutionäre Methode echauffierte? »Die Ethik muß sich dem Fortschritt anpassen!«

Genau das ist Schritt für Schritt geschehen. Die Präimplantationsdiagnostik ist nur *eine* Möglichkeit, Erbkrankheiten auszuschalten. Eine andere ist die Keimbahntherapie, die bisher nicht angewendet wird. Sie könnte schon beim entstehenden Embryo genetische Fehler ein für allemal korrigieren. Diese Korrekturen würden von Generation zu Generation weitergegeben – der Eingriff ist also ein endgültiger. Nicht zuletzt deshalb und wegen der ungeheuren Möglichkeiten des Mißbrauchs hat sich die wissenschaftliche Gemeinschaft offiziell gegen die Keimbahntherapie ausgesprochen. Doch die Front beginnt zu bröckeln, und viele Forscher reden schon jetzt hinter vorgehaltener Hand davon, daß man sich den Möglichkeiten der Keimbahntherapie auf Dauer nicht verschließen könne. Denn die andere Form der Gentherapie, bei der reparierte Erbgutabschnitte Kindern oder Erwachsenen injiziert werden könnten, hat aus der Sicht mancher Mediziner einen entscheidenden Nachteil: Die Symptome werden zwar kuriert, aber der Fehler im Erbgut wird an nachfolgende Generationen weitergegeben, der »genetische Pool« immer mehr belastet. Zudem ist es unwahrscheinlich, daß mit dieser »somatischen« Gentherapie »von außen« Fehler an Körperorganen oder etwa im Gehirn erfolgreich behandelt werden können – sie müßten schon vor der Geburt, also in der Keimbahn, korrigiert werden. Damit könnten – so ein Argument, das wohl in Zukunft immer lauter vorgebracht wird – auch die Gesundheitskosten dauerhaft gesenkt werden.

Auch der Pionier der somatischen Gentherapie glaubt, daß die Keimbahntherapie irgendwann angewendet wird. Aber er warnt zugleich: »Sie ist die größte Verlockung, seit es die Medizin gibt, aber zugleich auch die größte Gefahr.« Als Privatmann sieht French Anderson von der University of California in Los Angeles der Gefahr ganz gern ins Auge. Er ist Träger des schwarzen Gürtels in der koreanischen Kampfsportart Taekwondo und geht, wann immer er kann, zu Formel-I-Rennen. »Der Kampfsport ist von der Forschung nicht allzuweit entfernt«, sagt Anderson. »Man muß intuitiv arbeiten und schnell reagieren. Im übrigen fasziniert mich sowohl an Taekwondo als auch an der Forschung das Risiko.«

In seinem Büro befindet sich ein Foto, das ihn zusammen mit jener kleinen Patientin zeigt, deren defektes Gen er 1990 in einem spektakulären Eingriff reparierte. Das Kind litt an der seltenen Immunkrankheit SCID (Severe Compromised Immunodeficiency). Die Patienten sind auch als »Bubble Children« bekannt, weil sie wegen ihres nicht funktionierenden Abwehrsystems in einem sterilen Zelt leben müssen. Ihnen fehlt ein bestimmter Eiweißstoff, die Adenosin-Deaminase – eben weil das Gen, das die Produktion dieses Enzyms steuert, nicht funktioniert. French Anderson forschte damals noch an den nationalen Gesundheitsinstituten der USA. Er entnahm dem kranken Mädchen weiße Blutkörperchen und »impfte« es mit dem Gen, das für die Bildung der fehlenden Substanz verantwortlich ist. Dann wurden die reparierten Zellen zurück in den Körper der kleinen Patientin injiziert. Als Vehikel benutzte Anderson ein unschädlich gemachtes Virus, das für die schnelle Ausbreitung der gesunden Zellen sorgen sollte.

Zur Zeit werden etwa dreißig Krankheiten in großangelegten Studien auf ihre Eignung für eine somatische Gentherapie untersucht – die Hälfte davon sind Krebserkrankungen. Aber nicht zuletzt Kostengründe werden es sein, die – vermutlich um das Jahr 2030 – Korrekturen auch in der Keimbahn zu einer gängigen Methode machen könnten. Über die Gefahr, die mit einem solchen Trend verbunden wäre, spricht French Anderson ganz offen: »In der Kombination aus Fortpflanzungsmedizin und Gentherapie liegt der Sprengstoff für die Zukunft. Wenn man Ei und Samenzelle im Reagenzglas zusammenbringt und dann bei dem entstehenden Embryo gezielt Erbgutabschnitte austauscht, kann man tatsächlich Menschen nach Maß herstellen. Meine Angst ist, daß man die Eingriffe in die Keimbahn zur Verbesserung des Menschen benutzen könnte, um beispielsweise ein Kind besser, erfolgreicher zu machen als den Durchschnitt. Unter den vernünftigen Forschern besteht Einigkeit darüber, daß so etwas verboten werden muß. Aber das allein verhindert solche Tendenzen noch lange nicht.«

Und er fügt auch gleich ein Beispiel an, das schon heute gefährliche Trends erahnen läßt: »Einer Firma ist es neulich gelungen, ein Verfahren zu entwickeln, mit dem man Gene in die Kopfhaut einführen kann. Sie sollen den Haarwuchs bei Krebspatienten anregen, die nach einer Chemotherapie kahl geworden sind. In Wahrheit wird man diese Methode natürlich als das ultimative Haarwuchsmittel für jedermann benutzen. Und niemand wird das verhindern. Im amerikanischen Kongreß sitzen viele Glatzenträger, und sie werden bestimmt kein Gesetz verabschieden, das die Behandlung von Haarausfall durch Genmanipulation verbietet. So fängt es an. Das nächste wird dann vielleicht ein Gen sein, das für die Bildung von Wachstumshormonen zuständig ist und das man schon durch den Eingriff in die Keimbahn des Embryos verstärken kann. Bei Schweinen und Kühen macht man so etwas ja schon. Und als nächstes kommt dann vielleicht ein Gen zur Verbesserung des Gedächtnisses. Es gibt immer einen nächsten Schritt. Das ist die Gefahr.«

Die amerikanische Wissenschaftszeitschrift *Science* vermutet, daß man schon in den nächsten Jahren Gentherapien entwickeln wird, die zwar auf die Beseitigung eines eng umgrenzten Krankheitszustands gerichtet sind, dann aber doch im großen Rahmen eingesetzt werden. Beispiel: Eine Gentherapie gegen Muskelschwund könnte irgendwann auch dazu dienen, die Muskelmasse von Gesunden zu verstärken. Ausgeschlossen ist das nicht. Denn die Grenze zwischen notwendiger Behandlung und schneller Befriedigung lediglich von Wünschen verschwimmt schon heute manchmal. Die Psychodroge *Prozac* ist so ein Beispiel. Zur Behandlung von Depressionen entwickelt, wird sie heute vielfach zur Leistungssteigerung eingenommen. Die plastische Chirurgie war ursprünglich zur Behandlung großflächiger Gesichtsdeformationen als Folge von Kriegsverletzungen entwickelt worden, wurde aber bald zu kosmetischen Zwecken verwendet. Brustimplantate aus Silikon wurden zunächst verwendet, um Frauen nach Krebsoperationen wieder Selbstbewußtsein zu geben. Heute wird die Methode vor allem zur bloßen Busenvergrößerung eingesetzt.

In den USA entwickeln Forscher zur Zeit eine Gentherapie gegen Arteriosklerose. Dabei will man den Patienten ein Gen injizieren, das zur Bildung des sogenannten VEGF (Vascular Endothelial Growth Factor) führt – das ist ein Hormon, das die Körperzellen selbst herstellen kann. Es führt zur Bildung neuer Blutgefäße. In einer Studie am St. Elizabeth's Medical Center in Boston führten Ärzte das Gen über einen Katheter in die Beine von Patienten ein, die unter so starker Arteriosklerose litten, daß sie kurz vor einer Amputation standen. Tatsächlich verbesserte sich ihr Zustand drastisch. Mit einem ähnlichen Verfahren gelang es Ärzten am New York Hospital Cornell Medical Center, die Bildung neuer Blutgefäße am Herzen zu provozieren. Sie bildeten sich als Umleitung um die verstopften Arterien. Dieser »Bio-Bypass« könnte eines Tages als eine der wichtigsten Errungenschaften der modernen Genmedizin gefeiert werden.

Was aber, wenn plötzlich auch völlig Gesunde eine Generalüberholung ihrer Blutgefäße wollen? Nicht nur Marathonläufer und Fußballspieler, die sich eine bessere Durchblutung ihrer Beine erhoffen, könnten auf diese Idee kommen. Auch die Hoffnung auf gesteigerten Blutfluß ins Gehirn wird durch eine Gentherapie, wie die New Yorker Forscher sie erfunden haben, geschürt. »Theoretisch könnte man schon bei Kindern damit beginnen, auf diesem Wege die Entwicklung des Gehirns zu fördern«, sagt einer der New Yorker Forscher, die das Verfahren entwickelt haben, hinter vorgehaltener Hand. Ihm scheint vor den gewaltigen Möglichkeiten, die Konzepte wie der »Bio-Bypass« eröffnen, bange zu sein, und er glaubt, daß Anwendungen ohne strenge medizinische Indikation verboten werden müßten. Mit dieser Aussage möchte er aber nicht zitiert werden, um die Investoren, die die entsprechenden Studien bezahlen, nicht zu verschrecken. Was heute zählt, sind das schnelle Vorankommen der Forschung sowie der Kommerz. Die Natur ist in diesem Spiel längst außen vor. Sie ist zur Verfügungsmasse der Genforscher geworden. Schon können die neuen Schöpfer künstliche Chromosomen herstellen.

Führend auf diesem Gebiet sind die jungen, ehrgeizigen Molekularbiologen Huntington Willard und John Harrington von der Case Western Reserve University School of Medicine in Cleveland, Ohio. Sie haben zusammen mit finanzstarken Partnern auch gleich eine Firma gegründet, die jene Produkte vermarkten soll, die sie in ihrem hochmodernen Labor entwickeln. Die ersten künstlichen Chromosomen sind hier geschaffen worden. Wieder ist eine Grenze gefallen, viel schneller, als die meisten Forscher geglaubt hatten. Und die Arbeiten markieren eine weitere Etappe auf dem Weg zum perfekten Menschen. »Maßgeschneidertes künstliches Erbgut kann in Zukunft die Fehler der Natur ausgleichen, die bisher nicht korrigiert werden konnten«, sagt Willard. Erbgut nach Maß – das könnte in Zukunft ein

Riesenmarkt sein. Demnächst wollen die Forscher mit ihrem Unternehmen »Athersys« an die Börse gehen. Der Vorteil künstlicher Chromosomen ist vor allem, daß sie kleiner sind als ihr natürliches Vorbild und deshalb leichter zu handhaben.

Wahrscheinlich ist ohnehin alles nur eine Frage der Zeit. Erst kommt die somatische Gentherapie – dann wird man sie durch künstliches Erbgut noch einmal verbessern. Und schließlich wird man in die Keimbahn eingreifen wollen, um das Erbgut ein für allemal zu verändern. Aber damit wird auch das Risiko eines Blindflugs in Kauf genommen. Denn was in den höchst kompliziert aufgebauten Strukturen der DNS sonst noch verändert wird, wenn man einen Fehler behebt, ist vollkommen offen. Könnte es nicht sein, daß alle, denen ein Gen zur Verstärkung des Gedächtnisses ins Erbgut gepflanzt wurde, nach zehn Jahren schizophren werden, weil eine benachbarte Gruppe von Genen verletzt wurde? Eingriffe in so komplizierte Strukturen, sollten sie jemals möglich sein, werden mit Sicherheit Opfer fordern. Und sie könnten zudem eine genetische Klassengesellschaft hervorbringen, weil die Verbesserung des Erbguts aus Kostengründen einer bestimmten Schicht vorbehalten bliebe.

Dennoch: Einen freiwilligen oder gesetzlich verordneten Verzicht auf solche Methoden wird es auf Dauer nicht geben. Es wäre das erste Mal in der Geschichte der Wissenschaft, daß etwas *nicht* in die Tat umgesetzt wird, *obwohl* es möglich ist. French Anderson vergleicht die Phase, in der sich die Gentechnik jetzt befindet, mit der Entwicklung der Atombombe. Der Unterschied liege nur darin, daß man eine Atombombe nicht so einfach bauen könne. Eine aufwendige, komplizierte Logistik sei notwendig. Am menschlichen Erbgut aber könne praktisch jeder Student herummanipulieren.

Der Berliner Molekularbiologe Jens Reich fürchtet sich vor einer Welt, in der die technische Machbarkeit die Hemmschwelle für Eingriffe ins Erbgut immer tiefer sinken läßt: »Die katalogmäßige Bestellung der Erbanlagen unserer Nachkommen wäre mir zuwider, daß also jemand zum Arzt geht und sagt: ›Ich möchte gerne, daß mein Kind blaue Augen, eine helle Haut oder einen kräftigen Körperbau hat.‹ Dieser Wunsch nach bestimmten Eigenschaften mag noch unschuldig sein. Aber ich nenne es deshalb Mißbrauch, weil diese Dinge nicht funktionieren werden. Man wird herumfummeln und dann Nebenwirkungen hervorrufen, die nicht erwünscht sind. Und der eigentliche Effekt, den man haben will, wird ausbleiben.«

Ein Kind mit der Intelligenz von Albert Einstein, dazu noch groß und blond ... Solche Begehrlichkeiten werden schon heute von Samenbanken geweckt, die nur erstklassiges Material auf Lager haben – wie das »Institut für Keimwahl« im kalifornischen Escondido. Dort bietet der inzwischen fast achtzigjährige ehemalige Apotheker Dr. Robert Graham unter anderem Samenzellen von Nobelpreisträgern feil. Vor fast zwanzig Jahren hat er sich der Menschenzüchtung verschrieben. Die Proben werden auch weltweit verschickt, gekühlt in flüssigem Stickstoff. Die Kunden sind Frauen und Paare, die auf dem Weg der Retortenbefruchtung ein möglichst perfektes Kind zeugen wollen und der eigenen genetischen Ausstattung nicht ganz trauen. Dr. Graham will nicht nur seine Klientel zufriedenstellen, sondern auch etwas für den Erhalt einer Klasse tun, die er die Elite des Geistes und des Körpers nennt. Genug schlechtes Erbgut verseuche tagtäglich die Welt, sagt er und propagiert die Zuchtwahl per Katalog. Minutiös listen die Profile der Spender Eigenschaften und Körpermerkmale auf: »Universitätsdozent, blond und blauäugig, groß und kräftig, IQ 152.«

Inzwischen bieten auch andere Samenbanken in den USA Sperma von Wissenschaftlern und Olympiateilnehmern an.

Andere sind auf Studenten von Eliteuniversitäten wie Harvard, Yale oder Stanford spezialisiert. Ob sich die vielleicht tatsächlich vorhandenen genetischen Vorteile solcher Spender auf das Kind und seine Entwicklung auswirken, ist nach den Regeln der Genetik offen. Das Ganze ist nichts anderes als eine einträgliche Quacksalberei, die Kapital aus der Ideologie des biologischen Determinismus schlägt, die inzwischen weite Teile der breiten Bevölkerung erfaßt hat, während sie in der Wissenschaft schon fast wieder ins Wanken gerät. Die Samenbanken, die Elitesperma anbieten, leben von demselben Mythos, der der Idee zugrunde liegt, Menschen klonen zu können. Es ist der Mythos von der Allmacht der Gene, die den Weg zum perfekten Menschen eröffnen. Solche Ideen werden das neue Jahrtausend sicher ganz entscheidend prägen. Das Klonen von Menschen wird dann nur der nächste logische Schritt sein. Die Forschung geht weiter, und sie wird uns immer wieder vor vollendete Tatsachen stellen. Und immer wieder wird es Wissenschaftler geben, deren Ziel es ist, Grenzen zu überschreiten – aus Neugier oder tatsächlich, um anderen zu helfen.

Geklontes Leben

Der amerikanische Physiker Richard Seed will eine Klinik errichten, in der unter anderem Unfruchtbarkeit durch Cloning behandelt werden soll. Identische Kopien menschlicher Wesen herstellen – diese letzte Grenzüberschreitung ist das Ziel dieses Forschers am Rande des Wahns. Ernst nehmen muß man ihn dennoch – deshalb haben wir ihn besucht. Der fast siebzigjährige Harvard-Absolvent lebt in einem bescheidenen Bungalow vor den Toren Chicagos. In seinem Keller betreibt er in bescheidenem Maße eigene Forschungen an Zellkulturen. Sie gemahnen mehr an ein Hobby als an hochkarätige wissenschaftliche Arbeit. Aber Seed pflegt enge Kontakte zu mehreren Fortpflanzungskliniken in Chicago, das heute als US-amerikanische Metropole der Reproduktionsmedizin gelten kann. »Meine Kooperationspartner haben mich ins Feuer geschickt. Aber einer muß es ja tun. Wir wollten unbedingt testen, wie die Öffentlichkeit reagiert. Es war uns nicht klar, daß unsere Ankündigung, Menschen zu klonen, eine solche Resonanz haben würde.«

Nicht nur die Medien reagierten, sondern auch mehrere Investmentfirmen von der Wall Street. Auf Seeds Schreibtisch liegen die Angebote: »Bitte teilen Sie uns mit, in welcher Höhe Investitionen möglich wären«, schreibt ein Finanzmakler aus New York, der offenbar ein großes Pharmaunternehmen vertritt. Für alle Trends in der Gentechnik und in der Reproduktionsmedizin gilt: Der Kommerz ist ein starker Antrieb. Sobald Gewinne winken, beschleunigt das die Forschung und setzt die ethische Hemmschwelle herab. Wo würde Richard Seed sein Institut errichten? »Genau darüber streite ich im Augenblick mit meinen Partnern«, sagt der Physiker. »Sollten wir hier in Chicago oder im Ausland beginnen? Noch ist das Klonen gesetzlich nicht verboten. Aber wenn wir hier anfangen, dann müssen wir es wohl heimlich tun, in irgendeinem Gebäude in der Stadt, mit ein paar Patienten experimentieren, die wir zum Schweigen verpflichten – niemand muß das mitkriegen.«

Darauf setzt auch die französische Chemikerin Brigitte Boisselier, wissenschaftliche Leiterin der ersten Klonfirma der Welt, Valiant Venture Ltd. Das Unternehmen bietet einen Service an, den es »Clonaid« nennt und womit es Paaren mit unerfülltem Kinderwunsch helfen will. Hundertzwanzig Interessenten haben sich bereits gemeldet. Sie möchten entweder sich selbst oder ihren Partner klonen lassen, oder sie wollen ein Kind, das sie durch Tod verloren haben, mit Hilfe von Cloning noch einmal »zurückholen«. Wo die Experimente stattfinden, verrät Madame Boisselier natürlich nicht, aber sie sagt, man mache gute Fortschritte. Hinter der Firma verbirgt sich die »Raël«-Bewegung, eine sektenähnliche Vereinigung, deren Führer behauptet, er sei von Außerirdischen gezeugt und habe die Aufgabe, Menschen künstlich herzustellen und sie damit unsterblich zu machen. In zwei Jahren, sagt seine wissenschaftliche Direktorin, werde man soweit sein. Das ist sicher zu optimistisch gerechnet, denn Klonversuche sind sehr aufwendig und dementsprechend teuer. Zweihunderttausend Dollar wird »Clonaid« für die Prozedur berechnen. Die Firma bietet übrigens auch an, die Zellen lebender Kinder zu verwahren, um im Bedarfsfall, wenn ein Kind stirbt, dieses noch einmal zur Welt kommen zu lassen. Das Ganze ist also auch ein Geschäft mit der Angst – unter völliger Verdrängung der Frage, was ein solches Kind empfinden mag, wenn es als Klon seines verstorbenen Bruders lebt. Erschrekkend genug, daß es vielleicht längst Experimente mit menschlichen Zellen gibt, die in diese Richtung gehen.

Der Princeton-Professor Lee Silver hält es nur für eine Frage der Zeit, bis die entsprechende Technik auch beim Menschen einsetzbar ist. Denn längst wird im Tierexperiment an entsprechenden Verfahren gearbeitet. Forscher der Firma »Advanced Cell Technology« haben bereits drei Kälber mit Namen *Charly*, *George* und *Albert* geklont und dabei eine ausgereiftere Technik angewandt als die schottischen Tiermediziner, die das Schaf *Dolly* »herstellten«. Und die nationalen Gesundheitsinstitute der USA fördern ein wissenschaftlich hochkarätiges Projekt, bei dem Rhesusaffen geklont werden sollen – die Kopien der Affen werden in diesen Experimenten allerdings nicht aus Zellen von erwachsenen Tieren hergestellt, sondern aus Embryonalzellen. 1997 war dem Leiter des Oregon Regional Primate Research Center in Beaverdon bereits ein erster Schritt gelungen: Er hatte zwei Affen mit Namen *Neti* und *Ditto* »fabriziert« – keine identischen Kopien, sondern entstanden aus Embryonalzellen, die auf dieselben Ei- und Samenspender zurückgingen. Jetzt läßt sich der eigentlich schon emeritierte Forscher vom Primatenzentrum ein nagelneues Labor einrichten, in dem ein hochkarätiges Team arbeiten wird. Dahinter verbirgt sich auch wieder ein kommerzieller Grund: Sollte es dem Primatenzentrum gelingen, Affen mit identischem Erbgut zu produzieren, wäre die pharmazeutische Industrie dankbare Abnehmerin. Denn solche Tiere würden zum Beispiel die Entwicklung eines Impfstoffes gegen Aids enorm erleichtern, weil die geklonten Affen auch ein identisches Immunsystem hätten. Eine wichtige Beschränkung für die Forschung entfiele.

Und so wird das Experiment, das beim Menschen ebenso denkbar ist, ablaufen: Ei- und Samenzellen zweier Affen werden im Reagenzglas zusammengebracht. Ein Embryo entsteht. Die Forscher warten bis zum Achtzellenstadium und müssen dann schnell handeln, weil sich danach die Embryonalzellen differenzieren. Sie bringen zunächst eine der acht Zellen in der Petrischale mit einer weiteren Eizelle zusammen, der man den Kern, der die DNS enthält, entfernt hat. Durch einen elektrischen Impuls (denkbar sind auch andere Techniken) wird die Verschmelzung der Embryonalzelle, die den vollen Erbgutsatz enthält, mit der leeren Eizelle erreicht. Der entstehende Embryo kann sich jetzt entwickeln. Er wird einem Affenweibchen eingesetzt. Theoretisch lassen sich auf diese Weise acht identische Lebewesen herstellen. Natürlich ist es schwieriger, dieselbe Prozedur mit den bereits differenzierten Körperzellen eines erwachsenen Tieres oder Menschen durchzuführen. Aber die Affenexperimente in den USA sind in jedem Falle ein Schritt in Richtung Cloning von Menschen. Die beteiligten Forscher geben das selbst zu, und sie sagen auch, daß sie die Technik weiter perfektionieren werden.

Auch der Embryologe Steen Willadsen vom St. Barnabas Medical Center in Livingston, New Jersey, ist dieser Ansicht. Er beruhigt sich und uns mit dieser Annahme: »Wenn das erste geklonte Kind geboren wird, wird zunächst niemand davon Notiz nehmen. Niemand wird wissen, daß es sich um einen Klon handelt. Dieses Lebewesen wird ganz einfach einem Elternteil wie aus dem Gesicht geschnitten ähnlich sehen, und das werden die Leute auch sagen. Erst wenn der Klon erwachsen wird, ist sein Äußeres verräterischer. Und dann wird diese Person, sofern sie über die eigene Entstehung aufgeklärt wurde, ihre Geschichte für eine Million Dollar an die Medien verkaufen. Der nächste Schritt ist dann, daß alle sich an Klone gewöhnen werden.«

Seit dem Sommer 1998 gibt es keinen Zweifel mehr daran, daß das Cloning von Säugetieren bald zur Routine werden wird: Ende Juni wiesen zwei britische Forschergruppen nach, daß es sich bei dem Schaf Dolly tatsächlich um einen echten Klon handelt. Im gleichen Monat gelang es einem japanischen Team, zwei Klone aus einem Kalb herzustellen. Ende Juli dann die Sensation: Den Biologen Ryuzo Yanagimachi und Teruhiko Wakayama von der Universtität Hawaii gelang es, Mäuse zu klonen – gleich fünfzig an der Zahl. Bei manchen Tieren handelt es sich sogar um Klone von Klonen. Viele Forscher hatten sich seit langem erfolglos darum bemüht, identische Mäuse herzustellen, und waren dabei immer wieder auf Schwierigkeiten gestoßen. Die Gruppe auf Hawaii hatte den Zellkern mit einer mikroskopisch kleinen Nadel in die leeren Zellhüllen injiziert und damit eine wesentlich bessere Erfolgsrate erzielt, als es mit der Methode der »Elektrofusion« möglich ist: drei Prozent. »Menschen zu klonen, ist im Prinzip sogar einfacher«, sagt Princeton-Forscher Lee Silver und sieht sich in seinen Prognosen zur Geschwindigkeit des Fortschritts bestätigt.

Wie also ließe sich das Klonen einsetzen, wie rechtfertigen? Wo könnte »reproduktives« Klonen, also die Herstellung eines Organismus oder Lebewesens aus Zellen oder Gewebe eines Erwachsenen ohne geschlechtliche Zeugung, Sinn machen?

Beim Menschen wären mindestens zwei Anwendungsgebiete denkbar, meint Jens Reich: »Eine Anwendung würde dem Wunsch entstammen, ein Kind zu bekommen, ohne den natürlichen Weg der Zeugung oder den ärztlich unterstützten Weg durch künstliche Befruchtung zu gehen. Ein solches Kind wäre ein Zwilling der Spenderperson mit ungewöhnlichem Altersunterschied. Wenn sie eine Frau ist, dann könnte die Spenderperson ihre Kinder selbst austragen. Die zweite Anwendung ginge in Richtung Transplantationsmedizin. Man hätte durch Klonen Organe zur Verfügung, die – genauso wie bei eineiigen Zwillingen – nicht abgestoßen werden. Es wäre denkbar, aus dem geklonten embryonalen Gewebe spezielle Organanlagen zu kultivieren und zur Transplantation auf die erbgutspendende Person zu verwenden.«

Weil die letztere eine kommerziell äußerst vielversprechende Anwendung des Klonens wäre, dürfte sie die erste sein. Gregory Stock, Biologe und Sozialforscher der University of California in Los Angeles, schätzt, daß es in zehn Jahren soweit sein könnte, andere rechnen mit geklonten Organen erst in etwa fünfundzwanzig Jahren.

Organe aus der Retorte

Ein entsprechendes Szenario könnte so aussehen: Der Patient leidet an der heute nur sehr schwer behandelbaren Parkinsonschen Krankheit. Sein Gehirn produziert die Überträgersubstanz Dopamin nicht in ausreichendem Maße. Man würde aus einer Körperzelle dieses Patienten und der Eizelle seiner Frau (oder einer Spenderin) einen Embryo zeugen und diesen dann in einen weiblichen Uterus einsetzen. Einige Monate später würde man den Fötus dann entnehmen – sein Erbgut wäre mit dem des Patienten identisch. Die Dopamin erzeugenden Gehirnzellen des Embryos würden isoliert und in das Gehirn des Patienten eingesetzt werden. Aufgrund ihrer genetischen Gleichheit würden sie nicht abgestoßen werden. Dasselbe Szenario könnte man sich für viele andere Arten der Transplantation vorstellen: Knochenmark, Leberzellen, Zellen der Bauchspeicheldrüse könnten auf diese Weise übertragen werden.

Eine andere Möglichkeit wäre, den durch Klonen erhaltenen Embryo *ex vivo,* also außerhalb der Gebärmutter, zu kultivieren und die Zellen in der Kultur sich differenzieren zu lassen – dann wäre der Umweg über einen natürlichen Mutterleib nicht mehr notwendig. Zellen eines Embryos zu isolieren, die in einer Kultur alle Arten von Differenzierung durchmachen, ist grundsätzlich möglich. Diese Technik wurde aber bisher nur bei der Maus verwirklicht. 1981 gelang es Embryologen in den USA und in

England, solche embryonalen Stammzellen zu züchten. Allein in der Kultur können sie keinen vollständigen Embryo hervorbringen. Wenn es eines Tages möglich wäre, solche Zellpopulationen beim Menschen zu erhalten und ihre Differenzierung in die gewünschte Richtung zu beeinflussen (Hirnzellen, Muskelzellen, bestimmte Organe), könnten ohne Problem durch das Klonen differenzierte Zellen in der Kultur hergestellt werden. Dann wären eine ganze Reihe von Autotransplantationen möglich. Vielleicht sind wir nicht mehr sehr weit von einer solchen Perspektive entfernt.

Dr. John Gearhart von der Johns Hopkin University, Baltimore (USA), verkündete auf einem Kongreß im Juli 1997, daß er bereits seit sechs Monaten menschliche embryonale Stammzellen kultiviere. Bisher sind die Ergebnisse noch nicht im Detail veröffentlicht. Das Problem wird darin bestehen, die Differenzierung der Zellen wirklich steuern zu können. Immerhin würde das Klonen eine breite Anwendung solcher Techniken ermöglichen.

Unterdessen haben japanische Forscher beim Frosch einen Wachstumsfaktor entdeckt, der es ermöglicht, die Differenzierung der Zellen in der Kultur zu steuern, um auf diesem Weg nicht nur rudimentäres Gewebe, sondern auch komplexe Organe zu bilden. Der Faktor heißt *Aktiven.* Das ist ein Protein, das im Embryo für die Entwicklung von Gewebe und Organen sorgt und zur Familie der *Morphogene* gehört. Diese Stoffe spielen für die Entwicklung des Embryos eine entscheidende Rolle – sie sind für die Ausprägung von Formen zuständig. Professor Makoto Asashima von der Universität Tokio brachte vorzeitig entnommene Embryonalzellen in einer Aktivenlösung mit dem Keimblatt eines Froschembryos zusammen (das Keimblatt ist für die Entwicklung von Blut, Skelett, Nieren oder Muskeln zuständig). Er stellte fest, daß schon geringe Konzentrationen von Aktiven zu einer Differenzierung der Keimblattzellen in rote und weiße Blutkörperchen führten, während eine wenig höhere Konzentration die Bildung von Muskelgewebe zur Folge hatte.

Asashima wollte wissen, ob diese Methode die Entwicklung eines vollständigen und funktionstüchtigen Organs *ex vivo* ermöglichen könnte. Der Traum wurde Wirklichkeit: Eine Dosis Aktiven von 50 ng/ml bewirkte die Produktion eines Fötuszellgewebes, das sich auf der Rückenseite des Embryos befand und schließlich zur Bildung des Nervensystems führte. Bei einer Dosis von etwa 75 ng/ml war das Resultat die Entwicklung eines vollständigen und funktionsfähigen Herzens, während sich bei 100 ng/ml eine Lunge ausbildete. Als Asashima das Aktiven mit anderen Substanzen zu unterschiedlichen Zeitpunkten der Entwicklung in Verbindung brachte, erhielt er sogar einen Umriß von Nieren, Augen und rudimentären Ohren. Amerikanische und englische Forscher arbeiten bereits an ähnlichen Projekten. Ihr Ziel ist es dabei vor allem, auf diesem Weg Herzen herzustellen, die dann das Organdefizit bei Transplantationen decken könnten.

Immer offener wird dieses Ziel unter den Forschern diskutiert, und einige von ihnen sind bereit, bis an die äußerste Grenze zu gehen – wie Professor Jonathan Slack, der mit seinem Team aus Embryologen und Entwicklungsbiologen an der Universität Bath in Großbritannien arbeitet. In seinem Labor, nur wenige Schritte von den alten römischen Thermalbädern am Avon entfernt, wurde im Herbst 1997 ein Wesen geboren, wie es die Welt bis dahin noch nicht gesehen hatte: ein Frosch ohne Kopf – das heißt auch ohne Gehirn. Slack war das durch die Manipulation einiger Gene, die die physiologische Entwicklung des Tieres bestimmen, gelungen. Stolz verkündete der Forscher: »Die Methode könnte auf menschliche Embryonen angewandt werden, weil die Erbgutabschnitte, die wir beim Frosch manipuliert haben, im Prinzip auch im menschlichen Genom existieren. Natürlich können wir niemals geklonte Embryonen als Organbank verwenden, aber man könnte einen Mittelweg finden: Anstatt einen intakten Embryo heranzuzüchten, könnte man ihn genetisch neu programmieren, wobei man dann das Wachstum sämtlicher Körperteile mit Ausnahme derjenigen, die man gewinnen möchte – also beispielsweise Herz oder Leber –, unterdrückt.«

Die Idee eines durch Klonen entstandenen Reservoirs menschlicher Organe wird damit gerechtfertigt, daß diese Wesen keinen Kopf und damit auch kein Gehirn besitzen. Wenn man sie dann auch noch in einem künstlichen Mutterleib heranwachsen ließe, würde nichts mehr an einen herkömmlichen Embryo erinnern. Es ist nicht auszuschließen, daß wir uns an solche Techniken und Eingriffe ziemlich rasch gewöhnen werden, wenn sie tatsächlich den entsprechenden Erfolg bringen. Zuvor allerdings müßten Tausende von Experimenten durchgeführt werden, die in die Kategorie der »verbrauchenden« Embryonenforschung gehören. Nach dem deutschen Embryonenschutzgesetz wären solche Versuche in der Bundesrepublik Deutschland nicht möglich. In den USA, in England und Japan allerdings macht sich kein Forscher mit solchen Experimenten strafbar. Allenfalls könnten die Ethikkommissionen der jeweiligen Universitäten oder Kliniken sie nicht gutheißen, und damit könnte auch die Finanzierung in Frage gestellt sein. Mit Geld von Investoren, die sich für die Zukunft ein gutes Geschäft versprechen, kann man dann aber immer noch an privaten Instituten weiterforschen, bis dann, wenn Ergebnisse vorliegen, die staunende Öffentlichkeit informiert wird.

Homo novus: Keine Utopie mehr

Aufschlußreich ist der Fall des Fortpflanzungsmediziners Jerry Hall, der an der George Washington University Medical School zusammen mit seinem Kollegen Robert Stillman 1993 zum ersten Mal menschliche Klone herstellte. Er wandte dabei die Methode des sogenannten »Embryonensplitting« an, die bei Tieren längst erfolgreich ist. Für seine Experimente benutzte Hall überschüssige Embryonen aus der Reproduktionsklinik seiner Universität, die er so ausgewählt hatte, daß sie unter keinen Umständen lebensfähig gewesen wären – sie wiesen alle einen genetischen Fehler auf, weil mehr als ein Spermium in die Eizelle eingedrungen war. Er teilte die Embryonen und umschloß sie mit einer künstlichen *zona pelucida*, die er zuvor jahrelang entwickelt hatte, ohne darüber etwas zu veröffentlichen. Die durch die Teilung entstehenden achtundvierzig Embryos ließ er wiederum sechs Tage lang sich teilen, bevor er das Experiment abbrach und an die Öffentlichkeit ging.

Hall wollte nichts weiter, als die Prozedur der Retortenbefruchtung verbessern. Je mehr Embryonen aus einer »Ernte« zur Verfügung stehen, so dachte er sich, desto besser. Was sich daraus in der Praxis schon heute ergeben könnte, liegt auf der Hand: Man kann die völlig identischen Embryonen nahezu beliebig lange einfrieren und zum Beispiel eineiige Zwillinge zeugen, die im Abstand von zehn Jahren heranwachsen. Bei dieser Form des Klonens ist bereits eine Art Unsterblichkeit des jeweiligen Menschen erreicht. Achtundvierzig Generationen lang, das heißt über zwölfhundert Jahre hinweg, hätte aus Jerry Halls Beständen immer wieder ein identischer Mensch zur Welt kommen können.

Natürlich wurden Hall und Stillman, nachdem sie an die Öffentlichkeit gegangen waren, scharf angegriffen. Sie konnten ihre Forschungen an der Universität nicht fortsetzen. Inzwischen hat Jerry Hall folgerichtig eine eigene Firma gegründet. Sie residiert im Bio-Valley, wie Bill Haseltines Sequenzierunternehmen in Rockville, Maryland. Jerry Hall verhilft Paaren mit unerfülltem Kinderwunsch auf dem Weg der konventionellen Retortenbefruchtung zu dem ersehnten Nachwuchs. Daß er daneben in hochmodernen eigenen Labors weiterforschen kann, um seine Cloningmethode noch zu verfeinern und zur Serienreife zu bringen, geht niemanden etwas an. Keine Ethikkommission mischt sich ein, wenn private Gelder im Spiel sind. Der biologisch-industrielle Komplex ist der beste Schutzraum für diese Art von Grenzüberschreitung.

Jerry Hall sieht die Zukunft im übrigen rosig: »Das gesamte

Gebiet wird schon bald nicht mehr wiederzuerkennen sein. In fünfzig Jahren wird man die Methoden, die wir heute anwenden, als primitiv bezeichnen. Wir können die Verfahren immer besser und schneller machen.« Auf den Einwand, daß dabei immer wieder ethische Grenzen überschritten würden und die Forscher die Öffentlichkeit vor vollendete Tatsachen stellten, entgegnet Hall: »Meistens werden wir Forscher doch dazu gedrängt, das alles zu tun. Die Menschen wollen, daß man ihnen hilft, und wir liefern ihnen die Möglichkeiten dazu.« Dieses Argument hat durchaus einiges für sich, und es wird in Zukunft wohl immer öfter herangezogen werden. Die Forscher wälzen die Verantwortung, nicht ganz zu Unrecht, auf eine Gesellschaft ab, die fortschrittsgläubiger ist denn je.

Wissenschaft als Religion

In das zu erwartende kulturelle Umfeld des neuen Jahrtausends werden die Möglichkeiten der Fortpflanzungsmedizin und Gentechnik nahezu perfekt passen. Sie entsprechen dem Machbarkeitswahn, der auch auf anderen Gebieten immer stärker wahrnehmbar ist: Wir verlassen den Planeten und wollen am liebsten das Weltall besiedeln, wir wollen mit künstlicher Intelligenz die Kapazitäten des menschlichen Gehirns möglichst übertreffen, und wir wollen mit ihrer Hilfe menschenähnliche Wesen bauen. Andererseits fällt es uns immer schwerer, Risiken zu akzeptieren und Leid zu ertragen. Deshalb werden wir immer mehr bereit sein, den Drang der Wissenschaft zur Grenzüberschreitung zu akzeptieren. In einer Erklärung von zweiundzwanzig namhaften Wissenschaftlern, darunter einigen Nobelpreisträgern, heißt es: »Wir sehen mit Sorge die weitverbreiteten Aufrufe, die Klonforschung zu verzögern oder zu unterbrechen. Die moralischen Fragen, die das Klonen für das neue Jahrtausend aufwirft, sind nicht schwerwiegender als die Fragen, mit denen die Menschheit bisher konfrontiert war.«

Aber welche der großen Menschheitsfragen ist *gelöst*? Nun also kommt eine neue Frage hinzu, und das bisherige ethische Instrumentarium wird nicht ausreichen, um sie zu beantworten. Denn es muß jetzt neu definiert und präziser bestimmt werden, was ein Mensch sei. Keine Religion, weder die christliche noch die jüdische oder islamische, kann das leisten, und kein bestehendes Rechtssystem ist heute dazu in der Lage. Mögen Regeln wie das deutsche Embryonenschutzgesetz und die europäische Bioethikkonvention noch so plausibel sein und mögen sie uns damit die Möglichkeit geben, unsere Hände in Unschuld zu waschen – andere Länder, vor allem einige Staaten der USA, haben kein Embryonenschutzgesetz. Und wo beispielsweise der erste Mensch geklont wird, ob in Würzburg oder Washington, ist letzten Endes unerheblich. Es wird ein bedeutender Schritt für die gesamte Menschheit sein. Wir Europäer sollten uns nicht einbilden, ihn verhindern zu können. Und eben weil es um eine Menschheitsfrage geht, müssen auch andere Quellen hinzugezogen werden.

Wie man mit der Möglichkeit umgehen wird, daß der Mensch seine eigene Evolution in die Hand nehmen und den Homo novus erschaffen kann, ist also, wenn man ehrlich ist, völlig offen. In einem interkulturellen Prozeß müssen Lösungsansätze gesucht werden. Der Wissenschaft selbst darf es nicht überlassen bleiben, diese Fragen zu regeln. Denn sie ist aus ihrer Natur heraus das, was die Wissenschaftsautorin Gina Maranto *aethisch* nennt. Das heiße nicht, die Wissenschaftler seien *unethisch*. Die Forschung impliziert aber nicht eine heute notwendige Selbstkritik. Das liegt in der Tradition der »harten« Naturwissenschaften. Und nirgendwo in den Schriften der Bacon, Locke, Descartes, Buckley, Whewell spielen ethische Axiome eine wesentliche Rolle. So ist es geblieben, wie die Beispiele in diesem Kapitel zeigten.

Heute bestimmt die Wissenschaft die gesamte Kultur der westlichen Welt – einfach weil sie so effizient ist. In weiten Bereichen hat sie außerdem den Platz der Religion eingenommen, und das führt dazu, daß sie Fragen so beantwortet, als sei sie eine Religion, obwohl sie sich mit Fragen nach Sinn und Ziel nicht wirklich auseinandersetzt. Wissenschaft braucht keine Vergangenheit. Sie glaubt es sich leisten zu können, aus Geschichte und Kultur resultierende Weisheit zu negieren. Der US-amerikanische Sozialhistoriker Allan Bloom sagt in seinem Buch *Der Niedergang des amerikanischen Geistes*: »Die Wissenschaft vernichtet, indem sie die Menschen befreit, zugleich die natürlichen Voraussetzungen, die sie erst menschlich machen. Deshalb entsteht hier zum ersten Mal in der Geschichte die Möglichkeit einer Tyrannei, die nicht auf Unwissenheit, sondern auf Wissenschaft gegründet ist.«

Gesetze und Ethikkonventionen machen dennoch Sinn, weil sie einen Damm errichten, der allerdings nicht für die Ewigkeit gebaut ist. Sie können entsprechende Entwicklungen aufhalten, aber dies nur zeitlich begrenzt. Und wenn der Damm erst einmal gebrochen ist, dann werden Techniken wie das Klonen zusammen mit der Möglichkeit zur Korrektur des Erbguts die Welt im neuen Jahrtausend mehr verändern als alle anderen Entwicklungen. Nur eines ist vielleicht tröstlich: Die Genbastler in ihren Labors können immer nur eine biologische Wirklichkeit schaffen. Alles, was uns *wirklich* zu Menschen macht, unsere Prägungen, aber auch differenzierte Gefühle, werden sich der Glaskanüle der Menschenzüchter wohl immer entziehen.

Diese Wahnidee, daß Menschen optimierbar seien …

Interview mit Jens Reich am 10. 12. 1997

Gero von Boehm: Die Fortschritte auf den beiden Gebieten, die die Medizin jetzt entscheidend bestimmen – Genforschung und Reproduktionsmedizin –, gehen doch auf ein uraltes Bestreben zurück: die Verbesserung des Menschen, die Vermeidung von Leid. Woher kommt das? Ich glaube, in fast allen Gesellschaften, schon in den ganz alten, hat es das gegeben.

Jens Reich: Ja, so ist es – wir wollen satt sein, wir wollen Leid vermeiden, wir wollen keinen Durst haben, die Kinder sollen zufrieden sein, das Leben soll besser sein. Das ist ein Grundstreben des Menschen. Und dieses Grundstreben überträgt sich natürlich auch auf den Wunsch, Kinder zu haben, die gesund sind, glücklich, fröhlich und stark, wenn sie erwachsen werden. In einer urtümlichen Gesellschaft war das etwas, das nicht beeinflußt werden konnte. Allenfalls konnte man mit Fruchtbarkeitszauber etwas versuchen oder die Götter anrufen und bitten, daß man schöne, gesunde Kinder bekommt. In so einer Gesellschaft ist Eugenik also ein mythischer Wunsch. Und mit der zunehmenden Beherrschung der eigenen Fruchtbarkeit durch den Menschen kann man diesen Wunsch in die Tat umsetzen. In Urwaldgesellschaften zum Beispiel war das allenfalls als negative Auslese möglich, indem kranke Kinder einfach nicht aufgezogen wurden. Heute, in der modernen Gesellschaft, gibt es nun zumindest theoretisch – seit dem Aufkommen des Darwinismus vor rund hundert Jahren ist das ein Seitenzweig gewesen – die

Überlegung, wie man die platonischen Konzepte in die Wirklichkeit umsetzen kann: Menschen, die gesund sind und keine vererbten Defekte haben, zu »züchten« – also die Verbesserung der Erbanlagen anzustreben. Diese tiefsitzenden Wünsche hat es immer gegeben – jetzt ergibt sich die Chance, sie Realität werden zu lassen.

G. v. B.: Was wird sich hier besonders angesichts der Fortschritte in der Gendiagnostik und -therapie verändern? Welches sind Ihre Visionen für die nächsten fünfundzwanzig Jahre?

J. R.: Es gibt eine Reihe von Leiden, bei denen die Anlage vererbt ist und sich auch sehr früh feststellen läßt – schon am Embryo oder spätestens am neugeborenen Kind. Etwa fünf bis sechs Prozent der Bevölkerung sind davon direkt oder indirekt betroffen. Leider ist es in vielen Fällen so, daß eine heilende Therapie nicht möglich ist. Dann steht die sehr belastende Entscheidung an, ob ein Kind geboren werden soll, das eine solche Krankheit bekommen könnte – bis hin zur Frage, ob die Mutter das Kind weiter austragen möchte. Die Ultima Ratio ist dann der Schwangerschaftsabbruch, weil das Leid, das da in die Welt kommen würde, für die Betroffenen nicht erträglich ist. Das ist eine sehr zwiespältige Möglichkeit, und deswegen ist es bedauerlich, daß es bisher keine wirksamen Therapien für die entsprechenden Störungen gibt. Wenn man sich vorstellt, daß eine Anlage, die zu schwerer Krankheit führt, repariert werden kann, dann ist das schon faszinierend. Nehmen Sie zum Beispiel das Eiweiß zur Blutgerinnung. Ein Bluter könnte dann seinen Defekt »selbst« in Ordnung bringen. Von einer solchen Therapie ist man noch weit entfernt. Aber das ist eine von den Visionen, Menschen, denen ein bestimmtes Eiweiß fehlt, zu helfen. Dieser Reparaturaspekt, also das Zuführen einer lebenswichtigen genetischen Information, bedeutet, das Leiden an der Wurzel zu packen, das heißt, in die Keimbahn zu gehen und dort bereits Textfehler in der DNS zu korrigieren.

G. v. B.: Aber die Keimbahntherapie ist in Deutschland gesetzlich verboten und wird zum Beispiel auch vom Europarat aus ethischen Gründen abgelehnt. Worauf beruht dieses Verbot tatsächlich?

J. R.: Zunächst einmal ist die Keimbahntherapie nach Ansicht vieler Genetiker überflüssig, weil die Weitergabe eines defekten Gens in einer Familie meistens ein statistischer Prozeß ist und kein unausweichliches Schicksal. Die Wahrscheinlichkeit, daß das Gen weitergegeben wird, beträgt im schlimmsten Fall fünfzig Prozent. Es gibt allerdings auch Ausnahmefälle, in denen es hundertprozentig weitergegeben wird. Diese Ausnahmen betreffen Kinder von homozygoten Defektträgern mit dominantem Erbgang. Also stehen die Chancen für eine Schwangerschaft mit einem gesunden Embryo nicht schlecht. Und man kann durch pränatale Diagnostik am Embryo feststellen, ob er den Defekt geerbt hat. Die Schwangere kann sich zur Abtreibung entscheiden, wenn sie die Belastung nicht tragen kann. Damit wäre Keimzellenreparatur zu umgehen, indem man also dafür sorgt, daß der Nachwuchs ein defektfreies Genom besitzt. Andere Genetiker setzen auf die Möglichkeit, Eizellen der Mutter zu isolieren, diese im Reagenzglas zu befruchten, dann einen Embryo auszuwählen, der den Defekt nicht besitzt, und ihn der leiblichen Mutter einzusetzen. Das ist praktisch Selektion auf der Ebene eines wenigzelligen Embryos und erfordert zuvor dessen Anzüchtung sowie die Entnahme von mindestens einer seiner Stammzellen zur Diagnose. Nach dem Kommentar zum deutschen Embryonenschutzgesetz ist das verbrauchende Diagnostik und damit verboten. Alle Änderungsanträge gegen diese Auslegung des Gesetzes sind bisher abgeschmettert worden.

G. v. B.: Ist eine solche Embryonenselektion, entweder als Abtreibung nach pränataler Diagnostik – Sie nennen das »private negative Eugenik« – oder als Einpflanzung nach Präimplantationsdiagnose – das wäre dann »private positive Eugenik« –, nicht äußerst fehleranfällig und auch ethisch bedenklich?

J. R.: Genau deshalb ist ja damit zu rechnen, daß die im Prinzip einfachere Keimbahnreparatur gefordert werden wird, sobald sie technisch perfekt ist. Für sie wird geltend gemacht werden, daß sie sich auf die Geschlechtszellen eines entscheidungskompetenten Individuums bezieht und nicht auf einen Embryo. Außerdem beseitigt sie den Defekt mit einem Schlag für alle Nachkommen dieser Familie. Die technische Vervollkommnung der Methode erfordert Tierversuche und Versuche an menschlichen Keimzellen, ist also nicht unmittelbar ein Verstoß gegen die personale Würde und die Lebensrechte eines Embryos. Dennoch gibt es, sollte die Keimbahnreparatur technisch machbar werden, moralische Barrieren: Ihre Anwendung aus strenger medizinischer Indikation wäre nur sehr schwer gegen andere Zielsetzungen abzugrenzen. Hier müssen wir die Schieflage der Eugenik bedenken. Außerdem kann das heute noch rechtlich als notwendig angesehene vorherige Einverständnis der betroffenen Nachkommen nicht eingeholt werden, weil sie noch nicht existieren.

G. v. B.: Halten Sie es für möglich, daß es dennoch eine Art pragmatischen Druck geben wird, wenn die Keimbahntherapie einmal möglich ist?

J. R.: Der Druck wird kommen, denke ich mir. Sobald es möglich ist, Keimbahnfehler zu therapieren oder Menschen zum Beispiel eine natürliche Immunität gegen Malaria zu verleihen. Da wird es Druck deshalb geben, weil nur die immunkompetenten Zellen die Fähigkeit haben, mit Malaria fertig zu werden. Und das ist natürlich am einfachsten an der einen Keimzelle zu machen, aus der sich dann alle anderen durch Teilung entwickeln. Sie haben dann die gleichen Eigenschaften. So entsteht der pragmatische Druck sehr schnell. Das ist zwar noch nicht aktuell, aber wir können uns darauf einrichten, daß die Diskussionen in diese Richtung gehen werden.

Die Gefahr dabei ist eben nur, daß man diese Technik, die für solche positiven medizinischen Indikationen geschaffen wird, mißbräuchlich einsetzt. Und das ist leider ebenso realistisch wie eine nützliche Anwendung.

G. v. B.: Wo genau sehen Sie die Gefahr eines Mißbrauchs? Wo beginnt er für Sie?

J. R.: Vor sechzig Jahren hätte man gesagt, der Mißbrauch könnte darin bestehen, daß der Staat oder die Gesellschaft Gesetze in Richtung einer Verbesserung der genetischen Ausstattung schafft. ›Du bist nichts, dein Volk ist alles, und dein Volk braucht gesunde Menschen!‹ – so wie damals eben argumentiert wurde, nicht nur in Deutschland, aber ganz besonders hier. Das ist die eine Mißbrauchsmöglichkeit, daß dem einzelnen von staatlicher Seite etwas aufgezwungen wird. Die andere Möglichkeit, die in den westlichen Gesellschaften realistischer ist, liegt in der katalogmäßigen Bestellung der Erbanlagen seiner Nachkommen. Man geht dann zum Arzt und sagt: ›Ich möchte gerne, daß mein Kind blaue Augen hat, eine helle Haut und einen kräftigen Körperbau.‹ Das ist die andere Form. Und ich nenne das deshalb Mißbrauch, weil zwar der Wunsch, Kinder mit bestimmten Eigenschaften zu haben, noch unschuldig ist, sich aber bei der Fummelei am Genom Nebenwirkungen einstellen werden, die nicht erwünscht sind. Und man wird gar nicht das erreichen, was man will. Die Augenfarbe zu beeinflussen, könnte ich mir technisch noch vorstellen – das ist ein einfaches Merkmal. Aber die wirklichen Eigenschaften eines Menschen – da bin ich der festen Überzeugung, daß es nicht möglich sein wird, sie gezielt zu verbessern. Aber man wird es versuchen und dabei womöglich nur verschlimmbessern und eine Menge von Nebenwirkungen in Kauf nehmen müssen. Das ist heute schon beim Doping der Fall. Das ist ja eine Form von angewandter Gentherapie. Die Hormone, die man spritzt, sind Genprodukte. Der Körper produziert nicht genug Testosteron oder Wachstumshormon, um im Hochleistungssport an die Spitze zu kommen. Also wird das zusätzlich gespritzt. Und ebenso könnte man die Gene, die für die Herstellung dieser Hormone verantwortlich sind, transplantieren. Das wäre dann so eine Art »Gendoping«. Ich kann mir gut vorstellen, daß man versuchen wird, damit sehr kräftige Menschen zu erzeugen. Und man wird zunächst übersehen, daß sie an allem möglichen leiden, was diese Manipulation mit sich bringt. Ich glaube nicht daran, daß wir Eigenschaften verbessern können, ohne schädliche Nebenwirkungen auszulösen.

G. v. B.: In jedem Fall scheint es, als würde diese Entwicklung auf die Dauer doch auch unsere Gesellschaft tiefgreifend verändern. Wie könnte sich eine Gesellschaft entwickeln, in der so etwas wie Genomdesign möglich ist?

J. R.: Ich kann mir Genomdesign nur als Mißbrauch vorstellen, als etwas, das man ablehnen muß. Nur bei Krankheiten würde ich eine gezielte Veränderung des Erbguts akzeptieren: Ich brauche das Eiweiß, sonst bin ich schwer krank – und dann wird mir das Gen transplantiert, der Defekt ist behoben. Das sind die medizinischen Indikationen – dagegen kann man nichts sagen. Ich finde es legitim, daß danach gesucht wird und daß die Menschen, die davon betroffen sind, das zu nutzen versuchen. Das wird die Gesellschaft nicht entscheidend verändern, es ist nur eine Veränderung der medizinischen Therapie. Entscheidend verändern kann es die Gesellschaft, wenn man glaubt, Menschen auf eine bestimmte Norm hin optimieren zu können. Diese Wahnidee, daß Menschen optimierbar seien, daß ein »Optimum« menschlichen Aussehens oder menschlicher Konstitution existiere, dieser Glaube ist ein Irrglaube. Es gibt keinen optimalen Menschen, sondern unser Reichtum als Art, als Menschheit besteht darin, daß wir nicht auf *ein* Ziel optimiert sind, sondern eine breite Fülle von Begabungen, Konstitutionen, Varianten besitzen. Und diese sind in den verschiedenen Umweltbedingungen, in denen die Menschen leben, jeweils besser oder schlechter. »Optimum« heißt immer: Ich bewerte einen Menschen auf ein bestimmtes Ziel hin, und diese Bewertung ist immer eindimensional. Das ist meiner Meinung nach nicht zulässig. Es ist auch nicht zweckmäßig, nicht einmal biologisch.

G. v. B.: Dennoch scheint dieser absolute Wille zur Optimierung tief in uns zu sitzen.

J. R.: Ja genau! Es ist dieser Irrglaube, den man auch heute immer wieder als Handlungsanreiz sieht. Beispielsweise, wenn Kinder über viele Jahre hinweg ein spezialisiertes Training auf sich nehmen müssen, in dem sie gequält werden. Ihr Leben läuft dann nur noch unter dieser einen Überschrift. Das ist die Optimierung eines Menschen auf ein ganz bestimmtes Ziel hin, und alles andere wird wie mit Scheuklappen ausgeblendet. Das halte ich für eine Wahnvorstellung, aber Sie sehen ja, daß das viele ihren Kindern zumuten. Das sind real wirksame Wahnvorstellungen, mit denen wir uns auseinandersetzen müssen.

G. v. B.: Aber es gibt die Optimierung längst. Geschlechtswahl zum Beispiel ist in amerikanischen Babyfabriken gang und gäbe.

J. R.: Man wird beim Menschen auch irgendwann Samenzellen nach physikalischen Eigenschaften trennen und dann gezielte Befruchtungen vornehmen, damit es so zu Jungengeburten oder aber Mädchengeburten kommt, je nach Wunsch. Dann könnte man also völlig problemlos und ganz gezielt entscheiden, ob ein Junge oder ein Mädchen geboren werden soll. Es wird eben kein »Risiko« mehr in Kauf genommen.

G. v. B.: Ist das Klonen von Menschen dann die Steigerung dessen und die letzte Konsequenz?

J. R.: Menschen zu klonen wäre nach dieser Definition, daß man Organismen mit identischer genetischer Ausstattung herstellt. Und das wird in der Tat als letzte Konsequenz angestrebt werden. Es gibt Forscher, die einfach wissen wollen, ob das möglich ist. Und andere, die von der optimalen genetischen Ausstattung träumen…

G. v. B.: …die man ja irgendwann mit Hilfe der Keimbahntherapie zumindest annähernd herstellen könnte.

J. R.: Damit würde endgültig der Zufall ausgeschaltet werden, der bei jeder natürlichen Befruchtung noch eine Rolle spielt. Man nimmt dann allerdings auch die Schäden in Kauf, die jedes fertige Genom im Unterschied zu einem durch Befruchtung entstehenden zwangsläufig haben muß. Jedes Genom steht unter dem Gesetz, daß es mit der Zeit durch äußere Einflüsse in seiner Funktionsfähigkeit verschlechtert wird; das ist der Grund, weshalb wir als Individuen alt werden und sterben. Das würde man in Kauf nehmen. Das Klonen wäre sozusagen die letzte Perversität in der Manipulation der menschlichen Intimsphäre.

G. v. B.: Aber es wird versucht werden, weil die Forschung nicht zu stoppen ist und weil der Kommerz die Entwicklung vorantreibt, wenn man sich die praktischen Anwendungen einmal vorstellt.

J. R.: Da wären – vorausgesetzt, die Technik funktioniert beim Menschen – zwei Anwendungsgebiete denkbar: Eines würde sich aus dem Wunsch ergeben, ohne natürliche Zeugung oder ärztlich unterstützte künstliche Befruchtung ein Kind zu bekommen. Ein solches Kind wäre ein Zwilling der Spenderperson mit ungewöhnlichem Altersunterscheid. Wenn diese Spenderperson eine Frau ist, dann könnte sie ihre »Schwester« selbst austragen. Die zweite denkbare Anwendung ist die Möglichkeit, aus dem geklonten embryonalen Gewebe bestimmte Organanlagen zu kultivieren und zur Transplantation auf die genomspendende Person zu verwenden.

Ich habe nichts gegen einen Klon als solchen. Eineiige Zwillinge sind auch Klone, sind genetisch identisch und haben auch menschliche Würde. Sie sind zwei eigenständige Individuen – zwei Seelen von Gott, würde jemand sagen, der an die Schöpfung glaubt. Aber ich habe etwas gegen die manipulative Herstellung von Klonen. Da stellen sich bei mir Stacheln auf. Das will ich nicht. Und das ist meine private, metaphysische Überzeugung. Ich will keinen Zwillingsbruder haben, der achtundfünfzig Jahre jünger ist. Ich kann keine Vorteile darin sehen, daß jemand mit mir genetisch identisch wäre. Ich bin froh, daß meine Kinder und Enkelkinder nicht alle meine Gene geerbt haben. Genetischer Reichtum besteht doch in Verschiedenheit und nicht in Einförmigkeit. Der extreme Horror wäre ein Inzuchtstamm, in dem das Erbgut aller identisch ist.

Außerdem bin ich aus praktisch-wissenschaftlichen Überlegungen heraus gegen das Klonen von Menschen. Denn die Technik müßte ja ausprobiert werden, und niemand könnte die Verantwortung tragen für die dabei geschehenden Pannen, Mißgeburten und Schädigungen. Von Kant stammt die Forderung, nur so zu handeln, daß das Ziel auch anderen zuzumuten und vorzuschreiben ist. Da wird es allerdings schwierig: Darf ich anderen das Klonen untersagen, nur weil es mir selbst widerwärtig ist? Was antworte ich einer Familie, die um den Verlust eines Kindes trauert, das an Leukämie gestorben ist, wenn sich nun die Möglichkeit ergibt, dieses Kind durch Klonen noch einmal entstehen zu lassen? Was ist mein Verbotsgrund, wenn eine Frau mir sagt, sie möchte mit aller Hingabe ein Kind allein erziehen, ohne einen Mann, den sie nicht findet oder nicht lieben will? Wo wird hier die Würde verletzt? Warum muß ein Mensch immer zwei biologische Eltern haben, wo doch sozial die Einzelelternschaft völlig anerkannt ist?

G. v. B.: Da könnte man Artikel 1 des Grundgesetzes ins Feld führen – die unantastbare Würde des Menschen. Praktisch umgesetzt ist sie im Embryonenschutzgesetz, das die Herstellung eines Menschen verbietet, der die genetische Identität eines anderen, bereits existierenden Menschen hat. Es gehört zum fundamentalen Recht der Selbstbestimmung eines Menschen, seine genetische Identität nicht von anderen gezielt zugewiesen zu bekommen, heißt es da.

J. R.: Eigentlich ist diese Begründung eher schwach. Die zufällige Mischung der genetischen Ausstattung, die mich von meinen Eltern und meiner Schwester unterscheidet, teils nachteilig, teils vielleicht vorteilhaft, erscheint mir zweitrangig und berührt nicht meine menschliche Existenz. Ausgerechnet der Satz von rund hunderttausend Genen soll entscheidend sein? Meine berufliche Erfahrung und innere Überzeugung wehren sich gegen diesen untergeschobenen ontologischen »Adel« der Gene. Und damit wackelt für mich das Argument der Verletzung der Menschenwürde durch genetische Bestimmung oder Selektion. Wenn bei künstlicher Befruchtung zwischen mehreren Embryonen aufgrund einer genetischen Diagnose selektiert würde – was in anderen Ländern Praxis ist –, dann könnte man immerhin noch argumentieren, daß dabei ein zukünftiger Mensch aufgrund seiner genetischen Ausstattung getötet würde, man ihm also sein Lebensrecht nähme. Beim Klonen dagegen würde niemand getötet. Meine Einwände gehen in eine andere Richtung: Ich halte das Klonen für eine wahnhafte Überbewertung dessen, was an konstitutionell Genetischem zu unserer Voraussetzung gehört – so als wäre ein Mensch schon dadurch gut, daß er ein bestimmtes Genom besitzt, oder dadurch schlecht, daß er ein anderes Genom hat. Es gibt aber keine Bewertung von Genen und Genomen als solche, und eigentlich dürfte es überhaupt keine Bewertung von Menschen geben. Aber das ist ja nun leider Praxis. Wir sind nun einmal keine zweckfreie Gemeinschaft von Individuen. Man kann Krankheiten bewerten, aber Gene sind als solche nicht bewertungsfähig. Es sind Eigenschaften, die sich erst in einem großen Prozeßzusammenhang auswirken und wobei man dann einen gesundheitlichen Wert erst für den gesamten Organismus definieren kann.

G. v. B.: Dennoch leben wir in einer Zeit, die geprägt ist vom biologischen und genetischen Determinismus. Es wird alles nur vom Genom aus gesehen.

J. R.: Es stimmt, wir erleben im Augenblick eine merkwürdige Fixierung. Vor hundert Jahren gab es ihn schon einmal, diesen mythischen Glauben an die Geheimnisse der Gene, als seien sie das Entscheidende des Humanums, also des Menschseins. Dieser Glaube ist nicht rational begründbar. Diese Entschlossenheit, das als das Wichtigste anzusehen, kann man nicht aus biologischen oder medizinischen Argumenten ableiten, sondern das sind fundamentale Grundüberzeugungen, die ich so nicht habe. Ich lehne sie instinktiv ab.

G. v. B.: Warum, glauben Sie, ist gerade heute dieser biologische Determinismus wieder so gefragt und beherrscht viele Diskussionen? Warum gerade jetzt zur Jahrtausendwende?

J.R.: Es ist so eine Enttäuschung über die nichtbiologischen, sozialen Gestaltungsmöglichkeiten der menschlichen Gesellschaft vorhanden! Es geht nichts mehr! Wir haben Schwierigkeiten, unser Steuer-, Sozial- und Bildungssystem in Ordnung zu halten.

G. v. B.: Die Dinge sind zu abstrakt geworden – und fragmentiert. Man sieht keine Zusammenhänge mehr …

J. R.: Ja, wir glauben, wir könnten auf der gesellschaftlichen Ebene nichts mehr ändern, und der Mensch wäre damit weitgehend determiniert durch das, was er an Konstitution, an natürlichen Fähigkeiten mit sich bringt. Dann entsteht natürlich der Wunsch, sie zu verbessern, zu optimieren. Das ist ein Motiv: die Verzweiflung an der Reformunfähigkeit unserer Gesellschaft und unseres Erziehungssystems. Ein anderer Grund sind die Fortschritte in der Molekularbiologie und in der Genetik. Diese Dinge werden aus dem Unbekannten ins Bekannte geholt und überbetont. Fakten werden weit wichtiger und weit sensationeller dargestellt, als sie in Wirklichkeit sind. Aber es sind letzten Endes tatsächlich die Fortschritte, die Möglichkeiten, die sich da mit der Aufklärung der Zusammenhänge auftun, welche die Phantasie in Gang setzen. Es hat also gesellschaftliche Ursachen, daß diese Erwartungen zunehmend in diese biologisch-medizinischen Ansprüche umschlagen.

G. v. B.: Glauben Sie, daß es in der Wissenschaft jemals etwas geben wird, das nicht gemacht wird, obwohl es gemacht werden kann? Liegt es nicht in der Natur der Wissenschaft, immer weiterzugehen, manchmal gedrängt durch die Öffentlichkeit oder durch andere wissenschaftsfremde Einflüsse, manchmal aber doch auch aus der Natur der Forschung heraus?

J. R.: Da gibt es eine innere Logik – *Forschungslogik* wird hierzu immer gesagt. Meiner Meinung nach ist Forschungslogik etwas, was am Scheideweg zwischen zwanzig verschiedenen Möglichkeiten eine chancenreichere Route aussucht. Es gibt keineswegs einen Zwang, eine bestimmte Sache zu erforschen. Ich kann, wenn ich einen Forschungsantrag einreiche, ebensogut einen ganz anderen Forschungsantrag einreichen; ich muß nicht in diese eine Richtung gehen. Das sind die individuellen Entscheidungsprozesse – und es ist nicht nur die innere Logik der Forschung, die das entscheidet. Ich persönlich kann keine Experimente mit Embryonen machen – da sträubt sich alles in mir, ich will das nicht. Es gibt aber andere Wissenschaftler, die das tun oder die gedrängt werden, das zu machen, die vielleicht auch Vorteile sehen, wenn sie an die Entwicklung von Pharmazeutika denken. Das heißt: Es ist kein Zwang! Forschung geht nicht zwanghaft vor sich, sondern bei jedem Schritt hat man Alternativen, und man kann sich schon überlegen, was man macht und was man läßt. Darauf hat man doch Einfluß.

G. v. B.: Dann ist es also auch eine Schutzbehauptung, wenn Forscher sagen: »Ihr wollt ja, daß wir das alles machen?«

J. R.: Daß Wünsche dahinterstehen und daß es einen gewissen Druck gibt, ist schon klar. Nur ist niemand aus der Forschungslogik heraus gezwungen, gerade *das* aufzuklären oder es gerade *so* aufzuklären. Ich muß nicht einen Embryonenversuch machen, wenn ich die Grundlagen der Entwicklungsbiologie des Menschen studieren will. Ich muß oft nicht einmal Tierversuche machen, ich kann auch an Pflanzen oder an Hefe experimentieren und manchmal sogar schneller vorankommen, als es bei den moralisch anrüchigen Versuchen an Embryonen der Fall wäre. Ich sehe keinen sachlichen Zwang, verbrauchende Embryonenversuche durchzuführen, bei denen der Embryo irgendwelchen Manipulationen ausgesetzt und dann weggeworfen wird. Manchmal läßt sich eine Frage einfacher beantworten, wenn man direkt am Menschen arbeitet. Dann kann man aber immer noch sagen: »Ich muß ja nicht alles auf dem geraden Weg machen.« Dann dauert es eben etwas länger. Mich überzeugt es nicht, daß es Sachzwänge geben soll, die eine bestimmte Richtung erzwingen.

G. v. B.: Gibt es etwas, vor dem Sie sich fürchten, wenn Sie an die nächsten fünfundzwanzig Jahre und das Feld der genetischen Forschung denken?

J. R.: Wovor habe ich nun wirklich Angst? Ich habe schon Sorge, daß die Warenhausbestellungsmentalität bei diesen Dingen überhandnehmen könnte, und ich glaube nicht, daß wir als Gesellschaft gut damit fahren. Es ist schon an der Zeit, sich Gedanken zu machen, wie man das verhindern kann. Es ist nämlich gar nicht so einfach, Begründungen zu liefern, etwas zu verbieten, nur weil man es selber nicht will. Es muß also ein gesellschaftlicher Konsens da sein, der nicht aufgrund der Wünsche einzelner entsteht, sondern der aus einer Sachdiskussion kommen muß. Dies ist aber nicht einfach. Wenn Sie etwa an Klonen denken, dann ist es nicht einfach zu begründen, warum das Herstellen von Zwillingen moralisch absolut unmöglich und nicht akzeptabel ist. Es ist besonders schwierig, wenn ein überzeugendes medizinisches oder ein menschlich verständliches Argument angeführt wird. Nehmen Sie noch einmal das Beispiel der Eltern, die ein krankes Kind verloren haben. Und ich muß dann wirklich Überzeugungsarbeit leisten und sagen: »Es gelingt dir sowieso nicht, den gleichen Menschen noch einmal herzustellen, auch wenn das Genom identisch ist. Wenn du noch mal ein Kind haben willst nach diesem Trauerfall, mußt du es schon mit einem Menschen versuchen, so wie Gott ihn dir schenkt. Entweder mußt du ein Kind adoptieren oder ein anderes auf natürlichem Weg bekommen. Du mußt nochmal neu anfangen und kannst einen Verstorbenen nicht zurückholen. Das mag zwar eine uralte menschliche Vorstellung sein, aber es ist eine Wahnvorstellung.« So muß man dann argumentieren und kann nicht einfach sagen: »Ich finde das unmoralisch!« Wenn wir für neue Überraschungen gerüstet sein wollen – und bisher sind wir das eben nicht –, dann müssen wir uns wirklich mit existentiellen Fragen auseinandersetzen. Nur dann kann der Damm gegen wildgewordene Designerdemiurgen halten.

Im Netz der Superhirne

Wir schreiben das Jahr 2030. Etwa 600 Millionen Menschen sind ans Internet angeschlossen. Der neue Takt des digitalen Zeitalters bestimmt unser Leben, die Abhängigkeit von Computersystemen ist total. Schon mehrmals ist das Netz der Superhirne zusammengebrochen – mit fatalen Folgen. Die Rechner sind seit Beginn des Jahrtausends noch einmal um den Faktor 100 000 schneller geworden. Der erste Roboter mit menschenähnlichen Funktionen ist soeben auf den Markt gekommen. Die sozialen Folgen dieser Entwicklung werden jetzt spürbar …

Prinz Jean von Frankreich, Herzog von Berry (1340–1416), war ein höchst kultivierter Mann. Wie kaum ein anderer Mäzen jener Zeit trieb er die Maler seiner berühmten Stundenbücher zu immer neuen künstlerischen Höchstleistungen an: Farben und Motive erreichten eine seltene Vollendung. Dem Herzog ging es um die Anfüllung der Zeit mit Schönheit und Kontemplation, um ein Festhalten des Augenblicks der Versenkung in die Kunstwerke mit ihrer keineswegs nur religiösen Bedeutung. Deshalb nannte er das Meisterwerk unter den Stundenbüchern *Très riches heures* – »Besonders reiche Stunden«. Vielleicht gerade deshalb, weil er das veränderte Zeitempfinden, das sich damals entwickelte, konterkarieren wollte. Eine Errungenschaft der Physik war es, die Messung der Zeit zu revolutionieren: Die mechanische Räderuhr, angetrieben von einer »Unruh«, war erfunden worden. Und tatsächlich: Die Unruhe wurde zum neuen Paradigma, der Takt der Räderuhr sollte die Entwicklung des Abendlandes maßgeblich bestimmen. Der Gott der Technik begann seinen triumphalen Siegeszug. Die Uhr hatte etwa fünfundzwanzig Generationen gebraucht, um sich durchzusetzen.

Ziemlich genau sechshundert Jahre später vollzieht sich eine ganz ähnliche Entwicklung: Auch der Mikrochip brauchte etwa eine Generation, um die Welt zu erobern. Die heutige »Unruh« ist die digitale Vernetzung des Planeten, die den Menschen verfügbar macht und den Takt vorgibt – bis tief hinein in unsere visuelle und akustische Umwelt. Der Anspruch dieses Taktes ist heute ein absoluter, und er vollzieht sich auf globaler Ebene. Es gibt kein Entkommen. In den Stundenbüchern des Herzogs von Berry findet sich eine Darstellung des Menschen im Kosmos. Der Mensch ist mit Leib und Seele, Denken und Handeln den Elementen der Erde und des Kosmos verbunden: ein Mikrokosmos, der im Makrokosmos vollkommen aufgeht. Damals stand der Mensch ohnehin noch im Mittelpunkt des Universums, die kopernikanische Wende hatte noch nicht stattgefunden. Dennoch nimmt die Darstellung auf frappierende Weise etwas vorweg, was heute, an der Schwelle zum neuen Jahrtausend, wieder geschieht: Der Mensch scheint im Makrokosmos, diesmal dem elektronischen, einer Art zweiten Natur, aufzugehen.

Der elektronische Makrokosmos

Die Symbiose findet heute nicht mehr mit dem Kosmos, dem »space« statt, sondern im »cyberspace«. Der Computer ist zum Makroskop geworden, das es erlaubt, Komplexität besser zu verstehen und zu beherrschen – ganz so, wie die Räderuhr den Menschen des Mittelalters half, die Zeit besser zu verstehen. Sie demonstrierte nicht nur die Erdenzeit, sondern auch die Bewegung des Kosmos, und sie bezog die sakrale und soziale Ordnung mit ein. Von den Kirchtürmen herab bestimmten die Zifferblätter den simultanen Schritt der Menschen im Alltag.

Heute bestimmt der Computer zunehmend die Ordnung der großen, komplexen Organismen, deren Zellen wir sind: Städte, Unternehmen, Ökonomien, Gesellschaften, Ökosysteme, das Internet. Das elektronische Makroskop läßt eine neue Sichtweise der Welt entstehen. Sie gründet sich auf die Selbstorganisation und Evolution komplexer Systeme und wird früher oder später auch ein neues Wesen hervorbringen: den symbiotischen Menschen. Er bleibt ein Produkt der Biologie, funktioniert aber zunehmend im Zusammenspiel mit elektronischen Einheiten, die wiederum miteinander verknüpft sind. So entsteht eben jener gigantische Organismus, in dem die einzelnen Zellen und Organe ganz neue Funktionen entwickeln, aber auch wirksamer kontrolliert und beeinflußt werden können. Allzuoft verhüllt der Schleier der Verklärung die Tatsache, daß die Triebfeder beim wuchernden Wachstum der Cybernetze massive wirtschaftliche, aber durchaus auch politische Interessen sind.

Die Metapher von der menschlichen Zivilisation als großem Lebewesen gab es schon bei den alten Griechen, sie hat nur ihr Gesicht immer wieder verändert. Im zwölften Jahrhundert verglich John von Salisbury, inspiriert von Aristoteles, die Welt mit einer Kreatur, in der jede Klasse die Rolle eines Organs spielt: Der König war der Kopf, die Kirche die Seele, Richter und Regierende die Augen und Ohren des Wesens, während die Soldaten die Funktion der Hände und die Bauern die der Füße übernahmen. Im späten neunzehnten Jahrhundert verglich dann Herbert Spencer in seinen *Prinzipien der Soziologie* biologische Organismen mit der menschlichen Gesellschaft, indem er das Wort vom »gesellschaftlichen Organismus« prägte. Dann kam der Biologe und Jesuit Pierre Teilhard de Chardin. Er versuchte eine Synthese zwischen Evolutionstheorie und christlicher Glaubenslehre. Die stetige Entwicklung des Lebendigen zum Geistigen sei, so glaubte er, mit dem Menschen keineswegs abgeschlossen. Seine »Noosphäre«, jene Ebene des Intellekts zwischen belebter (Biosphäre) und unbelebter (Geosphäre) Welt, sollte als Basis zur Entwicklung eines kollektiven Bewußtseins dienen. Später befreite der Biologe Theodosius Dobzhansky Teilhard de Chardins Ideen aus ihren theologischen Fesseln und erweiterte sie um weitere biologische Konzepte. Und was sich heute abspielt, ist nichts anderes als die Verschmelzung der Technosphäre mit Teilhards »Noosphäre«. Das große Symbol für diese Entwicklung ist das Internet, das in dieser Sekunde von etwa 35 Millionen Menschen aus mehr als hundertvierzig Ländern »bevölkert« wird. Jeden Monat kommt mindestens eine Million hinzu. Das Netz wächst alle drei Monate um sage und schreibe fünfundzwanzig Prozent, und eine Verlangsamung dieses atemberaubenden Tempos ist nicht abzusehen.

Die »Unruh« des 21. Jahrhunderts

So entsteht im Zeitraffer jene elektronische Ursuppe, aus der per digitaler Evolution schließlich der symbiotische Mensch hervorgehen kann. Dabei gibt es freilich allerlei bizarre Umwege. Das Lebensgefühl der Postmoderne trägt dazu ebenso bei wie der – trotz des neuen Taktes im Zeichen der digitalen »Unruh« – wachsende Überfluß an Zeit. Immer mehr Menschen verbringen immer mehr Zeit im Cyberspace, ruhelos auf der Suche nach Zerstreuung und immer neuen Informationskrümeln oder bequemen Sex-Erlebnissen. Das Internet ist das Medium der Entkörperlichung. Das bedeutet in gewissem Sinne eine neue Freiheit, eben die Freiheit der Anonymität. Wie lange wird die Euphorie, die das ausgelöst hat, anhalten? Wann werden die Cybernauten, die jene körperlose Welt bevölkern, zu überkommenen Formen der Kommunikation und deren Orten zurückfinden? Der US-amerikanische Soziologe Richard Sennett glaubt, daß das natürliche Bedürfnis nach »normaler« zwischenmenschlicher Kommunikation den Siegeszug des Cyberspace begrenzen wird.

Aber die Netze werden von ihren Benutzern zumindest als »Raum« und »Ort« empfunden. Schon der kluge Cyborg in Bruce Sterlings berühmtem Science-fiction-Roman *Schismatrix* war davon überzeugt, daß hinter dem Bildschirm die ganze Welt liege. Der New Yorker Kulturkritiker Mark Dery beschreibt es für den Menschen der Jahrtausendwende so: »Viele von denen, die, angeschlossen an Modem und Telefonleitung, übermäßig viel Zeit in den virtuellen Räumen verbringen, berichten von der einmütigen Erfahrung des ›Dortseins‹. Wenn man von einer elektronischen Konferenz zur nächsten geht und den laufenden Diskussionen lauscht, hat das eine unheimliche Ähnlichkeit damit, die Korridore irgendeines labyrinthischen Hauses zu durchwandern und an den Türen zu horchen.«

Der Eindruck eines Ortes wird erzeugt, man ist »irgendwo«. Die Wahrnehmung hat sich angepaßt. Und so ist neben den ungeheuren Möglichkeiten der Informationsverbreitung und -erfassung auch ein neuer Mystizismus entstanden, der im neuen Jahrtausend auf immer fruchtbareren Boden fallen dürfte. Er füllt ironischerweise einen Teil des geistigen Vakuums aus, das gerade durch eine ausschließlich noch an der Wissenschaft orientierte Weltanschauung geschaffen wurde. Die Wissenschaftssoziologin Sherry Turkle vom Massachusetts Institute of Technology meint: »In einem Zeitalter, in dem unser individuelles Identitätsgefühl immer bruchstückhafter wird, ist es nicht erstaunlich, daß populäre Mythen aufkommen, die die Welt wieder zu einer Einheit zusammenfügen.«

Bei vielen Internet-Benutzern hat man tatsächlich den Eindruck, daß sie die digitale Welt mit ihren aus Bits und Bytes errichteten »Netzwerk-Kathedralen« als Ersatzreligion benutzen – der Chip als Hostie. Und dazu gehört eben auch jene körperliche Versenkung, das »Dortsein«, das früher nur im Gottesdienst erzeugt werden konnte.

»Cyborgs« und schlaue Idioten

Wie wird der Mensch, der unter solchen Bedingungen lebt, am Ende, in einer ferneren Zukunft, sein? Wie wird er aussehen? Biologen, Futurologen, Science-fiction-Autoren und andere bemühen sich seit Jahrhunderten darum, ein entsprechendes Bild zu entwerfen. Für viele wird der Mensch der Zukunft eine Art Übermensch sein – ausgestattet mit hervorragenden intellektuellen Fähigkeiten, die unter anderem durch eine von der Evolution hervorgebrachte Vermehrung der Nervenzellen im Gehirn, aber auch durch die Verknüpfung mit künstlicher Intelligenz entstehen. Er wird einen riesigen Kopf haben, winzige Beine und keine Zähne mehr, weil das Essen nur noch aus Pillen und Pasten besteht. Zum Glück arbeitet die Evolution aber nicht so schnell, als daß sie solche Phantasien innerhalb der nächsten hunderttausend Jahre realisieren könnte. Etwas näher an der Wirklichkeit scheint die Vision vom Cyborg, einem Wesen zwischen Mensch und Roboter. Filmfiguren wie »Robocop« und »Terminator« heizen solche Phantasien an. Daß sie auch in den Gehirnen tonangebender Forscher existieren, werden wir noch sehen.

In Wahrheit dürfte sich der symbiotische Mensch der Zukunft körperlich und geistig nur wenig vom derzeitigen Homo sapiens unterscheiden, aber er wird ganz andere Möglichkeiten besitzen, aber auch neuen, ungeahnten Gefahren ausgesetzt sein. Je mehr sich elektronische und biologische Systeme einander annähern, desto größer wird die Wahrscheinlichkeit, daß seine Beziehung zu Rechensystemen keineswegs einseitig sein wird. Er wird Maschinen nicht nur mit bloßen Gedanken Befehle erteilen können (erste Experimente deuten diesen Weg an), sondern sein Gehirn wird durchaus für Informationen aus den Rechnern empfangsbereit sein – ohne Umweg über so altmodische Dinge wie Keyboard oder Spracherkennung. Die direkte Verknüpfung zwischen dem Computer und seinem natürlichen Vorbild, dem Gehirn, ist ein alter Traum. Ebenso alt wie die Vorstellung, menschenähnliche Roboter mit entsprechendem »Verstand« bauen zu können. Was aber heißt »Verstand«? Hinter all den Entwicklungen in der Computerwelt, die uns heute staunen machen, stecken – nüchtern betrachtet – noch immer schlaue Idioten. Millionenmal schneller als ein Mensch können Computer unvorstellbare Datenmengen verarbeiten, aber sie verstehen nicht, was sie tun. Sie verfügen nicht über eigene Gedanken und können sich auch nicht selbst programmieren. Ihre Sache ist die abstrakte mathematische Logik, die sie immer perfekter beherrschen. Aber die primitivsten physikalischen und biologischen Gesetze machen ihnen Probleme. Das menschliche Gehirn hat im Laufe der Evolution keine Nervenschaltkreise entwickelt, die für die Bewältigung arithmetischer Aufgaben notwendig wären, sondern sich statt dessen auf das konzentriert, was wir von Anbeginn zum Überleben brauchten: gesunden Menschenverstand. Die sekundenschnelle Multiplikation fünfstelliger Zahlen hätte weder zur Entdeckung des Feuers geführt, noch hätte sie uns bei der plötzlichen Konfrontation mit einem Mammut oder Säbelzahntiger genutzt. Dazu kam dann – im anscheinend gerichteten Verlauf unserer Evolution – eine Kraft ganz neuer Art, nämlich der Prozeß der kulturellen Evolution. Der Biologe Christopher Wills von der University of California in San Diego beschreibt das so: »Mit zunehmender Komplexität unserer Kulturen nahm die Komplexität unseres Gehirns zu, was wiederum eine Steigerung der Ansprechbarkeit unseres Körpers für Außenweltreize (psychologisch gesprochen: seiner Empfindlichkeit) und – eine Rückkoppelungsschleife vollendend – eine weitere Steigerung der kulturellen Komplexität bedingte.«

Große und intelligente Gehirne zogen also komplexere Kulturen nach sich und auch Körper, die besser gerüstet waren, die Vorteile dieser Kulturen zu nutzen. Das wiederum führte zu noch größeren und intelligenteren Gehirnen. Solche Rückkoppelungsschleifen sind im Evolutionsgeschehen nichts Ungewöhnliches. Es gibt sie bei Pflanzenarten ebenso wie bei Insekten oder Vögeln. Die Einzigartigkeit unserer eigenen

Evolutionsgeschichte beruht darauf, daß von den Millionen Spezies auf diesem Planeten offenbar wir allein in einen, wie Wills es nennt, »ungehemmten Gehirnevolutionsprozeß« hineingerissen wurden. Es ist die Vision der Forscher, die sich mit künstlicher Intelligenz beschäftigen, mit ihren elektronischen Instrumenten diese Entwicklung, die in den Milliarden Jahren der Evolution stattgefunden hat, gleichsam für den Computer nachzuholen. Sie wollen ein kollektives Bewußtsein installieren, ein planetarisches Denken erschaffen – ganz ähnlich, wie Teilhard de Chardin es wollte. Der wäre heute vielleicht entsetzt, welch prosaische Werkzeuge eingesetzt werden, um das große Ziel zu erreichen. Die Technik hat die alte Mystik abgelöst, aber damit auch gleich eine neue geschaffen. Der Chefredakteur der führenden amerikanischen Computerzeitschrift *Wired*, Kevin Kelly, schreibt in seinem Buch *Das Ende der Kontrolle*: »Die kühnsten Wissenschaftler, Technologen, Nationalökonomen und Philosophen unserer Zeit haben die ersten Schritte unternommen, um alle Dinge und alle Ereignisse in einem riesigen, komplexen Netz zu verbinden. Da sehr große Netze die Welt des Gemachten durchdringen, sehen wir erste Spuren von dem, was aus so einem Netz entsteht – Maschinen, die lebendig und intelligent werden und eine Evolution durchlaufen – eine neobiologische Zivilisation. [...] Die eigentümlichen Gedanken des globalen Gehirns – und seine sich daraus ergebenden Handlungen – werden außerhalb unserer Kontrolle und jenseits unserer Verstandeskräfte liegen. Die Netzwerkökonomie wird daher einen neuen Spiritualismus hervorbringen.«

Computer mit gesundem Menschenverstand?

Nun können die in dieser Vision gemeinten Netzwerke freilich den einzelnen Computer, der in ihm arbeitet, noch immer nicht mit gesundem Menschenverstand ausstatten, seien auch noch so viele Informationen in einem Netz zusammengefaßt. Das World

Wide Web mag zwar nützlich sein, um einen Computer mit Wissen zu füttern, aber das kann den mühsamen Weg nicht ersetzen, ihm erst einmal das primitivste Basiswissen beizubringen. Viele jüngere Forscher, die sich mit künstlicher Intelligenz beschäftigen, finden diesen Weg antiquiert, suchen nach einem trickreicheren Ansatz und halten beispielsweise die Arbeit des Computerforschers Doug Lenat und seines zehnköpfiges Teams, in dem alle wichtigen Disziplinen vertreten sind, für eine Methode, die eher in die digitale Steinzeit gehört. Manche Kollegen verspotten ihn gar als romantischen »Cyberspace-Cowboy«. Und das nicht nur, weil Lenat in Austin, Texas, arbeitet. Dort hat er 1995 eine Firma gegründet, die, kurz gesagt, dummen Computern gesunden Menschenverstand beibringen soll. Der manische Mittvierziger Lenat hat bisher als einziger den Mut gehabt, dieses verwegene Ziel ganz offiziell auf seine Fahnen zu schreiben. Blaß, übergewichtig und leicht nervös, ist er der typische Bewohner einer Cyberwelt, unsichtbar verbunden mit den Computerterminals und Rechnerkästen, die ihn umgeben. Den ganzen Tag lang schiebt er sich mit seinen schwarzen Reeboks in einem rollenden Bürostuhl von Bildschirm zu Bildschirm, Nahrungsaufnahme und andere menschliche Bedürfnisse ganz offensichtlich vergessend – ein vollwertiges Mitglied der körperlosen Welt. Sein Projekt heißt »Cyc«, drei Buchstaben aus dem Wort »En*cyc*lopedia«. Am Ende (und der Zeitpunkt ist noch unbestimmt) soll »Cyc« das Wissen eines durchschnittlichen Erwachsenen haben. Sein »Gehirn« soll wissen, wie der erste Präsident der USA hieß und wie man einen Reifen wechselt, er soll die Grundzüge der Biologie, Chemie und Physik beherrschen, juristische Fälle entscheiden und zerstrittene Ehepaare beraten können. Einige der Funktionen werden sich dann nach der Vorstellung seiner Erbauer weiter ausdifferenzieren, und dieses Spezialwissen steht über das Internet zur Verfügung.

»Cyc« ist ein Manhattan-Projekt, das Computer mit gesundem Menschenverstand ausstatten soll. Die möglichst vollständige, also enzyklopädische Sammlung der Regeln, die dazu notwendig sind, läßt sich in etwa hundert Millionen Aussagen zusammenfassen, die für einen Menschen mit gesundem Halbwissen selbstverständlich sind und sozusagen immer »mitlaufen« müssen, wenn ein Computer reagieren soll. Das 25-Millionen-Dollar-Projekt wird von Firmen wie Kodak, Apple, Xerox und Digital, aber auch vom amerikanischen Verteidigungsministerium finanziert. Wirtschaftsführer und Militärstrategen erhoffen sich auf die Dauer ein verläßliches Instrumentarium zur Entscheidungsfindung.

»Spätestens im Jahr 2015 wird niemand mehr einen Computer kaufen, der nicht mit gesundem Menschenverstand ausgestattet ist«, sagt Lenat, während er mit der linken Hand versucht, eine Cola-Dose zu öffnen, und mit der rechten ständig die Maus bedient. »Am Anfang dachten wir doch alle, künstliche Intelligenz ließe sich auf ein paar logische Formeln reduzieren – so wie das in der Physik auch möglich ist. Gewaltige Datenmengen können auf wenige Gleichungen zurückgeführt werden. Wir müssen aber ganz anders vorgehen. Nach zehn Jahren haben wir jetzt zehn Millionen Aussagen einprogrammiert. Das entspricht etwa einer Milliarde Bytes, wir haben also erst ein Zehntel unserer Arbeit geleistet. Aber wenn die Computer in den nächsten Jahren noch schneller werden, läßt sich das Ganze beschleunigen. Oft dauert es noch Wochen oder Monate, um für uns Menschen selbstverständliche Aussagen in ihre logischen Bestandteile zu zerlegen.« Im folgenden je ein Beispiel für eine geographische und für eine politische Aussage:

Großbritannien liegt in Europa.
Europa liegt in der nördlichen Hemisphäre.
Die nördliche Hemisphäre liegt nördlich vom Äquator.
Wenn Region A Teil von Region B ist und Region B
nördlich von Region C liegt, liegt Region A
nördlich von Region C.

Also liegt Großbritannien nördlich des Äquators.

Regierungschefs demokratischer Länder werden gewählt.
Großbritannien ist ein demokratisches Land.
Tony Blair ist Regierungschef von Großbritannien.
Also ist Tony Blair der *gewählte* Regierungschef von Großbritannien.

Das ist eine relativ banale Aussage, aber sie ist schwierig zu programmieren. Das gilt auch für andere, scheinbar einfache Tatsachen, hinter denen jedoch eine ganze Kaskade logischer Schritte steht, die alle bewältigt werden müssen:

Ein Auto kann ohne Treibstoff nicht fahren.
Wenn es regnet, wird man naß.
Schmerz ist eine unangenehme Erfahrung.
Wenn ein Mensch tot ist, kann er sich nicht mehr bewegen.
Zucker schmeckt süß.

Wenn man »Cyc« später zusätzlich noch mit Spezialwissen füttert, wird es möglich sein, lauter spezialisierte Brüder der Maschine zu entwickeln: den Anwaltscomputer, den Chemiker-, Ingenieurs- und Arztrechner. »Aber natürlich ist es auch denkbar, das gesamt enzyklopädische Paket eines Tages auf einen – dann durchaus menschenähnlichen – Roboter zu übertragen«, sagt Doug Lenat. Hier trifft sich sein Projekt mit einem anderen, das sich durchaus als Konkurrenz zu seinem Lebenswerk versteht.

Cog – ein Wesen der dritten Art?

Wir sind in den heiligen Hallen des legendären Labors für künstliche Intelligenz am Massachusetts Institute of Technology (MIT). Hier ist »Cog« zu Hause, ein Roboter, der den Androiden aus Science-fiction-Filmen ähnelt, zum Beispiel dem Roboter, den Arnold Schwarzenegger in dem Film *Terminator* spielte. Die »Muskeln« bestehen aus Motoren, die »Knochen«

von »Cog« aus Metall, und als »Augen« dienen ihm kleine Videokameras. Schon kann er die meisten menschlichen Bewegungen ausführen, wenn auch begleitet von vernehmlichem Klappern. Das wiederum wirkt sich störend auf die »Ohren« des Roboters aus. Sie bestehen aus vier empfindlichen Mikrofonen, die die Geräusche aus der Umgebung aufnehmen sollen. Einer der nächsten Schritte wird es sein, als Haut für »Cog« ein Material zu entwickeln, das Reize wie Hitze, Kälte und schließlich auch Schmerz aufnehmen kann. Diese synthetische Haut und die Reize, die sie ans Gehirn sendet, sind ein gutes Beispiel für die Grenzen, an die das gesamte System der MIT-Forscher unweigerlich stoßen dürfte. Denn dabei geht es um die uralte Frage, ob Roboter Bewußtsein haben können, ob es sich mit künstlicher Intelligenz kontrollieren läßt und was Bewußtsein überhaupt ist. Wie also wird die Reizübermittlung von »Cogs« Haut an sein »Gehirn« ablaufen? Wenn die Maschine einen Gegenstand berührt, wird zunächst ein Datenpaket an den entsprechenden Computer geschickt. Der befiehlt den Rückzug des Roboters, sollte Gefahr im Verzug sein. Auch wenn Menschen auf eine Gefahr reagieren und beispielsweise etwas Kochendheißes berühren, werden in Bruchteilen von Sekunden Datenpakete von der Hand zum Gehirn geschickt. Das wiederum befiehlt der Hand blitzschnell, sich zurückzuziehen. Hat »Cog« also ein Bewußtsein, das dem des Menschen vergleichbar ist, und kann die Maschine uns somit zeigen, was Bewußtsein ist? Eben nicht. Denn sie überspringt sozusagen eine Stufe, die gerade das Bewußtsein ausmacht: Das *subjektive Gefühl* von Hitze und Schmerz. Warum haben wir dieses Gefühl, warum kennen wir den Zustand des Leidens?

Je mehr die Entwicklung der künstlichen Intelligenz fortschreitet, desto weiter scheint die Antwort auf diese Frage in die Ferne zu rücken. Immer genauere Erklärungen der physikalischen Prozesse bringen uns nicht weiter, sondern werfen immer wieder neue komplizierte Fragen auf. Es muß tatsächlich etwas geben, was David Chalmers, Philosoph an der University of California in Santa Cruz, das »Geheimnis von der Besonderheit unseres Bewußtseins« nennt. »Es scheint, als hätte Gott die Welt physikalisch genauso schaffen können, wie wir sie sehen und erleben, Atom für Atom, allerdings ohne jedes Bewußtsein. Aber unsere Welt, unser Universum, ist eben nicht so. Das Universum hat ein Bewußtsein. Aus irgendeinem Grund hat Gott entschieden, etwas mehr Arbeit zu leisten, um dem Ganzen ein Bewußtsein hinzuzufügen«, sagt Chalmers. Wenn er von Gott spricht, so könnte er ebensogut jeden anderen Schöpfer meinen oder jede andere Kraft, die hinter dem großen Geheimnis steckt. Man hat David Chalmers und andere die »neuen Mystiker« genannt, weil sie offen aussprechen, was die Forscher, die sich mit künstlicher Intelligenz (KI) beschäftigen, noch immer ratlos macht: Es gibt schlicht und einfach keine wissenschaftliche Erklärung des Prozesses, der zum Bewußtwerden von Vorgängen in der Umwelt oder gar von Gefühlen wie Freude, Trauer oder Liebe führt. Und was man nicht als physikalischen Vorgang fassen und damit letztlich auch als Computerprogramm schreiben kann, wird von den KI-Forschern gerne verdrängt. Denn eine ernsthafte Auseinandersetzung damit würde bedeuten, eine metaphysische Ebene der Intelligenz anzuerkennen, die den Konstrukten der Forscher fehlt.

David Chalmers hat für diese Ebene den Begriff »psychophysisch« vorgeschlagen, um nicht mit esoterischen Ansätzen in Verbindung gebracht zu werden. Vielleicht, so meint er, sei diese »psychophysische« Welt des Bewußtseins annähernd vergleichbar mit physikalischen Eigenschaften wie der Masse oder dem Raum-Zeit-Kontinuum, aber dabei doch etwas ganz Eigenes. Auch die Arbeiten des Neurologen und Biophysikers Benjamin Libet, inzwischen emeritierter Professor der University of California in San Francisco, legen das nahe.

So gesehen könnte ein Roboter wie »Cog« durchaus eine Art Bewußtsein entwickeln, das uns wiederum verschlossen bleibt. Es hätte mit Sicherheit nur sehr entfernt mit dem zu tun, was wir unter menschlichem Bewußtsein verstehen. Auf jeden Fall wird die Frage immer spannender, je weiter das »Cog«-Experiment voranschreitet.

Während Doug Lenats »Cyc« sozusagen »von oben nach unten« programmiert ist, soll »Cog« von »unten nach oben« lernen – wie ein Kind. Ein Baby lernt durch die eigenen Bewegungen, daß es in einer dreidimensionalen Welt lebt. Es muß zunächst die Gegenstände in seiner Umgebung verstehen und später den Umgang mit Menschen in dieser Umgebung. Der Leiter des Projekts, Rodney Brooks, geht davon aus, daß die Intelligenz eines Erwachsenen nicht simuliert werden kann. Sie muß sich entwickeln. Deshalb ist »Cog« nicht mit einem Zentralrechner ausgestattet, der das ganze System steuert, sondern jedes einzelne Teil, jeder Sensor, jedes Gelenk, ist ein eigener, unabhängiger Computer. Weil man nicht genau weiß, wie der Lernprozeß der Teile und des Ganzen ablaufen wird und ob der Roboter womöglich eines Tages Aggressionen entwickelt, sind überall in seiner Umgebung große rote Notstoppschalter angebracht, die ihn in Sekundenschnelle außer Gefecht setzen können. Auch vor möglicher Selbstzerstörung soll »Cog« so geschützt werden.

Ein neuer Status für den Menschen

Für Brooks ist der Forschungsprozeß, den er angestoßen hat, der Anfang vom Ende der Vormachtstellung des Menschen auf diesem Planeten: »Die Menschheit zieht sich seit annähernd fünfhundert Jahren von ihrem Sonderstatus zurück. Zuerst mußten wir die Vorstellung aufgeben, das Zentrum des Universums zu sein. Später, mit Darwin, mußten wir uns von der Idee lösen, etwas anderes als Tiere zu sein, und dann, mit Crick und Watson, erlebten wir uns als Biochemie und begriffen, daß wir sehr viel mit einem Stück Hefe gemeinsam haben. Schließlich gaben wir erst vor kurzem die Vorstellung auf, daß unsere Intelligenz etwas anderes als ein Rechenprogramm sei. Und nun, mit dieser neuen Art von Roboter, müssen wir zugeben, daß unsere Gefühlswelt nicht anders ist als bei einem Roboter. Wir sind auch Maschinen!« meint Rodney Brooks in nahezu grenzenloser Überschätzung seiner Geschöpfe. Denn gerade unsere Gefühle und Prägungen sind nicht in Programmen speicherbar und werden es wohl auch nie sein. Denn das kompliziert aufgebaute, von der Natur in Jahrmillionen evolutionärer Präzisionsarbeit eingerichtete Universum der Gefühle, über das bis zu einem gewissen Grad ja auch höhere Tiere verfügen, basiert im wesentlichen auf einer biochemischen »Software« und nicht etwa primär auf elektrischen Vorgängen.

Wird man die ausgetüftelten Kaskaden aus Überträgersubstanzen, die Informationen zwischen den Nervenzellen hin- und hertransportieren, jemals mit Maschinen simulieren können? Das Menschlichste am Gehirn scheint den Zugriff zu verweigern. Oder, wie der US-amerikanische Philosoph Richard Rorty sagt: »Die Unbeschreibbarkeit des Geistigen erfüllt die gleiche kulturelle Funktion wie die Unbeschreibbarkeit des Göttlichen – sie verweist darauf, daß die Wissenschaft nicht das letzte Wort hat.«

Der teuerste Toyshop der Welt

Derart fortschrittsfeindlicher Skeptizismus stört Forscher wie Rodney Brooks nicht weiter. Was die Arbeit in diesem Labor bestimmt, ist das gleiche mechanistisch-deterministische Weltbild, das auch die genetische Forschung an der Schwelle zum neuen Jahrtausend vorantreibt. Im Artificial Intelligence Laboratory des MIT ist es nur noch offensichtlicher. Im achten und neunten Stock eines Hochhauses außerhalb des Campus wimmelt es nur so von High-Tech-Spielzeugen, Prototypen, elektronischen Gadgets. Das Labor ist die Weltzentrale jenes Spieltriebs, ohne den es keinen Fortschritt in der KI-Forschung gäbe: der teuerste Toyshop der Welt. Schon auf dem Flur kommt uns »Attila« entgegen – nach den Worten von Rodney Brooks, seinem Schöpfer, der komplizierteste Roboter, den es je gab. Wie ein Käfer krabbelt er um jedes Hindernis, das sich ihm in den Weg stellt, herum. Er besteht aus zehn Computern, hundertfünfzig Sensoren und ähnelt einer überdimensionalen Kakerlake, deren »Intelligenz« aber »Attila« noch nicht ganz erreicht. Seit über vierzig Jahren machen die Protagonisten der Szene vollmundige Versprechungen. Die Ergebnisse nehmen sich dagegen kläglich aus. Aber vielleicht sind wir einfach zu ungeduldig. Und: Vieles in dieser Branche geschieht hinter verschlossenen Türen, zumal in Japan. Für Brooks wie für andere Roboterbauer ist klar: Kleine mobile Maschinen, die lernen können, sind die Zukunft. Sie werden unsere Welt entscheidend prägen.

Am Labor für künstliche Intelligenz der Freien Universität in Brüssel wird in einem »Ökosystem« Robotern, die so groß sind wie Igel, das Überleben beigebracht. Sie besitzen regelrechte Sinne – manche können »hören«, andere mit eingebauten Kameras »sehen«. Ihre Lebensquelle ist elektrische Energie, um die sie mit anderen, tonnenartigen Gebilden kämpfen müssen, damit sie nicht an »Mangelerscheinungen« sterben. Die Forscher beobachten das Verhalten der Teilnehmer an diesem darwinistischen Szenarium. Einer der »Igel« greift eine Tonne an, weil er »weiß«, daß er sie damit außer Gefecht setzen kann. Die energiefressenden Lämpchen auf der Tonne erlöschen. Der »Igel« begibt sich selbst zur Ladestation, um Energie zu tanken. Es gibt auch eine Entladestation, die der Ladestation täuschend ähnlich sieht. Die Roboter mit Kameraaugen lernen dennoch, daß sie erstere zu meiden haben. Die »blinden« Maschinen brauchen entsprechend länger, um diesen Lerneffekt zu erreichen. Dafür gehen sie sparsamer mit ihrer Energie um, indem sie langsamer fahren. Zudem werden sie von einem sprechenden »Kopf« in der Mitte des »Ökosystems« gewarnt, wenn sie zuviel Energie abgeben. Als Belohnung bekommt der »Kopf« von den »dankbaren« Robotern ein wenig Energie, die sein eigenes Überleben sichert. Eine Kooperation entsteht, wie man sie aus wirklichen Ökosystemen in der Natur kennt. Sie funktioniert, obwohl sie nicht von vornherein programmiert wurde. Die Maschinen lernen, daß ein optimales Zusammenspiel Energie spart und daß davon alle profitieren. »Emergente Eigenschaft eines dynamischen Systems« nennt Andreas Birk, der die Brüsseler Arbeitsgruppe leitet, dieses Phänomen. Es könnte der Schlüssel zur Zukunft der Roboter. Wenn man simple Elemente zusammenführt und sie einem freien dynamischen Spiel überläßt, entstehen neue komplexe Formen der elektronischen Existenz.

Die Roboter der neuen Generation nennt man auch »Insektoide«, weil Insekten, die ihre hunderttausend Nervenzellen optimal organisieren, alle Fähigkeiten haben, die spezialisierte Miniroboter brauchen. Sie finden sich in Echtzeit in der realen Welt zurecht. Schon heute werden die Erkenntnisse aus dem MIT, aus Brüssel und anderen KI-Schmieden in der Praxis verwendet: Die Marsroboter, die den roten Planeten im neuen Jahrtausend weiter erforschen sollen, gehen auf Entwicklungen zurück, die hier ihren Anfang nahmen. Der »Sojourner«, der im Frühsommer 1997 auf dem Mars landete, wiegt nur zehn Kilo, hat sechs Räder und läßt sich auch durch steile Krater und über große Felsbrocken manövrieren. Für eine künftige Weltraumstation sind fünf ähnliche Roboter geplant. Dagegen dürfte es noch mindestens fünfundzwanzig Jahre dauern, bis die ersten Produkte, die im großen Rahmen eingesetzt werden können, aus den MIT-Labors auf den Markt kommen. Das müssen dann nicht notwendigerweise elektronische Haustiere sein, die man herumkommandiert. Die Roboter, die dereinst unsere servilen Helfer werden sollen, arbeiten subtiler. Manche werden, so verspricht man uns, »Gedanken lesen« können.

Am MIT wird nämlich auch an Alternativen zur Bedienung gearbeitet, wie sie heute noch üblich ist und viele von uns tagtäglich zur Raserei bringt. Die bloße Präsenz des Benutzers in einer intelligenten Umgebung soll irgendwann das Bedienen des Keyboards und der Maus vollständig ersetzen. Das »intelligent room«-Projekt will Menschen und Computer in nie dagewesener Weise verbinden. Der entsprechende Modellraum am MIT verfügt über fünf Videokameras, die den jeweiligen Benutzer minutiös beobachten. Jede Bewegung, jede Geste, jedes Wort wird aufgezeichnet und ausgewertet – das System lernt ununterbrochen. Weiterentwickelt wurde die Gesichtserkennung von Forschern an der Universität Bochum unter der Leitung von Christoph von der Malsburg. Sie haben das MIT-Team inzwischen an Treffsicherheit übertrumpft.

Hinter solchen Konzepten steckt auch das Ziel, Anwendungen in der Interaktion mit dem Computer zu ermöglichen, die es noch nie zuvor gab – durchaus auch im privaten Bereich. Der Rechner erkennt beispielsweise das jeweilige Familienmitglied, das den Raum betritt, und schon erscheint auf einem der Fernsehbildschirme das von ihm zu dieser Uhrzeit bevorzugte Programm. Auf kurzen Zuruf wird ein Fenster geöffnet, die Heizung auf die optimale Temperatur gebracht, und es wird automatisch gekocht. Was, wenn ein solches System einen schlechten Tag hat und sich weigert, das Fenster zu öffnen, die Heizung stattdessen auf 35 Grad hochfährt und nur rohe Kartoffeln auf den Tisch bringt, diese aber dafür mit Zimt bestreut? Es dürfte Jahrzehnte dauern, bis all die komplizierten (und nicht doch im Grunde überflüssigen?) Programme wirklich reibungslos funktionieren.

Die Maschinengesellschaft

Daß Systeme wie der »intelligent room« allerdings auch zur lückenlosen Überwachung von Menschen dienen können, macht Forschern wie Rodney Brooks und seinen Mitarbeitern keine Sorgen. Kommt Zeit, kommt Rat. Die Entwicklung ist ohnehin nicht aufzuhalten. Für die deutsche Theologin Anne Foerst, die sozusagen als exotische Spezies am MIT arbeitet, ist es höchste Zeit, daß die Geisteswissenschaftler die Auseinandersetzung mit den Technologen und ihren Schöpfungen suchen – ein Dialog, der bisher kaum stattgefunden hat. Sie will an Ort und Stelle ergründen, welche Entwicklungen unaufhaltsam auf die Menschheit zukommen und was das für die Gesellschaft bedeutet. »Es gibt eine Riesenlücke zwischen den KI-Forschern, die sich tatsächlich nicht darum scheren, was mit der Technologie passiert, und den Philosophen, Theologen, Sozialwissenschaftlern, die viel zu spät damit begonnen haben, sich mit den Problemen zu beschäftigen. Bisher reden diese Gruppen nicht miteinander. Es gibt keine Kommunikation. Das ist eine sehr große Gefahr. Sie wird dadurch verstärkt, daß auch immer wieder Ideologien ins Spiel kommen. Es hat keinen Sinn, das Kind mit dem Bade auszuschütten und die ganze Technologie abschaffen zu wollen. Sie wird immer stattfinden. Denn das hat etwas mit unserer gottgegebenen Kreativität zu tun.« Und die Politologin Renate Genth drückt es etwas überspitzt aus, hat aber im Kern recht: »Die neue Gleichung könnte lauten: ›Gesellschaft ist Maschine‹, und reziprok: ›Maschine ist Gesellschaft‹ [...] Maschinisierung fungiert nicht mehr nur als künstliches und scheinbar überlegenes Surrogat für Natur, sondern ist auf eine höhere Abstraktionsebene gehoben. Sie wird auch zum Surrogat für Gesellschaft, gerät gleichsam zur zweiten, zur ›künstlichen Gesellschaft‹ [...]. Die sozialen und politisch wirksamen Handlungen geschehen tatsächlich mittels Maschinen, die wiederum in sich soziale Verhältnisse und Verhaltensweisen verdinglichen. So werden Maschinen gleichsam zu Relaisstationen der Vergesellschaftung.«

Und das ist dann zugleich der Rahmen einer noch viel weiterreichenden Entwicklung: Natürlich werden die Maschinen im Laufe der Zeit immer mehr Menschen ersetzen. Das ewig wiederholte Argument, durch die Digitalisierung würden aber auch Arbeitsplätze entstehen, die den Verlust über kurz oder lang ausgleichen könnten, entbehrt einer rationalen Grundlage und scheint einem Glauben an die wunderbare Brotvermehrung zu entspringen, wie sie in der Bibel beschrieben wird. Die gesellschaftlichen Folgen der Entwicklung, wie sie jetzt vorbereitet wird, dürften dramatisch sein. Aber die sozialen Auswirkungen des digitalen Zeitalters spielen sich nicht nur im globalen Makrokosmos der Arbeitsmärkte ab.

Menschenrechte für Maschinen

Wenn man bedenkt, daß wir erst am Anfang dieser Entwicklung stehen und daß irgendwann Maschinen unseren Alltag total bestimmen, dann reift die Erkenntnis, daß unser Leben nicht mehr dasselbe sein wird. Wie revolutionär sich der Umgang der Menschen untereinander verändern wird, wissen wir heute nicht. Aber schon jetzt reizt die Überlegung, wie sich Emotionen zwischen Mensch und Maschine entwickeln werden. Der Haß auf den Computer, der mal wieder streikt oder dessen »Immunsystem« gegen ein für meine Arbeit von Monaten tödliches Virus nichts ausrichten kann, ist mir wohlbekannt. Meine Cutterin dagegen spricht mit dem AVID, unserem Schnittcomputer, wie mit ihrem Hund und streichelt ihn, bevor sie ihn abends ausschaltet. Kann es also in Zukunft beispielsweise egal sein, ob ein Roboter stirbt oder nicht? Wird der kleine Charly zu beruhigen sein, wenn sein maschineller Babysitter das Zeitliche segnet? Wird die Hausfrau Sex mit ihrem stummen Diener haben wollen? Allein schon die virtuellen Haustiere, die uns die Tamagotchi-Welle bescherte, lassen vermuten, daß wir die Roboter zwar als neue servile Kaste sehen, aber durchaus als Lebewesen behandeln werden. Daraus ergibt sich beispielsweise auch die Frage, ob wir sie umbringen dürfen, sollten sie sich eines Tages gegen uns wenden. Welchen rechtlichen Status sollen sie haben?

Mark Pauline, einer der begabtesten Robotererfinder, arbeitet in einem riesigen alten Schuppen in den Outskirts von San Francisco. Schon wenn man sich dem schmutzigen, heruntergekommenen Gebäude nähert, wird man von Geräuschen empfangen, die eher an ein Stahlwerk denken lassen: Motoren und

Kreissägen, Flugzeugtriebwerke und Autoteile verwendet Pauline, und einmal im Jahr hetzt er seine Kreaturen und die Roboter anderer Erfinder in einem infernalischen Kampf aufeinander. »Diese Maschinen fühlen sich in der Welt, die wir für sie errichtet haben, vollkommen zu Hause«, sagt er. »Sie verhalten sich ganz natürlich. Und sie haben eine Menge Rechte. Wenn ein großer Roboter auf dich zukommt, läuft er einfach geradeaus weiter. Und du gehst zur Seite, es bleibt dir gar nichts anderes übrig. Auf diese Weise respektieren wir sie bereits.«

In dem Film *2001 – Odyssee im Weltraum* dreht das intelligente Computersystem des Raumschiffs, HAL 9000, durch. Der Rechner versucht systematisch, die Besatzung umzubringen. Die Erklärung, warum HAL zum Mörder wird, bringt erst die Fortsetzung des Films, *2010*. Der Computer hat widersprüchliche Anweisungen erhalten. Um die Mission realisieren zu können, mußte HAL die Mannschaft belügen, und da er mit Lügen keine Erfahrung hatte, gerieten seine Schaltkreise in einen unlösbaren Konflikt. Um den Menschen nicht mehr die Unwahrheit sagen zu müssen, kam er auf eine völlig logische Idee: Die Menschen mußten vernichtet werden – dann mußte er nie mehr lügen. Ein solches Szenario ist durchaus realistisch. Es hängt mit den Problemen zusammen, die sich aus der Mathematik der sogenannten Rückkoppelung ergeben. Systeme wie HAL leiden an einem sogenannten Klippeneffekt. Solange sich ein solches System in dem Bereich bewegt, in dem es sich auskennt, leistet es Großartiges. Aber sobald man es zwingt, diesen Bereich auch nur um Haaresbreite zu verlassen (in diesem Fall: um die Menschen zu belügen), verhält es sich, als ob es von einer Klippe stürzt: Alles bricht zusammen. So gerät die Maschine in einen Rückkoppelungskreislauf, der das System durchdrehen läßt. Eine ganz ähnliche Gefahr besteht auch bei Computersystemen, denen wir unsere Atomwaffen, unser Geld, unsere Versorgungssysteme und anderes anvertrauen: Auch bei ihnen können negative Rückkoppelungen auftreten, die sich katastrophal auf das Leben der Menschen auswirken würden. Wenn man Maschinen so etwas wie ein Denkvermögen gibt, dann muß man allerdings auch damit rechnen, daß sie sich irrational, sogar »verrückt« verhalten. Aber natürlich gehen mindestens ebenso große Gefahren vom gezielten Mißbrauch der Systeme durch ihre Benutzer aus.

Tödliche Gefahr aus dem Rechner

Daniel C. Dennett, ein Philosoph, der heute als einer der wichtigsten Experten für Bewußtsein und künstliche Intelligenz gelten kann und von letzterer auch durchaus fasziniert ist, glaubt, daß die Gefahr schon unmittelbar bevorsteht: »Nehmen Sie den Film *Wargames* von 1983, in dem ein Jugendlicher um ein Haar den Dritten Weltkrieg auslöst, weil er in das Verteidigungssystem der amerikanischen Raketen eindringt. Die wichtigste Sequenz ist am Anfang zu sehen:

Wir erleben eine ›Übung‹ im Computerraum des amerikanischen Oberkommandos. Simuliert wird eine Alarmsituation, in der russische Raketen auf die USA zusteuern. Das Ganze spielt sich auf Computerbildschirmen ab. Die Offiziere im Kontrollraum glauben, es handle sich um eine reale Situation. Und einer, der den berühmten Knopf drücken soll, tut es einfach nicht – so als wisse er, daß es sich bei dem russischen Angriff nur um eine Simulation handelt (was er aber nicht hat wissen können). Man spürt den enormen Druck, unter dem er steht, aber er ist einfach nicht in der Lage, Atomraketen per Knopfdruck nach Rußland zu schicken. Er wird sofort von seinem Posten entlassen. Denn an einer solchen Stelle dürfen nur Menschen sitzen, die den Befehl der Maschine bedingungslos ausführen. Welche Rolle soll der Mensch in einem solchen Ablauf überhaupt noch spielen, wenn er sich den Befehlen der Maschine nicht mehr widersetzen kann? Sehen wir der Wahrheit ins Auge: Er ist überflüssig geworden. Er kann höchstens noch heroisch sagen: ›Ich nehme der Maschine die Entscheidung aus der Hand‹, und damit Gefahr laufen, für verrückt erklärt zu werden. Aber wer würde das schon tun? Es ist eine Tatsache: Wir sind dem Computer ausgeliefert und haben längst die Rolle von Statisten übernommen – obwohl die Maschinen in bestimmten Situationen noch gar nicht so weit sind, alle Eventualitäten überschauen zu können.«

Dennett hat recht: Der Einfluß des Menschen auf Entscheidungen in vergleichbaren Krisensituationen ist schon heute denkbar gering. Aber es ist keineswegs Verlaß darauf, daß die Maschine eher die richtige Entscheidung trifft als der Mensch. Im Gegenteil: Sie handelt stur nach ihrem Programm und kann nicht das bieten, was in derartigen Situationen gefragt ist, nämlich Besonnenheit.

Die Maschine ist zwar schneller, aber das muß nicht immer ein Vorteil sein. Dennoch haben wir uns im Verteidigungsbereich längst dazu hinreißen lassen, Computern eine Schlüsselstellung einzuräumen. Dabei wird es mit Sicherheit immer wieder zu Zwischenfällen wie einem falschen Alarm kommen – ausgelöst gerade durch einen Fehler in den komplizierter werdenden Rechnersystemen.

Die letzte Grenze

Auch in der Welt der Superhirne ist – wie in der genetischen Forschung – die Zusammenschau einzelner, zunächst scheinbar getrennt laufender Entwicklungen unerläßlich und aufschlußreich. Wenn man beispielsweise davon ausgeht, daß sich spätestens in einigen Jahrzehnten die beiden »Denkschulen« vom »Cyc« und »Cog« vereinigen werden und die von »oben nach unten« konstruierte künstliche Intelligenz sich mit der in umgekehrter Richtung aufbauenden treffen wird (beide können dann mit sehr viel schnelleren Rechnern arbeiten), dann rückt die Realisierung so mancher Träume aus Szenarien der Science-fiction-Autoren sehr viel näher. Aber selbst ein elektronisches Misch»wesen« aus »Cyc« und »Cog« wäre noch ein Kunstprodukt, eine flügellahme Nachbildung des überlegenen Originals. Und deshalb ist es sicher, daß die Forscher nicht ruhen werden, bis sie auch die letzte Grenze überschritten haben: die endgültige Vereinigung der Maschine mit dem Menschen.

Guru und Hexenmeister dieser Entwicklung ist der Begründer des Artificial Intelligence Laboratory am MIT, Marvin Minsky. Mit seinen Visionen hat der heute siebzigjährige Querdenker alle, die auf diesem Gebiet arbeiten, beeinflußt wie kein anderer. Das Biotop des kahlköpfigen, immer schwarzgekleideten Forschers mit dem hintergründigen Lächeln ist eine verwunschene Villa auf der anderenSeite des Charles River im Bostoner Stadtteil Brookline. Sie beherbergt eine Art überdimensionales Kinderzimmer, angefüllt mit Tausenden mechanischer Spielzeuge, Computerteilen, Horrorfiguren und überquellenden Pappkartons mit Manuskripten, Zeitungen und Büchern. Mehrere schwarze Katzen bewältigen diese Hindernisse behende, für den Besucher dagegen bleiben nur schmale Pfade, um sich ins Allerheiligste des Meisters vorzuarbeiten. Keine Intelligenz der Welt, egal ob natürlich oder künstlich, könnte dieses Chaos jemals ordnen. Minsky verbringt seine Tage heute in der Regel nicht mehr im MIT-Labor, sondern an den diversen Keyboards und Bildschirmen, die seine Villa »bevölkern«.

Visionen eines Hexenmeisters

Neben Ideen und Formeln, Manuskripten und Kryptologien sind auch ganze Kammer- und Symphonieorchester in den Rechnern gespeichert, ergänzt durch einen hundertzwanzigköpfigen Chor. Mit seiner Maschine ergänzt und verändert Minsky besonders gern Oratorien von Johann Sebastian Bach. Was wegen der Spielzeuge und Musikbegeisterung so verspieltfriedlich wirkt, ist in Wahrheit eine Fabrik radikaler Ideen, die jahrtausendealte Errungenschaften des Menschen einfach nicht zur Kenntnis nehmen oder aber verachten. Philosophie und Religion, vor allem aber das Gerede von einem »Bewußtsein«, von einer menschlichen Person oder gar einer »Seele« seien dem Fortschritt im Weg und müßten somit eigentlich abgeschafft werden, meint Minsky.

»Alles Unsinn«, sagt er. »Ein Selbst, einen Geist, gibt es nicht. Richtig dagegen ist, daß ein Teil unseres Gehirns wahrnimmt und weiß, *wo* Dinge sind – nämlich das Sehzentrum. Und dann gibt es ein anderes Zentrum, das uns sagt, *was* die Dinge sind. Wieder ein anderer Teil des Gehirns macht es möglich, das alles zu beschreiben. Es gibt noch etwa vierhundert weitere Zentren, die auf diese Weise spezialisiert sind. Ich empfinde es als Beleidigung, wenn irgendwelche Philosophen behaupten, daß alle meine Fähigkeiten von einem mysteriösen Ding herrühren sollen, das sich Seele nennt. Das Gehirn ist eine große, ganz und gar mechanische Organisationszentrale und weiter nichts.«

Dabei nimmt Minsky unablässig Erdnüsse aus einem Gefäß, das die Form eines Totenkopfes mit aufgeklappter Schädeldecke hat, knackt sie, verspeist die Kerne und läßt die Schalen einfach auf den Boden fallen. Ich bemerke: »Sie reden, als habe es Aristoteles oder Descartes und vielleicht noch zehn andere Denker nie gegeben. Waren in Ihren Augen zweitausend Jahre Philosophie umsonst? Zählt für Sie nur die rechnerische Leistung des Gehirns?«

Die Katzen spielen mit den Erdnußschalen. »Was sind schon zweitausend Jahre Philosophie gegen vierhundert Millionen Jahre Entwicklung des menschlichen Gehirns?«, fragt Minsky zurück. »All unsere Fähigkeiten haben sich im Lauf dieser Zeit entwickelt. Erst gab es Fische, die bestimmte Dinge tun konnten. Dann wurden daraus Amphibien, und das Gehirn entwickelte sich weiter. Reptilien kamen und schließlich die Säugetiere. Jeder dieser Schritte hat ungefähr hundert Millionen Jahre gedauert. Und schließlich kam der Mensch, der die Fähigkeiten von mindestens vierhundert Tieren in sich vereint und mit seinem Gehirn sogar noch eins draufsetzt.«

Zehn Sekunden aus einer Bach-Fuge ertönen – Zeichen dafür, daß eine E-Mail gekommen ist. Minsky widmet sich dem Bildschirm und seufzt dabei: »Ach, hätten wir doch endlich bessere elektronische Diener, die einem die lästigen Dinge abnehmen.« Ich insistiere: »Und mit der künstlichen Intelligenz würden Sie die Evolution am liebsten fortsetzen, um nicht zu sagen beschleunigen?«

»Wenn wir endlich besser verstehen, wie das Gehirn arbeitet, können wir es verändern. Und zwar mit Hilfe von Computern, die wir mit dem Gehirn koppeln werden. In etwa dreißig Jahren wird es soweit sein.« Die Katzen begeben sich zur Ruhe. Sie ziehen sich auf das Sofa und in die Kartons mit den Papierstapeln zurück. »Der Mensch stößt doch sehr schnell an Grenzen. Wenn ich Ihnen hundert Zahlen nenne, können Sie sich niemals auf Anhieb alle merken. Auch bestimmte Lernerfahrungen und Erinnerungen haben Sie nicht auf Anhieb abrufbar. Und Sie können nicht alle Eindrücke auf einmal speichern. Wenn wir aber das Gehirn mit Hilfe der künstlichen Intelligenz in den Griff bekommen und verändern, dann können wir diese Grenzen sprengen. Die Generationen Mitte des nächsten Jahrtausends werden ganz andere Fähigkeiten haben als wir.«

»Und was wollen Sie verändern?«

»Es gibt zwei Möglichkeiten, die Evolution fortzusetzen. Im zwanzigsten Jahrhundert mußten wir uns bei der Evolution noch ganz auf die Biologie verlassen. Aber jetzt können wir bald Gehirne nachbauen und damit das Denken revolutionär verändern.«

Unsterblichkeit aus dem Computer

Marvin Minsky leidet sichtlich darunter, daß seine Visionen nicht mehr Realität werden, solange er lebt. Deshalb haßt er den Tod. Ihn zu besiegen, hält er für die zentrale Aufgabe der Wissenschaft. Viele Mitglieder seiner Zunft denken so. Manche von ihnen wollen sich nach ihrem Ableben einfrieren und erst dann wieder auftauen lassen, wenn die Krankheit, an der sie gestorben sind, behandelt und das Gehirn mittels Datenübertragung neu aktiviert werden kann. Das hängt mit dem unverbrüchlichen Glauben an den Gott der Technik und der absoluten Machbarkeit zusammen. In einem solchen geistigen Universum gibt es nichts Endliches. Auch in Marvin Minskys Menschenbild bedeutet der Tod nichts anderes als das Löschen der Informationen, die das Gehirn im Lauf des Lebens gespeichert hat. Der Tod ist nichts anderes als ein chemisch-physikalischer Unfall. Das System stürzt unwiderruflich ab. Den Tod zu besiegen hieße folgerichtig, die gespeicherten Informationen zu retten, indem man sie im wahrsten Sinne des Wortes auf eine Diskette kopiert und sie für alle Zeiten aufhebt.

»Wir werden einen Biochip ins Gehirn einpflanzen, und er wird Informationen aus allen Teilen dieses Organs sammeln und sie an einen Rechner weitergeben. Mit dieser Koppelung können wir nicht nur wertvolles Wissen konservieren und Menschen regelrecht unsterblich machen. Wir können auf dem umgekehrten Weg mit dem Mittel der Koppelung auch das Gedächtnis wesentlich verbessern und alle geistigen Vorgänge viel, viel schneller machen. Wäre das nicht wunderbar?«

Meine Reaktion ist verhalten. Aber ich weiß, daß auch andere Forscher so denken. Hans Moravec zum Beispiel, der in Pittsburgh, Pennsylvania, das »Robotics Institute« an der renommierten Carnegie Mellon University aufgebaut hat. Der Österreicher mit kanadischem Paß dachte nach eigenen Worten schon als Kind an nichts anderes als an Maschinen und baute schon im zarten Alter von zehn Jahren einen Roboter aus Blechbüchsen, Taschenlampen, Batterien und einem Motor. Später bestand seine Doktorarbeit aus den Bauplänen für den legendären »Stanford-Roboter«, benannt nach der Elite-Universität, an der Moravec seine Karriere begann. Inzwischen ist er längst zum Megastar unter den Roboterbauern avanciert, was er, wie böse Zungen behaupten, mehr seinem PR-Geschick als bahnbrechenden Leistungen verdankt. Aber die können noch kommen, denn Moravec will der erste sein, der die Vision von Marvin Minsky Wirklichkeit werden läßt: im Gehirn gespeicherte Daten zu kopieren, um sie zu bewahren und den Menschen unsterblich zu machen. »Transmigration« nennt er diesen Vorgang.

Wenn der Robodoc das Gehirn kopiert

Moravec geht von allen Forschern am weitesten mit seinen Visionen. Die Gentechnologie sieht er als einen Weg, das Leben fast unbegrenzt zu verlängern. Mit ihr sei es in Zukunft möglich, Menschen mathematisch und auf dem Boden von Experimenten quasi am Reißbrett zu entwerfen – so wie heute schon Flugzeuge, Computer und Roboter. Aber Moravec, der nachts gern ins Universum schaut, denkt auch gleich an andere Gegenden als die Erde: Auf unserem Planeten seien Proteine, also der Stoff, aus dem wir im wesentlichen gemacht sind, zwar unabdingbar, im Weltraum dagegen eher hinderlich. Denn sie funktionierten nur in einem relativ engen Temperaturbereich und seien im übrigen anfällig für Strahlung. Außerdem sei es unwahrscheinlich, daß man die Leistungen der Neuronen, die »nur« tausendmal in der Sekunde schalten können, auf den Stand heutiger Elektronengehirne bekäme, für die Milliarden Schaltungen in der Sekunde kein Problem seien.

»Es wird die Zeit kommen, und sie ist nicht mehr fern«, orakelt Moravec, »da werden Dinge wie Material, Größe und Komplexität keine Rolle mehr spielen. Konventionelle Technologien werden auf einen atomaren Maßstab zusammengeschmolzen sein, und wir werden die Biochemie – zum Beispiel des Gehirns – auf perfekte Weise simulieren können. Roboter werden aus einer Mixtur fabelhafter Substanzen bestehen und, wo man es braucht, durchaus auch aus lebendem biologischen Material.« Dann kommt nach Moravec die Zeit, in der der genetisch perfektionierte Supermensch nur noch ein Roboter zweiten

Ranges ist, der kaum mehr eine Lebensberechtigung auf diesem Planeten hat. Denn er leidet unter einem ganz bestimmten Handikap: Er kann nur durch die vom Erbgut gesteuerte Proteinsynthese entstehen und funktionieren. Er wäre den Kunstgeschöpfen klar unterlegen, denn es gibt inzwischen wesentlich bessere und »intelligentere« Materialien.

Jene Geschöpfe freilich hätten keine wirklich eigene Identität, und das würde die Vorteile ihrer ansonsten perfekten Maschinenexistenz schmälern. Warum also nicht Persönlichkeit – in Form eines menschlichen Gehirns – auf einen Roboterkörper verpflanzen? Das dürfte freilich nicht auf so altmodische Weise geschehen, wie es Dr. Robert White aus Cleveland vorgeschlagen hat, der Anfang der siebziger Jahre Affenhirne transplantierte und jetzt dieselbe Prozedur beim Menschen plant. White will beispielsweise das hervorragend funktionierende Gehirn eines Querschnittgelähmten mitsamt dem Kopf auf einen gesunden Körper übertragen, und er hat bereits eine Liste von Freiwilligen, die sich für die Experimente zur Verfügung stellen wollen. Lediglich die Genehmigung der US-amerikanischen Gesundheitsbehörde fehlt noch.

Moravec schlägt vor, nicht das Organ selbst zu verwenden (Biologie und deren Produkte sind veraltet!), sondern ganz einfach den gesamten Inhalt des Gehirns zu kopieren und auf das von ihm konzipierte Roboterwesen zu übertragen. Sein Szenario wirkt gespenstisch:

Natürlich soll ein Operationsroboter die delikate Aufgabe übernehmen. Er öffnet zunächst die Schädeldecke. Dann legt er seine »Hand«, gespickt mit mikroskopisch kleinen Sensoren, die direkt mit einem Supercomputer gekoppelt sind, auf die Großhirnrinde. Aus hochauflösenden Magnetresonanzmessungen wird eine dreidimensionale chemisch-elektrische Karte der obersten Schicht des Gehirns erstellt und im Computer gespeichert. Alle Signale, die von den hundert Milliarden Nervenzellen gesendet oder empfangen werden, sämtliche Bewegungen und Reaktionen der Überträgerstoffe registriert die Maschine.

Nach und nach werden die Netzwerke aus natürlichen Neuronen mit elektronischen Nervenzellen aufgebaut. So »scannen« die Sensoren allmählich das gesamte Gehirn und übertragen den Inhalt auf den Datenträger. In Moravec' Szenario wird das biologische Gehirn sogar überflüssig und mit dem Prozeß des Scannens auch gleich entleert und aus dem Schädel entfernt. Der Körper wird nicht mehr gebraucht. Denn der Datenträger kann einem – dem Körper mit all seinen Unzulänglichkeiten weit überlegenen – Roboter als Gehirn dienen. Und wenn er nicht gelöscht ist, so lebt er noch heute...

Hans Moravec geht es bei solchen Visionen zum einen um die Idee der Unsterblichkeit, aber auch darum, die Kapazität des Gehirns zu steigern, es gleichsam aus dem Gefängnis des biologischen Körpers zu befreien: »Als Computerprogramm kann Ihr Geist sich in ungeahnte Höhen begeben, weil er einfach viel schneller ist, wenn man ihn mit den entsprechenden Programmen koppelt. Stellen Sie sich vor, was das allein für den Fortschritt der Wissenschaft bedeutet: menschliche Kreativität vereint mit einer in Zukunft fast unbegrenzten Rechengeschwindigkeit.«

Elektronische Klone

Dann hebt Moravec in seiner Phantasie im wahrsten Sinne des Wortes ab: »Ihr Geist kann über Informationskanäle fliegen, wohin er will – zu entfernten Sternen beispielsweise, wenn er als Computerprogramm in den Weltraum gebeamt wird. Man könnte dann wiederum nach genauen Anweisungen aus diesem Programm dort oben aus vorhandenen Materialien einen Roboter bauen und ihn mit Ihrem Gehirninhalt ausstatten – elektronische Klone sozusagen, mit denen man das All besiedeln kann. Jede Kopie würde ihre eigenen Erfahrungen machen, und dann könnte man diese Erfahrungen in einem einzigen Programm zusammenfassen. Aber man könnte sie auch mit anderen teilen, und so würde eine ganz neue, höhere Form der Kommunikation entstehen. Alle heutigen Konzepte von Leben und Tod, Identität und geistigem Fortschritt würden mit einem Schlag ihre Bedeutung verlieren.«

Superzivilisation im Weltraum

Moravec' Spekulationen erreichen ihr Crescendo in der Vorstellung von einer Superzivilisation, der Synthese aller Lebensformen im Sonnensystem. Auch tote Materie soll zu bewußtem Leben erweckt werden: das ganze Universum als gigantischer Think Tank. »Hat man auf einem Neutronenstern Leben gefunden und Lust, sich dort ein bißchen herumzutreiben, könnte man aus dem Neutronenstoff einen Roboter bauen und in diesen den eigenen Geist übertragen.« Der Roboter-Guru ist mit solchen Vorstellungen keineswegs allein. Sie sind inzwischen zum festen Bestandteil der Cyberkultur geworden.

Gott spielen, Unsterblichkeit für Menschen möglich machen und Lebewesen schaffen, die als neue Spezies aus Mensch und Maschine im weiteren Verlauf der Evolution bessere Anpassungsmöglichkeiten haben als der Mensch selbst – das sind wichtige Grundpfeiler der Zielvorstellungen, wie sie sektenartige Vereinigungen wie die »Extropianer« vertreten. Sie propagieren lautstark, den Körper so bald wie möglich auf der Mülldeponie des zwanzigsten Jahrhunderts abzuladen und auf dem Weg über einen »Transhumanismus« den Geist »herunterzuladen«, so wie auch Hans Moravec es vorschlägt. Das Organ der Bewegung, die Zeitschrift *Extropy*, ergeht sich in krausen Theorien, die aus Cyberjargon, Science-fiction-Begriffen und einer Prise Friedrich Nietzsche zusammengemixt sind. In Ausgabe 10 heißt es gar:

»Der optimale Extropianer ist Nietzsches Übermensch, das höhere Wesen in uns, das nur darauf wartet, verwirklicht zu werden. [...] Der Übermensch ist nicht die blonde Bestie, der Eroberer und Plünderer, wie immer angenommen wird. Das entwickelte, selbstgewählte Ich wird sich in Wohltätigkeit ergehen und ein Übermaß an Gesundheit und Selbstgewißheit ausstrahlen.« Das sei allerdings nur mit Hilfe der Maschinen, der künstlichen Intelligenz und nanotechnologischer Methoden möglich – und immer nur für einzelne Individuen. Jeder für sich – der Techno-Gott für uns alle! Die kultische Bewegung der »Extropianer« ist nicht nur eine neue Blüte des immer mehr um sich greifenden Techno-Fundamentalismus, sie ist vor allem auch sehr amerikanisch. Ihre Bestandteile sind Optimismus und Glaube an Technik und Unsterblichkeit, Individualismus und das Hohelied der grenzenlosen Weite, aber auch eine Ordnung, die es zu erreichen und zu erhalten gilt. Was in der Überzeichnung der »Extropianer« fast wie eine Persiflage auf uralte, schon langweilig gewordene Science-fiction-Klischees wirkt, ist doch im Kern auch das grundsätzliche Credo vieler, die in der Cyberszene arbeiten, Forscher eingeschlossen: Der Mensch schafft die Voraussetzungen für die nächste Stufe der Evolution selbst, indem er den entsprechenden Organismus entwickelt.

Zwei Grundprobleme müssen auf dem Weg dorthin zunächst gelöst werden.

Nach seinem Ebenbild...

Zunächst muß man die Verknüpfungen der 200 Milliarden Nervenzellen des Gehirns genau kennen. Und es muß eine Möglichkeit gefunden werden, dieses gigantische Universum in unserem Kopf mit Siliziumchips zu verknüpfen.

Die erste Aufgabe ist noch nicht annähernd gelöst. Der New Yorker Physiker und Zukunftsforscher Michio Kaku vergleicht den heutigen Wissensstand mit der Vorstellung, man wolle »einen modernen Industriestaat mit Kunst, Literatur, Wissenschaft, Wirtschaft und Politik verstehen, obwohl nur eine Landkarte mit den Autobahnen vorliegt«. Kaku glaubt, man werde erst im 22. Jahrhundert begreifen, wie die Verbindungen im Gehirn zusammenhängen, von ihrer Manipulation ganz zu schweigen. Tatsächlich wäre ein Forschungsvorhaben nötig, das sich vielleicht am besten mit dem »Human Genome Project« zur vollständigen Entschlüsselung des menschlichen Erbguts vergleichen ließe und dessen Kosten astronomisch wären. Ralph Merkle vom Palo Alto Research Center (PARC) der Firma Xerox schätzt sie auf 340 Milliarden Dollar. Aber er glaubt, daß mit der Weiterentwicklung der Computer die Kosten sinken werden und daß man ein solches Projekt in etwa zehn Jahren in Angriff nehmen wird. Das Ziel wäre zunächst die räumliche Darstellung des Netzes der Milliarden Nervenzellen, von denen jede noch einmal mit zehntausend anderen Neuronen verbunden ist. Mit Hilfe der Elektronenmikroskopie wäre ein solches Bild des Gehirns theoretisch denkbar. Aber dann braucht man noch einen präzisen Schaltplan der biochemischen Abläufe zwischen den Nervenzellen. Denn wenn die Forscher jemals im Gehirn gespeicherte Informationen auf ein künstliches System kopieren und dort erhalten wollen, müssen sie diesem Input eine perfekte Infrastruktur bieten.

Der erste Schritt

An der Verknüpfung selbst wird schon gearbeitet – wenn auch unter angeblich ganz anderem Vorzeichen. 1995 gelang es Peter Fromherz und seinem Team am Max-Planck-Institut für Neurobiologie in Martinsried bei München, eine lebende Nervenzelle des Blutegels mit einem Siliziumchip zu verbinden. Inzwischen konnten die Forscher dieses in der Tat spektakuläre Ergebnis mit Zellen aus dem Rattengehirn wiederholen. Sie sind dünner als die Neuronen des Egels und noch schwieriger zu handhaben. Aber sie halten sich länger, und das Ziel der Forscher ist es natürlich, eine möglichst dauerhafte Verbindung zwischen Nervenzelle und Chip herzustellen. Es besteht kein Zweifel daran, daß ein solches Experiment eines Tages auch mit menschlichen Neuronen gelingen wird. Längst arbeiten auch andere Forschergruppen an ähnlichen Projekten.

Im Verlauf der Präzisionsarbeit, mit der es schließlich gelang, die beiden Welten – Biologie und Elektronik – zu vereinen, hatte es zunächst viele Rückschläge gegeben. Mit einem Mikromanipulator, einer winzigen steuerbaren Glaspipette, versuchten die Forscher unter dem Mikroskop die Nervenzellen auf einem Siliziumchip so dicht wie möglich an einen Transistor heranzubringen. Dreißig Mikrometer Abstand waren nötig, um spannungsbedingte Schäden an dem Neuron zu vermeiden. Aber schließlich kam der große Moment für Fromherz und sein Team. Die grünen Kurven auf dem Oszillographen zeigten Aktionspotentiale an: Die Nervenzelle hatte Impulse an den Siliziumchip übertragen, und umgekehrt hatte der Chip das Neuron zum »Feuern« angeregt, wie das in der Fachsprache der Hirnforscher heißt. Jetzt wollen die Martinsrieder Neurobiologen, die in ihrem Labor sogar eine eigene kleine Chipfabrikation eingerichtet haben, ganze Netzwerke von Neuronen auf Chips wachsen lassen. Möglich ist das durchaus, wie Richard Potember von der Johns Hopkin University in Baltimore bewiesen hat. In seinen Experimenten verhielten sich die Zellen bei ihrer Ausbreitung auf dem Chip wie im lebenden Gewebe: Sie bildeten Dendriten und Axone. Und sie folgten den von der Struktur des Chips vorgegebenen Wegen – lebende Schaltkreise entstanden.

Blinde können wieder sehen

Mit diesen Arbeiten ist ein Tor in eine neue Ära der Medizin aufgestoßen. Denn in etwa einer Generation werden die Ärzte in der Lage sein, Siliziummikroprozessoren direkt mit dem Nervensystem des Menschen zu verknüpfen und damit künstliche Gliedmaßen und Organe zu steuern. Als erstes wird vermutlich ein künstliches, chipgesteuertes Auge entwickelt werden. Wichtige Vorarbeiten sind schon geleistet.

In Tierexperimenten, zum Beispiel am Kaninchen, konnte gezeigt werden, daß es möglich ist, einen Chip direkt ins Auge einzupflanzen. Eine Arbeitsgruppe um Joseph Rizzo von der Massachusetts Eye and Ear Infirmery in Boston bereitet diese Technik jetzt für die Anwendung am Menschen vor. Nicht nur degenerative Augenerkrankungen können so aufgehalten werden – Blinde werden wieder sehen. Zwar nicht so differenziert wie ein Mensch mit gesunden Augen – aber schon mit den ersten Chips, die nach den Schätzungen von Joseph Rizzo in etwa fünf Jahren verfügbar sein werden, können sie Umrisse in Schwarzweiß erkennen. Das »bionische Auge« markiert den Anfang einer neuen Epoche, die freilich auch eine Gefahr in sich birgt: Die Verknüpfung zwischen Elektronik und Gehirn könnte eines Tages die Einflußnahme und Steuerung des Menschen von außen möglich machen. Den »Chip im Kopf« hält Peter Fromherz für eine Science-fiction-Vision, die theoretische Möglichkeit dagegen will er nicht ausschließen. Im gleichen Atemzug beruhigt er aber, wobei auch eine Portion Sarkasmus mitschwingt: »Es gibt ja schließlich einen Knopf zum Ausschalten. Und wir werden durch solche Techniken nicht stärker manipuliert werden als heute ohnehin schon durch das Fernsehen.« Außerdem gilt für die Neurobiologie dasselbe wie für die Genforschung: Der Fortschritt läßt sich nicht aufhalten, und alles, was technisch im Bereich des Möglichen liegt, wird früher oder später auch in die Tat umgesetzt werden.

Noch gelten entsprechende Eingriffe in das Gehirn als Tabu, aber wie lange? Denn die Perspektiven, die sich aus der Vernetzung von Hirn und Chip ergeben, sind vielversprechend. Bei bestimmten Formen der Epilepsie etwa könnte man mit einem Chip das Narbengewebe an der Hirnrinde überbrücken, das für Anfälle verantwortlich ist. In einem ersten Schritt könnte die Elektronik Alarm geben, wenn die zu dicht um die Narbe herum angesiedelten Neuronen übermäßig feuern. Dann würde eine winzige Pumpe aktiviert, die hemmende Medikamente in präziser Dosierung abgäbe. Später könnte dann vielleicht die Hirnfunktion selbst durch ein Implantat ersetzt, der Schaden ein für allemal repariert werden. Ganz ähnliche Hoffnungen gibt es im Hinblick auf die Parkinsonsche Krankheit.

Ebenso denkbar sind Chips, die nach einem Schlaganfall das geschädigte Hirngewebe ersetzen helfen oder – wenigstens teilweise – das Gedächtnis wiederherstellen. Dabei geht es nicht um die Implantation fertiger Programme. Die Chips müssen lernfähig sein wie die Gehirnzellen eines Embryos. Wahrscheinlich würden sie eine Weile brauchen, bis sie in der gewünschten Weise funktionieren. Sie müßten buchstäblich Anschluß an das hochspezialisierte Netzwerk finden, in dem sie eine entscheidende Rolle spielen sollen. Das wäre im übrigen auch die Voraussetzung für das Funktionieren von Chips, die in der Absicht der Manipulation oder Überwachung ihres Trägers ins Gehirn eingesetzt würden.

Computer aus DNS und Atomen

Wo also ist die Grenze? Anders als bei der Gentechnik gibt es hier keine konkreten gesetzlichen Regelungen, mit denen irgend etwas zu verhindern wäre. Und im übrigen gilt das gleiche wie für die Erforschung und Manipulation des menschlichen Genoms: Selbst wenn es in manchen Staaten einen Konsens für Verbote gibt – irgendwo wird es ohnehin gemacht. Die Voraussetzungen sind heute so günstig wie nie zuvor. Alle beteiligten Disziplinen erleben zur Zeit, jede für sich, einen Boom: Neurowissenschaften, Molekularbiologie und Computerforschung. Dazu kommt der enorme Konkurrenzdruck auf dem Markt der künstlichen Intelligenz. All dies ermöglicht rasante Fortschritte bei der Entwicklung neuer, immer schnellerer Rechner. Seit den fünfziger Jahren hat die Rechenleistung von Computern etwa um einen Faktor von zehn Milliarden zugenommen. Alle zwei Jahre verdoppelt sich die Leistung der Rechner. Parallel dazu werden sie immer winziger und auch billiger. Im Jahr 2030 dürften sie endgültig bis in den letzten Winkel unseres Alltags vorgedrungen sein. Dann greifen auch Entwicklungen Platz, die in den Labors der großen Computerkonzerne längst vorbereitet werden. Wenn die herkömmliche Siliziumtechnik – und hier sind noch einige Verbesserungen möglich – an ihre Grenzen stößt, wird man zunächst sogenannte »optische« Computer bauen. Sie arbeiten mit Laserstrahlen – und nicht mehr mit Silizium und Verdrahtungen. Danach wird eine völlig neue Epoche anbrechen, deren Maschinen an Schnelligkeit alles andere in den Schatten stellen werden: DNS-Computer und Quantenrechner – im wahrsten Sinne des Wortes ein Quantensprung, der sich etwa mit dem Unterschied zwischen einem Fahrrad und der Concorde vergleichen läßt.

Der DNS-Computer wird der erste Rechner sein, der ein Prinzip aus der Biologie nutzt, nämlich den Aufbau unseres Erbguts im Zellkern. Die dort gespeicherten biochemischen Informationen sind etwa hundertbillionenmal dichter gepackt als in einem heutigen Supercomputer. Statt einer Zahlenfolge wie 010001110101011 arbeitet der DNS-Rechner mit den chemischen Buchstaben des Lebens, die auch nichts anderes repräsentieren als einen digitalen Code.

Leonard Adleman von der University of Southern California in Los Angeles hat in seinem kleinen, unspektakulären Labor zeigen können, daß bereits fünfhundert Gramm DNS-Moleküle, gelöst in einem Kubikmeter Wasser, mehr Daten speichern können als alle Computer der Welt. Die Speicherkapazität beträgt ungefähr das Hundertbillionenfache des menschlichen Gehirns. Der Grund liegt in der Fähigkeit der DNS, Trillionen Moleküle simultan arbeiten zu lassen. Und noch ein bestechender Vorteil: Bei den Rechenoperationen mit dem DNS-Computer fällt bei weitem nicht so viel Wärme an wie bei der Arbeit mit konventionellen Maschinen.

Aber es gibt noch einen gewaltigen Trumpf, den die Forscher und die Firmen, die dahinter stehen, erst Mitte des nächsten

Jahrhunderts aus der Tasche ziehen dürften: den Quantencomputer. Im Frühjahr 1998 gelang einem Team aus Forschern des MIT und des Los Alamos National Laboratory ein entscheidender Durchbruch: Es konnte Daten in den ersten Prototyp eines Quantencomputers laden und sie anschließend wieder lesen. Das Experiment machte auch klar, daß ein solches Elektronengehirn bei normalen Temperaturen funktionieren kann. Isaac Chung, einer der Forscher (inzwischen arbeitet er für IBM), meint hierzu: »Der Quantencomputer des Jahres 2030 wird nicht mehr aussehen wie ein heutiger Desktop-Rechner, sondern eher wie eine Kaffeetasse, die daneben steht. Moleküle in einer Flüssigkeit – wir verwenden Chloroform – werden die Rechenoperationen ausführen. Das Prinzip wird alle bisherigen Grenzen sprengen, wenn es einmal im Maßstab des Alltags funktioniert.« Das dünne Glasröhrchen, das er dabei hochhebt und fast zärtlich betrachtet, enthält den Stoff, aus dem die Zukunftsträume sind.

Im Quantencomputer spielt sich alles auf der subatomaren Ebene ab. Sein Herzstück sind die sogenannten »Qubits«, die mit den positiven oder negativen Spinzuständen der Atome arbeiten. Weil der Spin eines Atoms im Quantenrechner aber nicht genau bestimmt ist, sondern 0 und 1 – um bei der herkömmlichen Nomenklatur der Bits zu bleiben – sich sozusagen überlagern, sind mehr Rechenoperationen möglich, als das sichtbare Universum Atome hat. Und mit dieser geballten Kraft wird es dann zum Beispiel auch möglich sein, die kompliziertesten Codes zu knacken. Schon wird fieberhaft daran gearbeitet, dies mit neuen kryptografischen Methoden zu verhindern.

Computersicherheit in der Cyberwelt der Zukunft – ein ungelöstes, immer wieder verdrängtes Problem! Alles hat eben seinen Preis. Man weiß auch heute schon aus ersten Experimenten, daß solche Mega-Maschinen äußerst anfällig sein werden und die Abhängigkeit von ihnen zum Fluch werden könnte. Die Experten, die sich darüber im klaren sind, erinnern manchmal an jene Pyromanen, die Feuerwehrleute werden, um ihrer fatalen Lust frönen zu können.

Der Einstieg in die Quantentechnologie eröffnet freilich noch ganz andere Perspektiven. Sie scheint aus heutiger Sicht die einzige theoretische Möglichkeit darzustellen, einer Maschine jemals so etwas wie Bewußtsein zu verleihen. Der alte Traum der KI-Forscher könnte wahr werden. Einer ihrer Lieblingsfeinde, der Physiker Roger Penrose von der Oxford University, der 1989 mit dem kritischen Buch *The Emperor's New Mind* einen Sturm der Entrüstung auslöste, sieht das Vordringen von Gedanken in unser Bewußtsein folgendermaßen:

Bevor ein Gedanke – oder sein Äquivalent als Neuronensignal – das Bewußtsein erreicht, existiert er in einem Quantenwellenzustand und enthält eine beliebige Anzahl von »Protogedanken«, die simultan bestehen. An der Schwelle zum Bewußtsein kristallisiert sich daraus ein einzelner Gedanke. Gleichsam als »Tore« in das subatomare Reich der Quanten sieht Penrose winzige Röhren innerhalb der Nervenzelle. Über sie werden die Signalstoffe transportiert.

Bleibt die Frage, ob solche Theorien nicht einfach das große Rätsel um ein anderes ersetzen. Wenn aber tatsächlich ein quantenmechanisches Phänomen hinter dem steckt, was wir Bewußtsein nennen, sind die heute existierenden Computer nicht in der Lage, es zu simulieren. Schon deshalb können sie gar kein annähernd menschliches Bewußtsein hervorbringen. Denn eine komplizierte Architektur von Molekülen und Atomen ist dafür notwendig. Der Einstieg der KI-Forschung in die Welt der Quantenmechanik könnte diese entscheidende Schwelle überwinden helfen. Noch ist das – zugegeben – reine Spekulation.

Dennoch werden solche Visionen den Bau eines künstlichen Gehirns nach dem Vorbild der Natur beschleunigen. Was sich daraus ergibt, ist völlig offen. Wir wissen nicht, wie intelligente Maschinen die Welt und die Stellung des Menschen verändern würden. Um dies herauszufinden, wird man sie bauen.

Wir beschleunigen die Evolution

Interview mit Hans Moravec am 19. 7. 1998

Gero von Boehm: Die Fortschritte beim Bau von Maschinen mit menschenähnlichen Funktionen sind bis heute eher enttäuschend. Glauben Sie tatsächlich noch daran, daß Roboter irgendwann eine wichtige Rolle spielen werden?

Hans Moravec: Zugegeben, heute fällt es ziemlich schwer, sich das vorzustellen. Noch sind die Roboter dümmer als jedes Tier – sie bewegen sich ungefähr auf dem Niveau von Insekten. Aber wir sollten nicht so ungeduldig sein. Ihre Intelligenz entwickelt sich etwa zehnmillionenmal schneller als die unserer Vorfahren in der Evolution. In fünfzig Jahren dürften sie es geschafft haben, mit uns gleichzuziehen. In einem Jahrzehnt werden wir Maschinen mit der Intelligenz einer Eidechse haben – sie können beispielsweise Häuser reinigen und andere einfache Tätigkeiten ausführen. In zwanzig Jahren wird es Maschinen geben, die die Lernkapazität einer Maus haben, in dreißig Jahren dürfte sie der eines Affen entsprechen.

G. v. B.: Warum unterzieht man sich überhaupt der unendlichen Mühe dieser künstlichen Evolution? Brauchen wir diese Maschinen überhaupt? Schließlich gibt es bald acht Milliarden Menschen auf diesem Planeten, und sie werden den Maschinen – wie ich glaube – immer überlegen sein.

H. M.: Es handelt sich um eine ganz logische Entwicklung. Die Roboter werden unsere Nachkommen sein, auch wenn das heute angesichts ihrer Primitivität kaum nachzuvollziehen ist. Sie werden wie unsere Kinder sein – gleichberechtigt mit dem biologischen Nachwuchs. Und wir werden sie gern haben, weil sie sympathisch sind – in gewissem Sinne die besseren Menschen. Denn wir müssen ihnen nicht die Instinkte einbauen, die wir noch aus der Zeit der Jäger und Sammler mit uns herumschleppen und die damals wichtig waren, damit wir in der Evolution vorankamen: bestimmte Aggressionen zum Beispiel. In einer hochentwickelten, zivilisierten Gesellschaft macht das doch keinen Sinn mehr.

G. v. B.: Sehen Sie also intelligente Maschinen als den nächsten Schritt in der Evolution, den Schritt nach der »Verbesserung« des Menschen durch gezielte Eingriffe ins Erbgut?

H. M.: Genau das. Bisher basierte die Entwicklung des Menschen auf Kohlenstoffmolekülen, Proteinen und Informationsspeicherung durch die DNS...

G. v. B.: ...durchaus erfolgreiche Prinzipien...

H. M.: ...die aber erweiterungsfähig sind. Vergessen Sie nicht, daß wir inzwischen ungeheure Datenmengen auf ganz anderen Trägern, nämlich Computern, speichern können. Und diese Entwicklung außerhalb unseres Körpers geht tatsächlich rasend schnell, viel schneller als die Evolution der biologischen Welt. Wir beschleunigen die Evolution, indem wir auf andere Informationsträger umsteigen.

G. v. B.: Wohin wird sie uns führen – angenommen, Ihr Denkmodell wäre richtig?

H. M.: Vielleicht zurück zu unseren Wurzeln. Heute müssen die Menschen arbeiten, um die Welt funktionsfähig zu erhalten. Wir alle haben unsere Aufgaben, die unser Leben mehr oder weniger ausfüllen und uns manchmal aufzufressen drohen. Je besser die Maschinen werden, desto mehr Aufgaben werden sie uns abnehmen – und zwar ohne daß wir sie dafür bezahlen müssen. Die Menschen werden nicht mehr arbeiten, und es wird ganze, sich selbst organisierende Konzerne geben, die nur aus Maschinen bestehen. Diese Konzerne werden Steuern bezahlen, daraus wiederum beziehen die Menschen ihr Einkommen und kaufen Waren von den Roboterkonzernen.

G. v. B.: Eine Horrorvision. Die Menschen werden sich vor Langeweile umbringen …

H. M.: Das ist nicht gesagt. Denn früher, vor zehntausend Jahren – und jetzt komme ich auf unsere Wurzeln zurück –, haben die Menschen auch nicht gearbeitet. Sie waren Jäger und Sammler. Das heißt: Sie beschafften Dinge, die sie selbst nicht herstellen konnten. Die Natur spielte damals die Rolle einer automatisierten Ökonomie. Alles, was wir brauchen, wird produziert, und wir müssen nur noch einkaufen. Ansonsten können wir den Dingen nachgehen, die uns Spaß machen und uns interessieren. Es wird uns dann bessergehen, denn es entfällt der Zwang, den Lebensunterhalt zu erwerben – auf oft menschenunwürdige Weise.

G. v. B.: Also: zurück in eine hochtechnisierte Steinzeit?

H. M.: Das alles heißt ja nicht, daß wir die Errungenschaften unserer Zivilisation verlieren müssen. Wir können sie dann sogar besser pflegen, weil wir mehr Zeit haben. Auch das gehört zu diesem nächsten Schritt in der Evolution.

G. v. B.: In welchem Zeitrahmen siedeln Sie Ihre Utopie an?

H. M.: Es kann ein paar hundert Jahre dauern, vielleicht auch tausend, bis es soweit ist. Aber das wäre ja, an den Hunderttausenden Jahren der menschlichen Evolution gemessen, ein winziger Abschnitt. Im Lauf der nächsten hunderttausend Jahre werden sich dann – vorausgesetzt, es gibt den Planeten noch – ganz unterschiedliche Maschinenspezies herausbilden. Unter anderem auch wilde Roboter, die gegen die zahmen, menschenfreundlichen kämpfen werden. Ein Szenario, in dem die wilden siegen, ist wahrscheinlich. Dann würde die menschliche Rasse auf die Dauer nicht überleben, weil niemand sie mehr unterstützt. Unsere Zeit wäre abgelaufen.

G. v. B.: Kein Sonderfall in der Geschichte der Arten, die zu neunundneunzig Prozent sang- und klanglos wieder verschwanden…

H. M.: Ich würde es noch nicht einmal für eine Katastrophe halten, wenn wir das Staffelholz nach so langer Zeit an die Maschinen weiterreichen. Es ist ein natürlicher Vorgang und spricht ja nur für unseren Erfolg in der Evolution, denn wir haben die Nachfolger hervorgebracht. Wie gesagt: Die Roboter sind unsere Kinder, ohne unsere Kultur, ohne unsere Zivilisation wäre diese Entwicklung ja gar nicht denkbar. Und die Maschinen werden Fähigkeiten haben, die unsere bei weitem in den Schatten stellen. Sie werden in der Lage sein, den Weltraum zu besiedeln. Und welche Form von Existenz dann wirklich die »Krone der Schöpfung« sein wird, können wir nicht ahnen. Vielleicht sind es Teilchen, die dann wieder im Universum aufgehen – das wäre der perfekte Kreislauf.

Monster, Moloch, Mega-Stadt

Wir schreiben das Jahr 2030. Seit der Jahrtausendwende lebt mehr als die Hälfte der Menschheit in Städten. Die Einwohnerzahl der Megalopole ist noch schneller gewachsen als die Erdbevölkerung: zweiunddreißig Millionen in São Paulo, fast vierzig Millionen in Mexico City, dessen Wasserversorgung schon 2010 zusammengebrochen war. Die moderne Technik hat dieses Problem gelöst. Die Luftverschmutzung in den Riesenstädten haben wir dagegen immer noch nicht im Griff: Lungen- und Bronchialkrebs sind, wie in den asiatischen Molochen (Shanghai: dreißig Millionen Einwohner im Jahr 2020), mit Abstand die häufigste Todesursache. Die Kriminalität dagegen ist durch massiven Einsatz von Privatarmeen und »Selbstschutz« weitgehend unter Kontrolle.

In Los Angeles leben jetzt auch Angehörige der Mittelschicht in eingezäunten Bezirken. Von den Rassenunruhen, die im Jahr 2015 mehrere Stadtteile erschütterten, bekamen sie kaum etwas mit: Koreanische und afro-amerikanische Banden hatten sich erbitterte Kämpfe geliefert, das Ganze war eskaliert und erst durch Armee-Einheiten, die der Präsident in die Stadt geschickt hatte, beendet worden. Und dennoch funktionieren die Mega-Citys allen Apokalyptikern zum Trotz auf geheimnisvolle Weise immer noch – wie von einer unsichtbaren Hand geführt. Sie haben nichts von ihrer Anziehungskraft eingebüßt. Babylon bleibt ein Menschheitstraum.

Mexico City – Es ist Regenzeit. Am frühen Abend donnern Wassermassen aus dem giftigen, schwarzgelben Himmel auf die Stadt – wie ein zynischer Fingerzeig der alten Aztekengötter, denn Mexico City droht der Tod durch Verdursten. Im 14. Jahrhundert hatten die Ureinwohner ihre Hauptstadt Tenochtitlán auf einer Insel im Texcoco-See erbaut und ein ausgeklügeltes Lagunensystem angelegt. Eine blühende Metropole entstand. Schon damals lebten hier zweihunderttausend Menschen. Der spanische Eroberer Hernán Cortés machte diese frühe Mega-Stadt dem Erdboden gleich und trocknete den See aus.

Heute werden täglich vier Milliarden Liter Wasser aus dem schlammigen Boden gepumpt. Er rächt sich, während die Wasservorräte zu Ende gehen, mit beständigem Absinken – in diesem Jahrhundert allein um knapp acht Meter. Historische Gebäude bersten, ganze Straßen sacken zusammen. Eine Lösung gibt es nicht. Vielleicht wird man irgendwann Staudämme in den Bergen bauen und das Regenwasser endlich auffangen. Aber eigentlich ist es zu spät. In einem alten spanischen Palast an der Plaza de las Tres Culturas proben junge Paare den Tanz auf dem Vulkan. Der Boden der Tanzschule neigt sich bedenklich, die Mauern des Gebäudes werden mühsam abgestützt. Der Innenhof, in dem Kellner mit weißen Jacketts Margaritas servieren, ist in der Mitte durchgebrochen. *No se preocupe* – darüber macht man sich keine Sorgen.

Ein Orchester spielt. Mexico City, die Titanic unter den Mega-Städten. Der Kapitän heißt Cuauhtémoc Cárdenas und darf sich als Oberbürgermeister Gouverneur nennen. Sein Vorname ist der Name des letzten Aztekenkaisers. Für die Mexikaner verkörpert er die perfekte Mischung aus Tradition und Fortschritt. Wir treffen ihn im Palast der Stadtregierung. Als Kämpfer für die Demokratie und Sohn des berühmtesten Präsidenten Mexikos gibt der Mann mit den traurigen Augen seinen dreiundzwanzig Millionen Bürgern noch immer einen Rest von Hoffnung.

»Mexiko – das ist eine Kultur der Resistenz. Wir sind gestärkt aus jeder Katastrophe hervorgegangen. Die Gelassenheit und das Talent zu improvisieren sind ein aztekisches Erbe. Vielleicht unser wichtigstes Kapital.« Vor dem Fenster, draußen auf dem Zocaló-Platz, ist eine Hundertschaft der Polizei aufgezogen. In Sprechchören fordern Bürger des Stadtteils Tepito mehr Unterstützung beim Renovieren ihrer desolaten Unterkünfte. »Sehen Sie«, sagt der Gouverneur mit einem maliziösen Lächeln, »die Leute nehmen ihr Schicksal in die Hand. Und wenn wir ihnen nicht helfen können, werden sie trotzdem eine Lösung finden.«

Tranquilo, tranquilo. Nur nicht die Ruhe verlieren. Die Demonstration löst sich auf. Eine Tanzgruppe in aztekischen Kostümen übernimmt. Draußen in den *villas perdidas* tanzt niemand. Über Quadratkilometer kein einziger Baum, nur Staubwolken, die Müllreste und vertrocknete Exkremente mit sich tragen und den Gestank der bitteren Armut. Hier ist natürlich auch die Kriminalität am höchsten. Sie steigt insgesamt in Mexico City, aber es gibt weniger Raubüberfälle als in Buenos Aires. Während in den brasilianischen Metropolen die Straßenkinder alle bewaffnet sind, begnügen sich die etwa achttausend Kinder, die in den Straßen von Mexico City leben, im wesentlichen mit Diebstählen, um das Terpentin, das sie schnüffeln, zu finanzieren.

Überlebenswille und Phantasie sind selbst noch bei den Tausenden *pepinadores* zu spüren. Sie durchwühlen die dreißig Millionen Tonnen Müll, die die Stadt jährlich produziert, nach Verwertbarem, das sie dann verkaufen. Alles, von Krankenhausabfällen bis zum Tierkadaver, landet auf den Müllkippen. Die größte hat etwa die Ausdehnung der Kölner Innenstadt. Viele *pepinadores*, zu denen auch Hunderte von Kindern gehören, verhüllen sich mit Lumpen das Gesicht – nicht aus Scham, denn sie sind stolz auf ihre Arbeit, sondern wegen des aberwitzigen Gestanks und der Fäulnisbakterien, die alle durch die Luft gewirbelt werden. Mit ihren Masken wirken sie wie Wesen von einem anderen Stern. Die Menschenrudel teilen sich das Revier mit Rudeln wilder Hunde, die das Eßbare beanspruchen.

Die durchaus respektierte Kaste der *pepinadores* hat eine große Zukunft vor sich. Denn die Müllberge werden mit der Stadt wachsen und den letzten Rest des Grundwassers verseuchen.

2030 werden fünfundvierzig Millionen Menschen in Mexico City leben. Die größte Stadt des Planeten: gefangen zwischen Bergen wie ein riesiges Tier, das, obwohl angeschlagen, doch immer neue Tentakeln bildet. »Es gibt hier keine Grenzen des Wachstums«, sagt der einflußreiche Bürgermeister des Bezirks Cuauhtémoc, Jorge Legorreta. »Jenseits der Berge ist noch genügend Platz.« *No se preocupe.* Täglich kommen mehr als tausend Menschen an den Busterminals an, voller Hoffnung und Energie. Oft sind es zehnköpfige Familien, die als *paracuidistas*, als »Fallschirmspringer«, irgendwo am Stadtrand landen. Der Aufprall kann hart sein. Erst errichten sie Hütten aus Holz und Plastikplanen. Dann schließen sie sich zu Gemeinschaften zusammen, um sich gegen die Bezirksämter verteidigen zu können, besetzen als Gruppe illegal ganze Hügel und bauen sich dort in oft jahrelanger Arbeit Häuser aus Steinen, die sie aus dem felsigen Boden holen. So schaffen sie Tatsachen.

»Auf dem Land hatten wir keine Arbeit und nichts zu essen«, sagt Manuel Ortíz, der mit fünf Kindern, seinen Eltern und Schwiegereltern kam. »Jetzt haben wir beides, und niemand kann uns mehr vertreiben.« Es sei denn, die Wasserfluten in der Regenzeit lassen das Haus vom Hang abrutschen, oder die Erde bebt mal wieder.

»Wir erwarten in den nächsten fünf Jahren ein neues großes Beben«, sagt Professor Meli vom »Zentrum für Katastrophenprävention«, das seinen Sitz in angemessenem Abstand zur Stadt hat. »Die Folgen könnten noch schlimmer sein als 1985, denn dem Boden sind seither weitere Trillionen Liter Wasser entzogen worden.« Außerdem wird mit einem Ausbruch des Vulkans Popocatepetl gerechnet, der zwar im Fall des Falles keine Lava spuckt, dafür aber Unmengen grauer Asche, die sich – je nach Wind – als bis zu fünf Zentimeter dicker Mantel über Mexico City legen könnte.

Dann wird die Elektrizität lahmliegen, und auch die fünf Millionen Autos können nicht mehr fahren. »Aber«, meint Professor Meli stolz, »wir haben jetzt ein neues Frühwarnsystem für Erdbeben und Vulkanausbrüche. Es registriert Bewegungen der tektonischen Platten im Pazifik vor der Küste Mexikos.« Und wie früh warnt dieses System? »Eine Minute vor dem Beben«, sagt Meli. *No se preocupe.*

New York – Die ersten Lichter von Long Island flimmern kurz nach vier Uhr durchs Bullauge. Noch ist es finster über dem Atlantik. Ruhig läuft die »Queen Elizabeth II« auf die Verrazano-Brücke zu. Schiebt mit dem Morgengrauen ihren stählernen Leib unter dem gewaltigen Bogen hindurch. Läßt Freiheitsstatue und Ellis Island, die Einwandererinsel, links liegen. Läuft langsam, wie in Zeitlupe, an den Türmen Manhattans vorbei den Hudson hinauf. Badet im rötlichen, tausendfach in Wolkenkratzerfassaden widergespiegelten Licht der aufgehenden Sonne. Gleitet hinein in den Schatten des nächsten Skyscrapers und wieder hinaus ins gleißende Licht.

Im Wechselspiel aus Licht und Schatten verschmilzt der Ozeanriese mit dem morgendlichen Metropolis. Eine andere Art des Ankommens! Keine fensterlosen Flughafenkatakomben. Keine endlose Anfahrt durch öde Vorstädte. Nach vier Tagen auf hoher See ein Landgang mitten hinein ins volle Leben.

Taxi! – »Where to?« – »166 East 63rd.«

Zwei Meilen quer durch Midtown Manhattan. Jeder Meter spannend und anregend! Häuserschluchten, flankiert von Gebäuden aller architektonischen Stilrichtungen des Jahrhunderts. Hautschattierungen aller Herren Länder. Hupen, Hektik, Hochgefühl.

New York, die Hauptstadt des Planeten, wie ein riesiger Dampfer, der an den amerikanischen Kontinent andockt. Narrenschiff und Expeditionsboot! Fahrtziel: Zukunft! Entscheidende Impulse entstehen hier. 7,3 Millionen Einwohner im

Stadtgebiet, rund siebzehn Millionen in der Metropolitan Area. Sitz der Vereinten Nationen. The Big Apple!

The future once happened here betitelte der New Yorker Geschichtsprofessor Fred Siegel sein 1997 erschienenes Buch über »das Schicksal von Amerikas großen Städten« – Orten wie New York, an denen »einst die Zukunft stattfand«.

In der Tat: Wer kommt heute noch mit dem Schiff aus Übersee? Wo ist der einst riesige Hafen geblieben? Wo die Industrie? Wo die wirtschaftliche Dynamik jenseits des überhitzten Wall-Street-Finanzbooms?

Und: Erreicht das Empire State Building nicht 1999 das Rentenalter? Ist King Kong, gemessen am japanischen Filmmonster Godzilla (das kürzlich ein wüstes Gastspiel in Manhattan geben durfte), nicht ein herziges Plüschtier? Dient der Big Apple nicht Hollywood-Regisseuren allenfalls noch als eine in Sekundenschnelle zu vernichtende Kulisse, sei's – Zack! – durch Außerirdische *(Independence Day)*, sei's – Bumm! – durch Kometeneinschlag *(Deep Impact)*?

Selbst der legendäre Subway Ride, einst von Touristen als Höllentrip durch die Katakomben des modernen Babylon gefürchtet, bietet kaum noch mehr Thrill als eine Fahrt mit der Münchener U-Bahn. Der Central Park ist wieder familienfreundlich – selbst nachts. »Brennpunkt Brooklyn«: entschärft. Rückgang der Morde zwischen 1994 und 1996: neunundvierzig Prozent. Heute hat New York Vorbildfunktion selbst für Polizeichefs aus Städten wie Hannover.

Disney, übernehmen Sie!

Tokio – Die Fahrt aus der Vergangenheit, aus der tausendjährigen Kaiserstadt Kioto mit ihren Tempeln und Schreinen, ist nicht lang. Sie geht über rund fünfhundert Kilometer und dauert mit dem »Shinkansen« knapp drei Stunden von Bahnhof zu Bahnhof. Doch schon lange vorher, gleich hinter dem letzten Tunnel am Fuß des Fudschijamas, erreicht der Superzug den Rand der Metropole, die vor hundertdreißig Jahren das beschauliche

Kioto als Hauptstadt ablöste. Von dort donnert er auf einem Betonviadukt, haushoch über einem Meer von blauen Ziegeldächern und den ungezählten »Schuhschachteln« der Industriekomplexe, die letzten hundert Kilometer seinem Ziel entgegen.

Tokios Hauptbahnhof ist überraschend klein, eher kleiner als derjenige von Köln oder Hamburg. Überschaubar auch die Ginza, die Einkaufsmeile im Zentrum der Metropole. Nahezu italienisch kleinräumig das zentrumsnahe Hotel- und Kneipenviertel Akasaka. Inmitten der weltweit größten Menschenansammlung – zwölf Millionen in der Stadt, mehr als siebenundzwanzig Millionen in der Region – läßt sich's durchaus leben: mit der geringsten Kriminalität, aber auch mit den höchsten Bodenpreisen aller Weltstädte. Kaum jemand kann es sich leisten, hier zu wohnen. So haben sich die Außenbezirke fast bis Yokohama ausgedehnt – drei Stunden Anfahrtszeit ins Büro sind keine Seltenheit. Der Subway-Verkehr transportiert die stummen Millionen reibungslos. Wer den Heimweg nach Dienstschluß vor Erschöpfung nicht mehr schafft, übernachtet in einem der zahllosen »Box-Hotels« mit ihren sarggroßen Verschlägen. Und unter dem Shibuya-Bahnhof stehen die Sony-Pappboxen der Obdachlosen, die sich vor Scham nur selten zeigen. Die Schuhe sind vor den hineingeschnittenen Eingängen fein säuberlich – japanisch – ausgerichtet.

Zukunft fand auch hier statt, und das ist noch gar nicht so lange her. Zweimal in diesem Jahrhundert, nach dem großen Erdbeben von 1923 und den amerikanischen Bombardements im Zweiten Weltkrieg, erhob sich die weitgehend zerstörte Stadt wieder aus ihrer Asche. Mitte der achtziger Jahre schien es nur eine Frage der Zeit zu sein, bis Tokio den Rest der Welt käuflich erwerben würde. Dann platzte 1991 der japanische Finanzboom wie eine Seifenblase.

Davon sichtbar geblieben ist das seinerzeit geplante, bis zum Jahr 2000 vollendete neue Subzentrum »Teleport Town«: ein stein-, stahl- und glasgewordenes Symbol der Hybris, errichtet auf einer künstlichen, rund vierhundertfünfzig Hektar großen

Insel in der Bucht von Tokio. Eine lautlose, pfeilschnelle Schwebebahn verbindet diese sterile, menschenleere Kunstwelt mit Downtown Tokio. »Künstliche Paradiese« sieht *Zeit*-Autor Wilhelm Klauser in dieser »Endstation Zukunft«, diesem »Spielfeld architektonischer und finanzieller Phantasien, denen keine Grenzen mehr gesetzt sind«. Es sei denn, jene der Phantasie: Der nächste Film mit dem archetypischen japanischen Monster, das zyklisch dem vulkanischen Meeresboden entsteigt und die jeweils modernsten Viertel Tokios platt macht, soll in »Teleport Town« spielen. An die Arbeit, Godzilla!

London – Britanniens Hauptstadt hat schon mehr Zukunft hinter sich, als die meisten Möchtegern-Weltstädte jemals vor sich haben werden. Deshalb darf der Zug mit den Reisenden vom Kontinent, sei es jenseits des Kanaltunnels der superschnelle »Eurostar« aus Paris, sei es der schäbig-ratternde Fährzug aus Harwich, ruhig zockeln wie zu Queen Victorias Zeiten.

Zu Beginn des zwanzigsten Jahrhunderts, als die New Yorker den Chicagoern gerade das Wolkenkratzerbauen abschauten und die Tokioter noch an der Zwangsverwestlichung zu schlukken hatten, lag hier das Zentrum der Welt. Die größte und die mächtigste Metropole, Herrscherin über ein Reich, in dem die Sonne nie unterging. Pomp and Circumstance!

Kleiner ist Greater London mit seinen heute knapp sieben Millionen Bürgern seitdem nicht gerade geworden. Noch immer ist die City der weitaus wichtigste Finanzplatz Europas. Noch immer ist Heathrow der größte Airport des Kontinents, London das Zentrum der Popmusik und der hipsten Modetrends.

London is swinging, auch wenn die Stadt offiziell nicht mehr zur ersten Liga der bevölkerungsreichsten Metropolen zählt. Soll die Grand Old Lady der Weltstädte sich etwa mit Dhaka, Istanbul und Lima um Platz 25 balgen? Oder es den Vettern aus Amerika nachmachen und die »Metropolitan Area« bis hinters Häuschen des letzten Fernpendlers ausdehnen? Dann stünde Englands Hauptstadt mit dreizehn Millionen wieder unter den ersten zehn Mega-Citys. Größe ist mehr als Kopfzahl und Quadratmeilen. Keep cool, London!

Los Angeles – Acht Zeitzonen jenseits von Greenwich, noch über der Mojave-Wüste, geht die Boeing 747 in den Sinkflug. Der Blick hinab zur ausgebrannten Erde wird freilich nicht klarer. Im Gegenteil. Graublauer Dunst verschleiert zusehends das Ocker und Umbra des ausgedörrten Bodens, wabert hoch bis zu den Dreitausendern der San Bernardino Mountains. Irgendwo da unten, wo ungezählte Windkraftwerke am Morongo-Paß den Smog verquirlen, bevor er von den pazifischen Westwinden in die Wüste geblasen wird, irgendwo da unten beginnt – oder endet – der Siedlungsbrei des Großraums Los Angeles.

Eine Stadtregion mit den Ausmaßen des Freistaats Bayern. Eine plurale, eine polyethnische, eine zentrifugale, eine monströse World City. Ein Meer von Vorstädten mit zusammen gut sechzehn Millionen Einwohnern, davon 3,5 Millionen im eigentlichen Los Angeles. Mit fünfmal mehr Bewohnern als vor fünfzig Jahren. Mit weiterhin gewaltigem Zulauf vor allem aus Mexiko, Mittelamerika und dem Fernen Osten. Mit einer Wirtschaftskraft größer als die Indiens.

Klischees aus der Vogelperspektive. Über hundertfünfzig Kilometer reiht sich Straßenkarree an Straßenkarree. »Nichts übertrifft einen Flug über Los Angeles bei Nacht«, schreibt der französische Philosoph der Postmoderne, Jean Baudrillard. »Einzig die Hölle des Hieronymus Bosch kommt diesem Infernoeffekt nahe.« Er könnte den Flug mit einem der fünfundzwanzig Polizeihubschrauber gemeint haben, die Tag und Nacht wie wachsame Insekten über L. A. kreisen. Nachts sticht der Suchscheinwerfer ins kriminelle Dickicht von South Central. Die Piloten sind die Sheriffs der Zukunft. Nur aus der Luft ist die Stadt noch kontrollierbar. Am Boden werden die Piloten von mobilen Einheiten unterstützt – manchmal endet das tödlich. Wie im August 1998, als zwei Polizisten im Bezirk Watts aus dem Hinterhalt in ihrem Auto erschossen wurden.

Der Karte zufolge liegen Watts und South Central – Epizentren von Aufruhr und Zerstörung in den Jahren 1965 und 1992 – irgendwo rechts vom Santa Monica Freeway hinter ewig gleichen Palmen- und Häuserreihen. Anaheim, die von deutschen Siedlern 1857 gegründete Heimatstadt Disneylands, hat derlei Sorgen so wenig wie die anderen Gemeinden des Orange County, des reichen Nachbarkreises von Los Angeles County: Seine Einwohner sind zu fünfundneunzig Prozent weiß. Die Heerscharen farbiger Disneyland-Besucher verlassen Stadt und Kreis nach Torschluß, ebenso die meisten dunkelhäutigen Dienstleister.

Im Ballungsraum sind die Weißen – die *Anglos* – seit den achtziger Jahren eine Minderheit. Noch ein Vierteljahrhundert zuvor war Los Angeles, trotz seines spanischen Namens, die weißeste und protestantischste Metropole der USA. Heute stellen *Hispanics*, die Immigranten aus Mexiko und anderen lateinamerikanischen Ländern, fast die Hälfte der Einwohner von Los Angeles County. Mit annähernd vier Millionen Gläubigen ist die katholische Erzdiözese von L. A. die größte der USA. Es läuft eine Art *reconquista*, eine unblutige Rückeroberung der einst mexikanischen Provinz Alta California.

Die *Anglos* besitzen weiterhin die Macht und das Geld. Sie wohnen, wenn sie es sich leisten können, in ummauerten Edelghettos mit Privatpolizei. Sie bilden die Oberschicht in einer explodierenden Metropole, in der auch die Masse der Neuankömmlinge Jobs findet. Unter diesen hat sich wiederum längst eine Oberschicht herausgebildet: Unauffällig, aber bestimmt sind koreanische Einwanderer – straff organisiert wie friedliche Triaden – mit ihren kleinen und mittleren Geschäften zu wohlhabenden Kleinunternehmern geworden. Über viele Quadratkilometer hinweg nur noch koreanische Schriftzeichen an den blitzsauberen Straßen! Und nebenan, in South Central, verelenden die Schwarzen immer mehr … Wann werden sich die Spannungen, die sich da aufbauen, entladen? Wann brennt L. A.? Ein Vorgeschmack waren die *riots*, die Straßenkämpfe von 1992.

Auf dem Weg zum Teufel, Stadt der Engel?

São Paulo – Keine Stunde dauert der Flug von Rio de Janeiro nach São Paulo. Freier Blick auf unzählige Schönwetterwölkchen. Dort, wo die duftigen weißen Gebilde sich von unten her schmutziggraugelb verfärben, kommt er in Sicht, der Dschungel von wahllos nebeneinandergestellten Hochhäusern, bis zum smogverhangenen Horizont, ein Stadtmoloch von hundert Kilometern Durchmesser.

Hier in São Paulo, der wirtschaftlichen Lokomotive Brasiliens, raucht der Schlot. Hier wird nahezu ein Drittel des brasilianischen Bruttosozialprodukts erwirtschaftet. Hier verpesten fünf Millionen Autos die Luft. Hier, in der kurz »SP« genannten dritt- oder schon zweitgrößten Stadt der Welt, suchen knapp achtzehn Millionen Menschen ihr Glück zu machen. Hier strömen die Abenteurer und die Gauner, die Tüchtigen und die Armen aus dem Riesenland zusammen. Auch wenn sie wissen, daß jeder sechste »Paulista« arbeitslos ist, die Umweltprobleme zum Himmel stinken und das gewaltige soziale Gefälle für explosive Spannung sorgt. São Paulo, vergleicht Erzbischof Arna, sei »eine Schweiz, von drei Biafras umgeben«.

»Jemand erzählte einmal, daß das Einatmen der Luft in SP für vierundzwanzig Stunden dem Rauchen von zwei Packungen Zigaretten entspricht«, sagt Eloah Giacomelli. »Mich würde es nicht wundern, wenn das wahr wäre. Ich weiß nur, daß ich die Dreckluft riechen kann, sobald ich aus dem Flughafen trete.« Der Italo-Amerikaner aus Kalifornien weiß auch, daß ihn in der Riesenstadt jede Menge Lärm, Verkehrschaos, drangvolle Enge, hohe Kriminalität und – neben protzigem Reichtum – entsetzliche Armut erwarten. Er weiß auch, daß es in Brasilien weitaus attraktivere Städte gibt. »Und dennoch, trotz aller Mängel, mag ich SP und komme immer wieder zurück: São Paulo ist eine pulsierende, dynamische, weltoffene Stadt.«

Die Paulistas sind stolze Leute. Sie finden SP allen Problemen zum Trotz »unglaublich«, »aufregend«, »aktiv« und »fleißig«. Sie vergleichen das chaotische Gewühl auf ihren ungeplant dahinmäandernden Straßen nicht etwa mit jenem in Kairo und die sozialen Spannungen auf keinen Fall mit jenen in Kalkutta. Die Bewohner der größten Industriemetropole der Dritten Welt wollen nicht zu dieser gezählt werden: Für sie ist São Paulo wie New York (»schnell, aufregend«), wie Paris (»chic, schön, betörend«), wie Frankfurt (»international, professionell«), ja sogar wie Tokio (»kultiviert«) – leben hier doch mehr als eine Million Brasilianer japanischer Abstammung.

So wird dieser urbane Riesenkessel weiterbrodeln, noch mehr Menschen anlocken und noch weiter ins Umland überschwappen. Nach der Gründung im Jahr 1554 dauerte es dreihundertsiebzig Jahre, bis hier eine halbe Million Menschen lebten. Drei Jahrzehnte später, 1950, waren es gut vier Millionen, nochmals dreißig Jahre später knapp dreizehn Millionen. Um rund zwei Prozent jährlich wächst die Bevölkerung; geht dies ungebremst so weiter, hätte SP im Jahr 2010 rund zweiundzwanzig Millionen Einwohner.

Überzeugte Paulistas kann das nicht schrecken, zählt doch Groß-Tokio schon heute wesentlich mehr Bürger. Aber dort gibt es keine »Militarisierung des Alltags«, keine außer Kontrolle geratende polizeiliche Gewalt gegen Bewohner von Elendsquartieren (*Favelas*) und auch keine privat finanzierten »Todesschwadronen«, die Selbstjustiz an Kriminellen oder Straßenkindern üben.

Eher ein Fall für Saulus, die Stadt des heiligen Paulus!

Mumbai – Wer aus dem Westen über den Ozean kommt, erblickt die beiden Gesichter der indischen Metropole schon vor der Landung. Das reiche Mumbai – seit 1996 offizieller Name Bombays – zeigt sich zuerst: eine Skyline mit funkelnden Türmen, ein Manhattan am Arabischen Meer. Das arme Mumbai öffnet sich unübersehbar wenig später, kurz vor der Landung auf dem Sahar International Airport: Wie ein rauher, schmutzigbrauner Teppich stoßen die Slums direkt an den Zaun des Flughafens.

Und doch ist Mumbai Indiens Hauptstadt der Hoffnung.

16,5 Millionen Einwohner. Jährliches Bevölkerungswachstum: 4,2 Prozent. Oder 650 000 Menschen, die hier auf ein besseres Leben hoffen. Bei gleichbleibender Wachstumsrate würde die Stadt im Jahr 2010 knapp 27 Millionen Menschen beherbergen, im Jahr 2025 unvorstellbare 52 Millionen!

Die meisten Neuankömmlinge betreten Mumbai weder durch die klimatisierten Ankunftshallen des Airports noch durch das pompöse »Tor nach Indien«, 1911 für den englischen König Georg V. am Hafen errichtet. Sie kommen zu Fuß aus der Tiefe des Subkontinents, wandern mit ihren Habseligkeiten über eine der vier Brücken und sehen zu, daß sie in dem übervölkerten Moloch noch einen Platz zum Schlafen finden.

In Dharavi, dem größten Slum Mumbais, drängeln sich schätzungsweise sechshunderttausend Menschen in engen Hütten ohne Wasseranschluß auf knapp zweieinhalb Quadratkilometern – so als würde halb München im Englischen Garten kampieren. Doch beschäftigt sind fast alle, die arbeiten können. Sie schuften in Gerbereien, bieten kleine Dienstleistungen an, handeln mit diesem und jenem oder verwerten noch brauchbare Blechdosen, Plastiksäcke und anderen Müll der Metropole.

Es ist noch dunkel, als Vinod Mathir (Name geändert) mit seinem klapprigen, offenen Jeep vor dem Hotel »President« in Colaba an der wohlhabenden Südspitze steht. Der Zoologe will seinem Gast das grüne Herz im bergigen Zentrum der Insel zeigen, den Sanjay-Gandhi-Nationalpark. Zweiundvierzig Kilometer durchs erwachende Mumbai. Anderthalb Stunden, um ungewollt Zeuge zu werden, wie die arme Hälfte der Stadt sich eine weitere unbequeme Nacht aus den Gliedern schüttelt.

Hunderttausende von Männern, Frauen und Kindern verrichten ihre Morgentoilette und – mangels Alternativen – auch ihre Notdurft am Straßenrand. Saris werden gewickelt, karge Mahlzeiten in Töpfen über offenen Feuern erwärmt. Dazwischen wohlhabendere Viertel mit drangvollen Märkten und bunten Ladenreihen. Frisch hochgezogene Wohntürme, umgeben von Steinhaufen, aus denen Frauen Schotter heraushämmern.

Schließlich der Schlagbaum zum Park. Üppiges Grün. Stille. Rund siebzig Quadratkilometer tropisch überwucherte Hügel. Riesige Spinnweben quer über der Straße. Eine tote Boa constrictor am Wegesrand. Picknick an einem See.

Die Rückfahrt in den brodelnden, schwül-heißen Menschendschungel dauert nur wenige Minuten. Mumbai, die Filmhauptstadt Indiens mit rund hundertfünfundsiebzig Produktionen pro Jahr, oszilliert zwischen Realität und Fiktion – ein Schwanken zwischen (Alp-)Traum und Wirklichkeit wie im Roman *Mitternachtskinder* des hier geborenen Salman Rushdie. Schon an der ersten roten Ampel – und dann an jeder weiteren – zeigt Mumbai wieder sein anderes Gesicht. Ein stumm bettelnder Mensch hält seine leprazerfressene Hand auf. Eine verhärmte Frau hebt ihr großäugig-apathisches Kleinkind ans regennasse Fenster.

Ganesha, der Hausgott der Hindus von Mumbai, hat die Gestalt eines heiteren, dickbäuchigen Mannes mit Elefantenkopf. Er ist zuständig für Wohlstand, Intelligenz und Glück. Die halbe Stadt huldigt ihm im September am Chowpatty Beach im Zentrum der überquellenden Metropole.

Wann beglückst du auch die andere, die arme Hälfte deiner Stadt, Ganesha?

Der große Sog

»Bad news«, lautet das Motto angelsächsischer Journalisten, »is good news.« Und es gibt keine zuverlässigere Quelle schlechter Nachrichten – die sich in Massenmedien gut verkaufen lassen – als Mega-Städte. Das Elend dieser Welt im Sekundentakt: Plünderungen in Jakarta, U-Bahn-Mord in New York, Straßenkinder in Moskau, Drogenkrieg in Bogotá, Dreckluft in Delhi, Choleraausbruch in Lima, Streiks in Paris, Giftgasattentat in Tokio, Touristenmassaker in Kairo, Kaufhauseinsturz in Seoul, Rassenkrawalle in Los Angeles, Aufruhr in Kinshasa! Aus dieser Flut negativer Schlagzeilen läßt sich leicht eine durchweg düstere Bilanz ziehen: Armut plus Bevölkerungsexplosion plus Umweltverschmutzung plus Verkehrschaos plus Korruption plus Kriminalität ist gleich: Untergang. Die Riesenstädte, so will es scheinen, befinden sich auf einer unaufhaltsamen Höllenfahrt nach Babylon.

Die Formel der urbanen Destruktion hat Tradition. Sie klingt im 18. Jahrhundert beim französischen Philosophen Jean-Jacques Rousseau an (»große Städte entziehen dem Staat die Lebenssäfte«), durchzieht die gesellschaftskritischen Romane von Charles Dickens im 19. Jahrhundert und prägt die Schriften des deutschen Psychoanalytikers Alexander Mitscherlich *(Die Unwirtlichkeit unserer Städte)* in der Mitte des 20. Jahrhunderts. Ihre Kritik zielt im Kern auf die westliche Zivilisation. Denn deren technische – aber auch soziale – Errungenschaften ermöglichten erst das Entstehen der Mega-Städte. So zwingend klangen und klingen die Argumente gegen das massenhafte Zusammenballen von Menschen, daß der berühmteste moderne US-Architekt, Frank Lloyd Wright, schon 1923 feststellte, »die Großstadt ist nicht mehr modern«. Er entwarf die Utopie der »living city«, einer gartenstadtartigen Siedlungsform, die sich dereinst über den gesamten Kontinent erstrecken und die »bösartige Wucherung« Stadt ersetzen sollte. Seltsam nur, daß sich das Gros der Menschheit nicht an Wrights Verdikt halten will. Leben doch heute mehr Menschen in Städten als seinerzeit auf dem gesamten Planeten. Diese Diskrepanz zwischen der antiurbanen Rhetorik – vorgebracht vor allem von sozial und ökologisch engagierten Intellektuellen, aber auch von konservativen, um ihre hohe Lebensqualität bangenden Kritikern – und der tatsächlichen Entwicklung der Metropolen ist in der Tat auffällig.

Sie klingt beispielhaft an in einer Titelgeschichte über »Mega-Citys«, die das US-Nachrichtenmagazin *Time* im Januar 1993 veröffentlichte. »Zu Millionen kommen sie, die Ehrgeizigen und die Unterdrückten«, beginnt der Report des im Herzen New Yorks verlegten Magazins, »angezogen vom seltsamen Magnetismus urbanen Lebens.« Dann folgen elf Seiten mit der Schilderung auch durchaus ermutigender Beispiele städtischer Entwicklung, illustriert mit schwarz umrahmten Farbfotos, die fast ausschließlich negative Motive zeigen: Elendshütten vor Hochhäusern in São Paulo, medizinisch unterversorgte Kinder in einer Klinik in Kinshasa, Ruinen ausgebrannter Häuser in der South Bronx von New York, Smog über Mexico City, eine überquellende Müllinsel in der Bucht von Tokio. »Wie die plumpe Hummel, die entgegen der aerodynamischen Theorie fliegt«, schließt der Text, »werden die Mega-Städte der Schwerkraft trotzen und eine nachhaltige Zukunft für sich erfinden müssen.«

Nun schert sich eine Hummel wenig um die aerodynamische Theorie, zumal diese inzwischen zugunsten des Brummers korrigiert werden mußte. Und auch der These, wonach die Metropolen »der Schwerkraft trotzen« müssen, scheint wenig Nachhaltigkeit vergönnt zu sein. Vielmehr sieht es so aus, als übten die urbanen Fixsterne – geballte ökonomische, soziale und kulturelle Masse – selbst eine unwiderstehliche Anziehungskraft aus.

Die entscheidende Frage lautet deshalb nicht, ob die Mega-Städte eine wie auch immer geartete Zukunft haben, sondern: Was macht sie so attraktiv? Warum zieht es Millionen nach Mumbai oder Jakarta oder Lagos, obwohl diese Städte doch längst schon berstend voll sind? Warum drängen Leute vom Land nach Mexico City oder Neu Delhi, obwohl dort die Luft geschwängert ist mit Ruß und Staub und Lärm? Warum strömen Arme und Reiche weiterhin nach Rio de Janeiro oder São Paulo, obwohl dort Raub, Mord und Totschlag alltäglich sind? Warum nehmen die Bewohner von Tokio oder Los Angeles stundenlange Anfahrten in überfüllten Zügen oder über verstopfte Autobahnen zu ihren Arbeitsplätzen in Kauf?

Solche Fragen führen weg von idealistischen Vorstellungen urbaner Paradiese, die seit dem alten Griechenland in den Köpfen der Mächtigen herumspuken. Millionenstädte sind mehr als Ansammlungen von Gebäuden und Verkehrswegen. Sie taugen

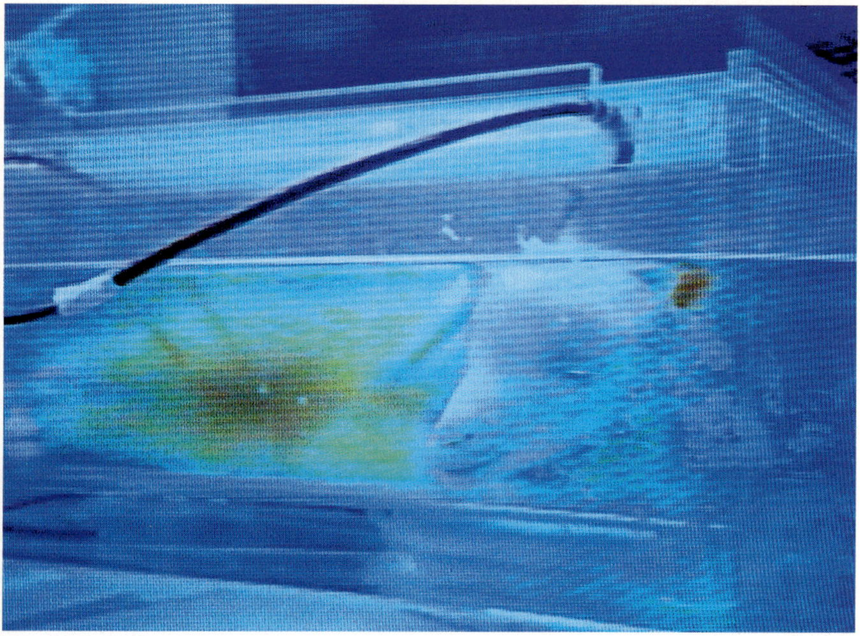

Eine Ziege wuchs bereits im ersten künstlichen Mutterleib heran. Der Tokioter Gynäkologe Yoshinori Kuwabara hat ihn gebaut. © Gero von Boehm

French Anderson (links), Pionier der Gentherapie. © Piotr Jaxa

Der Roboter-Visionär Hans Moravec mit einem seiner elektronischen Geschöpfe. Er sieht für das neue Jahrtausend die Herrschaft der Roboter kommen. © Piotr Jaxa

Isaac Chung, der wissenschaftliche Vater des ersten Quantencomputers. In dem Röhrchen, das er in der Hand hält, befindet sich der Stoff, aus dem die Zukunft ist. © Piotr Jaxa

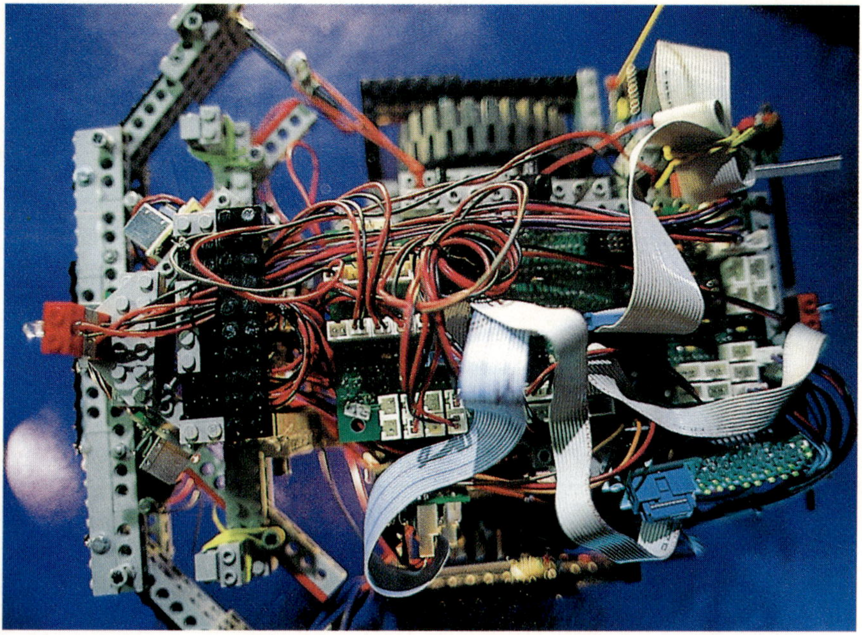

Die Geschöpfe der Roboterbauer erreichen heute etwa die Intelligenz eines Insekts. © Piotr Jaxa

3enjamin Libet, der zur Erforschung des menschlichen Bewußtseins maßgeblich beige-
ragen hat. © Piotra Jaxa

Das Forscherteam um Doug Lenat will Computern gesunden Menschenverstand beibringen. © Piotr Jaxa

Das Cog-Projekt am MIT gilt als Vorreiter bei der Entwicklung von intelligenten Robotern
Rechts sein Schöpfer Rodney Brooks. © Piotr Jaxa

Der Maschinen-Guru Mark Pauline (rechts) glaubt, daß Menschenrechte auch für Roboter gelten sollten. © Piotr Jaxa

Beauty und Babylon: Die Megastadt Los Angeles bei Nacht. © Piotr Jaxa

Die Polizei kann Los Angeles nur noch aus der Luft kontrollieren: Ihre Hubschrauberflotte ist vierundzwanzig Stunden im Einsatz. © Piotr Jaxa

Die große Hoffnung: Familien bauen sich am Rande der südamerikanischen Megastädte Behausungen aus Felsbrocken und Holzabfällen. © Piotr Jaxa

Leben zwischen Friedhof und Bahngleisen: Die Zuwanderer nutzen in Mexico City jeden Quadratmeter. © Piotr Jaxa

Links: Der Herr des Monsters: Der Gouverneur und Bürgermeister Mexico Citys Cuauthémoc Cardénas. © Piotr Jaxa

Rechts: Keine Luft zum Atmen: Schon Säuglinge, welche die Luft dieser Stadt einatmen, müssen behandelt werden. Nirgends auf der Welt ist die Luftverschmutzung schlimmer. © Piotr Jaxa

Unten: Die Müllhalden Mexico Citys erstrecken sich über viele Quadratkilometer. Tausende Menschen, die *pepinadores,* leben hier zwischen Tierkadavern, Exkrementen und Plastikabfällen. © Gero von Boehm

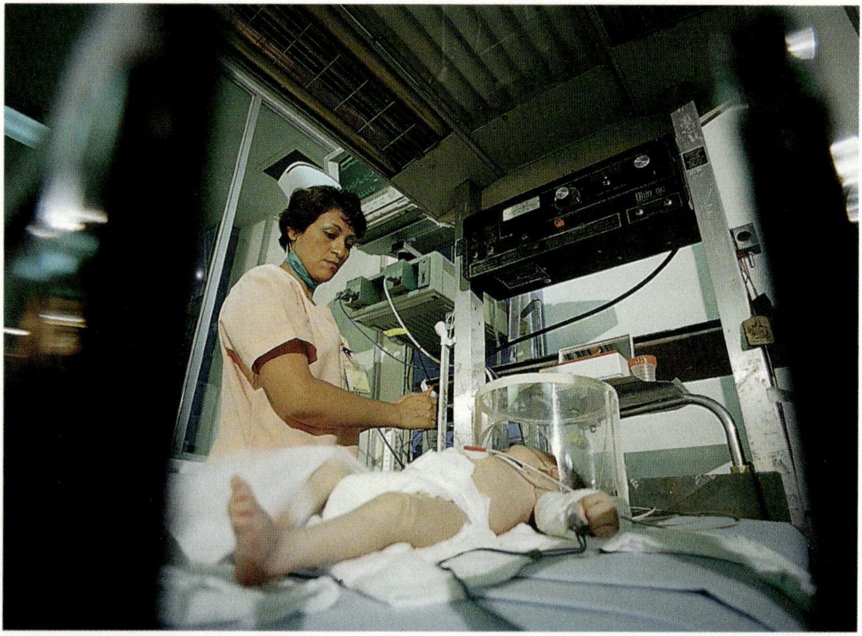

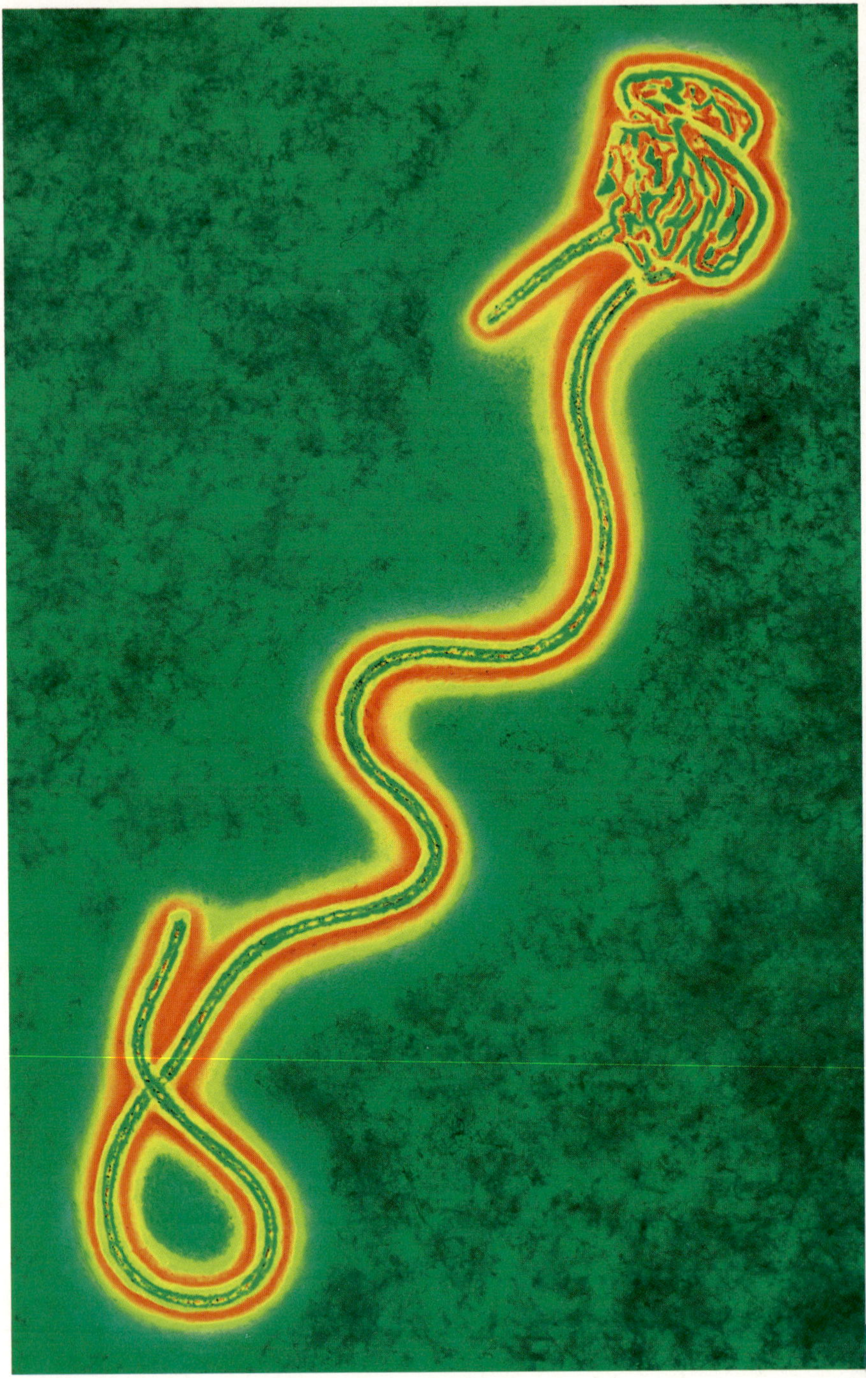

Porträt eines Killers: Das Ebola-Virus gilt zur Zeit als gefährlichster Erreger der Welt.

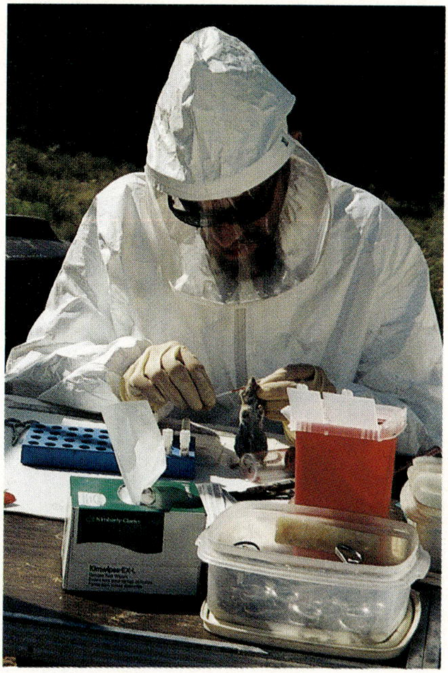

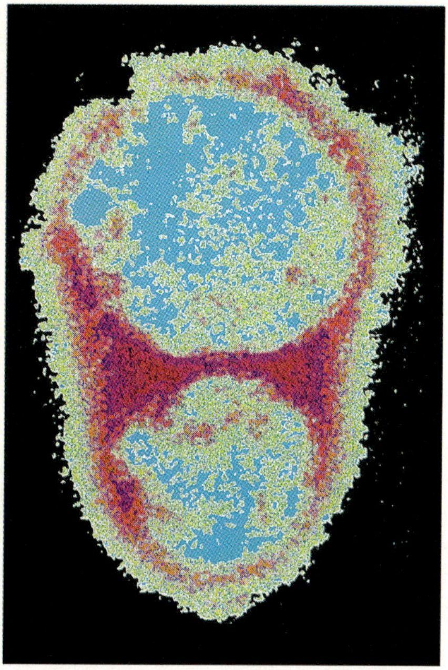

Von Nagetieren ging das Hanta-Virus (oben rechts) auf den Menschen über und entfaltet nun seine tödliche Wirkung. © CDC/Science Source/FOCUS (oben rechts)

Forscher von der University of New Mexico und von den Centers of Disease Control in Atlanta verfolgen seine Spur im Südwesten der USA (oben links und unten).
© Gero von Boehm

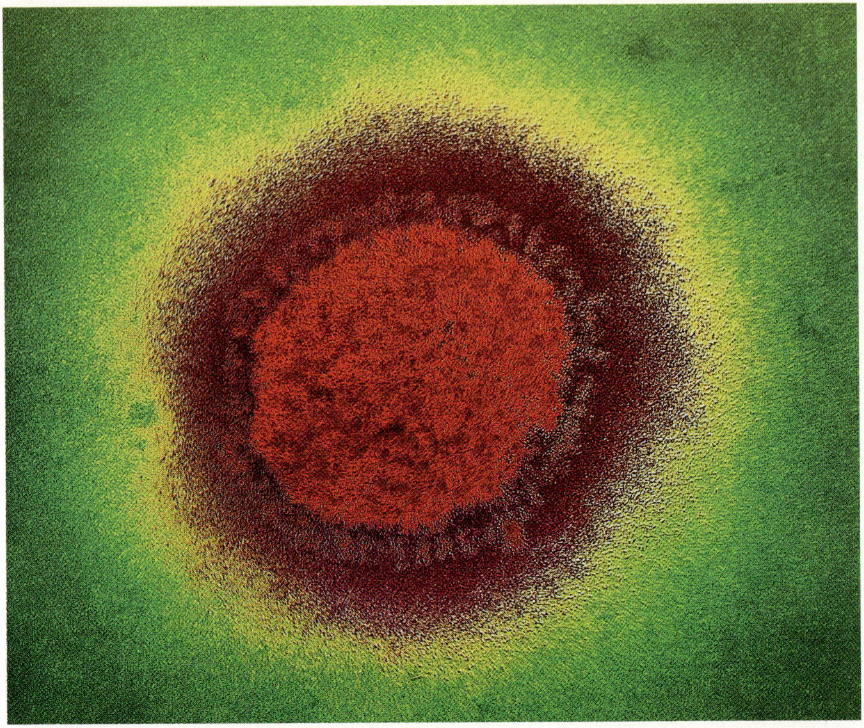

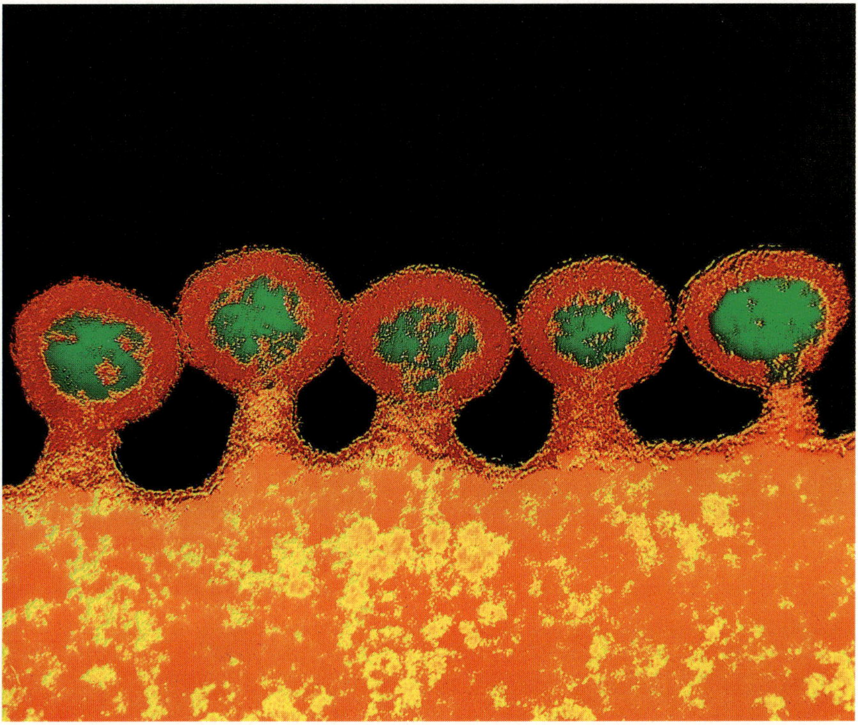

Das Aids-Virus mit seiner fatalen Wirkung wird eines Tages nur als erstes Kapitel einer ganz neu zu schreibenden Geschichte der Medizin gesehen werden. © NIBSC/Science Photo Library/FOCUS

Links oben: Ein Influenza-Virus unter dem Elektronenmikroskop - so könnte der nächste Massenkiller aussehen. ©NIBSC/Science Photo Library/FOCUS

Links unten: In einem Hochsicherheits-Labor der Centers of Disease Control werden Grippeviren systematisch untersucht - auch die Erreger, die Anfang 1998 in Hongkong zu mehreren Todesfällen geführt hatten. © Piotr Jaxa

Das hawaiianische Silberschwert ist vom Aussterben bedroht. © Piotr Jaxa

Durch Cloning wollen Forscher aussterbende Pflanzenarten für die Zukunft retten. © Piotr Jaxa

Der Autor mit dem Odyssee-3000-Kamerateam und Edward O. Wilson (ganz links) im mittelamerikanischen Regenwald. © Piotr Jaxa

Der große Naturforscher Edward O. Wilson glaubt, daß die Menschen sich auf ein „Zeitalter der Einsamkeit“ zubewegen: Die Vielfalt der Arten geht rapide zurück. © Piotr Jaxa

nicht als Denkmäler größenwahnsinniger Despoten. Und sie lassen sich nicht planen wie Kühlschränke oder Wohnhäuser oder Fabriken. Sie sind die am höchsten entwickelten Lebensräume der mobilsten und erfinderischsten und verspieltesten Spezies, die dieser Planet hervorgebracht hat. Sie sind die angestammte Heimat des *Homo oeconomicus* und des *Homo faber*, des *Homo mobilis* und des *Homo ludens*.

Deshalb entwickeln Städte auf dem Weg zur Größe des alten Rom, des viktorianischen London oder gar des heutigen Tokio eine unvorhersehbare Eigendynamik. Diese überrollt über kurz oder lang jede zentrale Planung und offensichtlich auch jedes noch so gutgemeinte städtebauliche Dogma – auch die 1930 verabschiedete »Charta von Athen«, lange das Credo moderner Stadtplaner. Wer hätte seinerzeit gedacht, daß die Trennung von Wohnen und Arbeiten (damit die Werktätigen samt Familien nicht auch noch im Qualm ihrer Fabriken hausen müssen) kein halbes Jahrhundert später dank massenhafter Motorisierung und individueller Mobilität zu ausufernden Vorstädten, gigantischen Verkehrsstaus, pausenloser Lärmbelästigung und noch mehr Luftverschmutzung führen würde?

Die größte Völkerwanderung aller Zeiten

Push and pull nennen amerikanische Stadtforscher die beiden wichtigsten Mechanismen für die Migration in die Metropolen: zum einen der Druck unzureichender Lebensverhältnisse, der Menschen vom Land in die Stadt treibt, zum anderen die Anziehungskraft der urbanen Möglichkeiten, die die Tüchtigen und die Abenteuerlustigen anlockt.

Den größten *Push* haben die Ballungsräume der Industrienationen schon lange hinter sich – zumindest auf regionaler und nationaler Ebene: Die Landflucht, in deren Verlauf einst Millionen von Bauern, Knechten und Mägden aus den Dörfern aufbrachen, ist abgeschlossen; drei Viertel der Bevölkerung Europas, Nordamerikas und Japans leben in Städten. In Afrika und Asien hingegen, wo die Landflucht inzwischen voll eingesetzt hat, wohnen immer noch etwa zwei Drittel der Menschen auf dem Land (siehe Tabelle 2: »Globale Landflucht«). Die meisten haben keine Chance, in der zusehends mechanisierten Landwirtschaft weiterhin ihr Auskommen zu haben. Sie fliehen vor der Hoffnungslosigkeit, der Unterdrückung, der schlechten medizinischen und kulturellen Versorgung.

Allein für Asien prognostizieren die Vereinten Nationen eine Zunahme der städtischen Bevölkerung um 1,5 Milliarden Menschen bis zum Jahr 2025. Ein Teil dieser größten Völkerwanderung aller Zeiten wird unausweichlich auch in die Metropolen der reichen Länder schwappen – nach Berlin, London und Paris, nach New York und Los Angeles und womöglich sogar nach Tokio.

Den größten *Pull* üben Städte einfach durch die vielen, im Vergleich zum Landleben zahlreicheren Möglichkeiten aus, die sie bieten. Sie verkörpern, wie es in dem von den Vereinten Nationen mit herausgegebenen Band *World Resources 1996–97: The Urban Environment* heißt, »die Vielfalt und Energie menschlichen Strebens. Sie sind bemerkenswerte Motoren des wirtschaftlichen und sozialen Fortschritts. Städte bieten Beschäftigungsmöglichkeiten, Unterhaltung und sonstige Annehmlichkeiten sowie […] Vorzüge bei Bildung, Gesundheit und anderen sozialen Dienstleistungen. Im Durchschnitt verfügen Städter über höheres Einkommen und genießen ein gesünderes, leichteres Leben als ihre ländlichen Mitbürger, obwohl diese Vorteile oft nicht allen Stadtbewohnern zugute kommen.«

Gemeinsamkeiten weisen die Metropolen allerdings auch hinsichtlich ihrer Nachteile auf. Städter verbrauchen im Schnitt mehr Rohstoffe und Energie als Dorfbewohner. Sie reisen mehr, essen mehr hochwertige Nahrungsmittel, vor allem tierischer Herkunft, und nehmen sich mehr soziale und kulturelle Freiheiten heraus. Dies summiert sich zu einem immensen Verbrauch von Wasser und Lebensmitteln, Rohstoffen und Energie, die aus immer größerer Entfernung herangeschafft werden. Zugleich breiten sich Siedlungsflächen und Verkehrswege ins Umland aus. Luft- und Wasserverschmutzung, Abfallberge und Bodenversiegelung sind die ökologischen Folgen, kulturelle Entwurzelung, steigende Immobilienpreise und höhere Kriminalität die sozialen.

Vor- und Nachteile urbanen Lebens wirken sich allerdings in den verschiedenen Wirtschaftsregionen der Erde unterschiedlich aus. Außerdem ist jede Mega-Stadt letztlich ein höchst individuelles, einmaliges, in seiner Komplexität kaum wiederholbares Gebilde.

So tendieren die Metropolen in den hochentwickelten Industrienationen – zum Beispiel London oder New York – zu einer stabilen oder gar sinkenden Bevölkerungszahl im Kernstadtbereich. Und sie haben ihre Umwelt- und Sozialprobleme dank stabiler politischer Verhältnisse relativ gut im Griff. Allerdings reicht ihr Einfluß längst über die alten Stadtgrenzen hinaus und ist sogar weit jenseits ihrer Ballungsräume spürbar, im guten – ökonomisch – wie im schlechten – ökologisch: Als weltweit verknüpfte Wirtschaftszentren vor allem bei (Finanz-)Dienstleistungen lenken sie globale Geldströme in die Region, als Kultur- und Vergnügungsstätten locken sie von weither Intellektuelle, Nachtschwärmer und Touristen an, als höchst konsumfreudige Superorganismen produzieren sie Abluft, Abwässer und Abfälle, die ganze Regionen belasten.

Einen im Vergleich zu den Erste-Welt-Metropolen noch größeren Einfluß auf ihre Heimatländer üben die Mega-Städte der sogenannten Schwellenländer aus. Seoul und Istanbul haben in Südkorea und in der Türkei ein höheres Gewicht als New York in den USA oder Berlin in Deutschland. Ihre wirtschaftliche, politische und auch kulturelle Macht erzeugt bis in die letzten Winkel der teils weit zurückgebliebenen ländlichen Räume einen unwiderstehlichen Sog. Haben tatkräftige Landflüchtlinge in den Metropolen erst einmal Fuß gefaßt, ziehen weitere Familienmitglieder, Nachbarn und Freunde nach: Die Lawine der Landflucht kommt ins Rollen. Sie kann die Infrastruktur der Städte – vor allem hinsichtlich Wohnungen und Verkehrswegen, Wasser- und Abwasserversorgung – völlig überlasten. Die Kosten für Entwicklung und Instandhaltung der öffentlichen Infrastruktur steigen nämlich, wie Finanzwissenschaftler herausgefunden haben, überproportional zur Einwohnerzahl. Die Folgen sind vor allem an den Rändern der Ballungsräume sichtbar: über Nacht von Neuzuwanderern errichtete Hüttensiedlungen. Deren türkischer Name »Gecekondu« beispielsweise steht für jene Armenviertel, in denen etwa die Hälfte der acht Millionen Einwohner von Istanbul lebt.

Am stärksten ist die Anziehungskraft der Metropolen in afrikanischen und asiatischen Entwicklungsländern. Denn hier leben immer noch wie erwähnt fast zwei Drittel der – rasch wachsenden – Bevölkerung auf dem Land. Und hier ist das wirtschaftliche und politische Gefälle zwischen den Städten und den bäuerlichen Regionen am größten – nicht zuletzt wegen einer verfehlten Politik, die einseitig die Metropolen bevorzugt und den ländlichen Raum vernachlässigt.

Kein Wunder, daß hier die Landflucht nun mit Macht eingesetzt hat. Kommt ein relativ hohes Wirtschaftswachstum hinzu wie in etlichen süd- und ostasiatischen Ländern (zumindest bis zum Crash im Herbst 1997), oder fließen – wie in Nigeria – Milliarden aus Ölexporten ins Land, platzen Städte wie Dhaka und Lagos, Jakarta, Karatschi und Mumbai aus allen Nähten (siehe Tabelle 1: »Die zehn am schnellsten wachsenden Mega-Städte«). Hier läuft im Zeitraffertempo ab, was westliche Metropolen im Lauf eines Jahrhunderts kaum verkraftet haben: Industrialisierung, Landflucht, Globalisierung – und das mit weitaus mehr betroffenen Menschen. Die extremen Folgen dieses dreifach beschleunigten Wachstums – riesige Slums – sind zum negativen Symbol der Mega-Städte geworden.

Das Ende der »Mega-Maschine«

Schon allein der Umfang der Probleme treibt traditionell denkende Stadtplaner in Depressionen oder Zynismus. Nichts in den wuchernden Ballungsräumen der Dritten Welt gleicht den utopisch-idealistischen, weitläufig durchgrünten Architekturdenkmälern à la Brasilia. Selbst Manhattan mit seinem strengen Straßenraster, seinem weitläufigen Central Park und seinen vielen kleinen, oft liebevoll gehegten grünen Inseln wirkt dagegen wie eine Oase der Vernunft.

Vor allem Westeuropäern, die in wohlgeordneten, durchgestylten Kommunen ein vergleichsweise luxuriöses Leben führen, erscheinen die Probleme so gut wie unlösbar. Wer in aller Welt mag dieses explosive Gemisch entschärfen? Wo sonst als in einer Katastrophe kann dieses chaotische Durcheinander von Wolkenkratzern und Elendshütten enden, diese Parallelität von Wirtschaftsboom und schreiender Armut, dieses Nebeneinander von globaler Glitzerkultur und lokalem Latrinenmorast, diese Gleichzeitigkeit von Internet und Analphabetismus?

So plausibel diese pessimistische Sicht auch erscheinen mag, sie ist mit einem gleichsam angeborenen Mangel behaftet: Sie ist eine Sicht von oben herab – herablassend im sozialen Sinne, *top down* im Jargon der Ingenieure und Systemforscher. Sie betrachtet auch Mega-Städte in der mechanistischen Tradition der industriellen Revolution als Maschinen – Maschinen, die deshalb außer Rand und Band geraten, weil sie nicht richtig konstruiert und gewartet werden. Wie tief diese mechanistische Metapher ins westliche Denken eingedrungen ist, belegt der Begriff »Mega-Maschine«, den der berühmte amerikanische Technikhistoriker Lewis Mumford 1964 in seinem Buch *The Myth of the Machine* prägte: Schon die allerersten Städte – und damit Zivilisationen – im Nahen Osten hätten »von Anfang an« einer »archetypischen Maschine, konstruiert aus menschlichen Teilen«, geglichen.

Der Mythos der Plan- und Steuerbarkeit von Städten zerschellt Ende des zwanzigsten Jahrhunderts an der urbanen Realität explosiv wachsender Metropolen. Er erweist sich als Wunschdenken aus Zeiten, in denen autoritäre politische Eliten über vergleichsweise kleine und sich eher gemächlich entwikkelnde Städte herrschten.

Diese geruhsamen Zeiten sind längst vorbei. Dafür haben – Ironie der Geschichte – die Früchte der mechanistischen Ära gesorgt. Denn sie schoben die Grenzen der, wie Ökologen sagen, »limitierenden Faktoren« weiter hinaus, die das Wachstum der Menschheit bis dahin geregelt hatten. Und damit lösten sie die Bevölkerungsexplosion aus. Es war die industrielle Revolution, die der Menschheit gewaltige, zuvor nicht zugängliche Energie- und Rohstoffquellen erschloß. Es war der wissenschaftlich-technische Aufbruch der letzten hundertfünfzig Jahre, der die ungeheuren Produktionssteigerungen in der Landwirtschaft und zugleich die gewaltigen medizinischen Erfolge, vor allem bei der Bekämpfung der Infektionskrankheiten, ermöglichte. Es waren Mechanisierung, Elektrifizierung und schließlich Elektronisierung, die globale Verkehrs- und Kommunikationsnetze entstehen ließen.

Sie wiederum beschleunigten vor allem eines: die weltweite Verstädterung und somit den Boom der Ballungsräume. Denn sie machten den wichtigsten Rohstoff menschlicher Kultur leichter verfügbar als je zuvor – Wissen. Wissen, wo überlebenswichtige Ressourcen zu finden sind (auch in den Slums von Kalkutta). Wissen, wie Probleme gelöst werden können (auch in den Favelas von São Paulo). Wissen, was sich in dieser Welt tut (auch in den hintersten Dörfern Anatoliens). Wissen, das auch durch nationale und internationale Hilfsorganistionen gezielt gefördert wird.

Parallel zu dieser Informationsvernetzung bis hinab in die Elendsquartiere und hinaus in die entlegensten Dörfer kam es bei den geistigen Eliten des Westens zu einer Revolution im wissenschaftlichen Denken. Sie ermöglicht auch grundlegend neue Einsichten in das dynamische Wachstum von Ballungsräumen.

Was in der Quantenphysik Anfang des Jahrhunderts anklang, gewinnt seit Mitte der sechziger Jahre mit Begriffen wie Chaos und Komplexität, Fraktale und Nichtlinearität, Synergetik, Emergenz und Selbstorganisation zusehends an Gewicht bei Mathematikern und Physikern, Biologen und Medizinern, Hirnforschern und Soziologen.

Im Kern postulieren diese »Theorien komplexer Systeme«, salopp gesagt, drei Dinge: Erstens ist die Entwicklung der Welt offen und somit letztlich nicht berechenbar, zweitens ermöglicht diese prinzipielle Unvorhersehbarkeit das Hervorbringen (die »Emergenz«) neuer Qualitäten, weshalb drittens das so entstehende Ganze mehr ist als die Summe seiner Teile.

Die Theorien komplexer Systeme eröffnen auch Stadtplanern und -forschern radikal neue Einsichten. Die schlechte Nachricht für Anhänger der klassischen *Top-down*-Planung lautet: Ihr habt keine Chance, das komplexe System einer Millionenstadt zu planen und zu steuern wie eine Maschine. Die gute Botschaft: Das ist auch gar nicht nötig, da die einzelnen Subsysteme einer Stadt – Familien, Stadtviertel, Verkehrsbetriebe, Lebensmittelmärkte – innerhalb ihres jeweiligen »Horizonts« sich von selbst organisieren, wenn ihnen dazu der nötige Freiraum gegeben wird. Solche Subsysteme entwickeln sich, wie die beiden chilenischen Biologen und Pioniere der Selbstorganisationstheorie, Francisco Varela und Humberto Maturana, postuliert haben, weitgehend abgeschottet von ihrer Umwelt vor allem durch Reaktion auf interne Veränderungen.

Hinter den abstrakt-spröden Begriffen stecken zwei faszinierende Erkenntnisse: Zum einen ist die ungeheure Vielfalt und Komplexität des Lebens im Lauf der Evolution ohne vorgegebenes Ziel nur durch die »Methode« *Versuch und Irrtum* entstanden; zum anderen sind Organismen und Populationen keineswegs Marionetten ihrer Umwelt, sondern vor allem mit sich selbst beschäftigt – sie schaffen sich ihre eigene, »innere« Welt und versuchen, diese zu erhalten. Dabei bewahren sie ihre Form nach Art einer stehenden Welle, eines »Fließgleichgewichts«:

Sie bleiben stabil, solange Energie und Materie – und, im Falle sozialer Systeme, individuelle Organismen – in ausreichendem Maße durch sie hindurchströmen.

Diese völlige Umkehrung der traditionellen, von Idealismus und Hierarchien, von kausalen Zusammenhängen und Planbarkeit geprägten Sicht hat der renommierte Bielefelder Soziologe Niklas Luhmann schon früh vollzogen. Für ihn sind gesellschaftliche Gruppen nicht mehr Rädchen eines uhrwerkgleichen Mechanismus und auch nicht Teilsysteme kybernetischer Maschinen, die nur auf Reize von außen reagieren. »Was eine Gruppe tut, ist nicht zwangsläufig eine vorhersagbare Reaktion auf die Umwelt«, sagt Luhmann. »Soziale Systeme erhalten und entwickeln sich in ihrer Isolation, indem sie mit sich selbst beschäftigt sind.«

Die Selbstorganisation sozialer Systeme, also auch der vielfältigen Bevölkerungsgruppen einer Mega-Stadt, findet demnach in weitgehender Unabhängigkeit voneinander statt. Das würde erklären, warum in ethnisch und sozial heterogenen Metropolen wie New York, Los Angeles, São Paulo oder Mumbai bettelarme und superreiche, hell- und dunkelhäutige, ultraorthodoxe und libertine Bevölkerungsgruppen meist relativ unbehelligt nebeneinanderleben.

Aber auch diese Einsicht kann letztlich nicht schlüssig erklären, warum Menschen sich in Riesenstädten zusammendrängen – und nicht etwa grüppchenweise übers Land verstreut wohnen. Ballungsräume müssen Vorteile bieten, die sich dem oberflächlichen, von Bildern des Elends und der Gewalt geblendeten Blick entziehen. Ihre Entwicklung scheint allem Anschein nach grundlegenden Prinzipien zu folgen, die wie mit unsichtbarer Hand das vermeintliche Chaos bändigen. Das legt die Beobachtung nahe, daß selbst Mega-Städte im tropischen Armutsgürtel der Erde trotz schwindelerregenden Wachstums und gigantischer Größe nicht zusammengebrochen – oder auseinandergeflogen – sind (was sie nach den herkömmlichen stadtplanerischen *Top-down*-Vorstellungen längst hätten tun müssen).

Die Idee der »unsichtbaren Hand« ist nicht neu. Sie wurde vor gut zwei Jahrhunderten vom schottischen Ökonomen und Philosophen Adam Smith als Erklärung für die Funktion der Marktwirtschaft formuliert: als jene Kraft, die all den Eigennutz zu so etwas wie Gemeinwohl bündeln kann. Der österreichische Volkswirtschaftler und Nobelpreisträger Friedrich von Hayek hat Smiths Gedanken in den sechziger Jahren zu einer modernen marktwirtschaftlichen Theorie erweitert. Sie beschreibt das Zusammenspiel in einer arbeitsteiligen Gesellschaft, in der die produktiven und konsumptiven Aktivitäten ihrer Mitglieder auf mehr oder weniger koordinierte Weise erfolgen. Diese Koordination ist demnach nichts als ein unbeabsichtigter Nebeneffekt des eigennützigen Strebens der beteiligten Individuen.

Eigentlich hatte schon damals der Gedanke nahegelegen, das Konzept der »unsichtbaren Hand« auch als Erklärung für die Entwicklung von Städten zu verwenden. Denn die urbanen Zentren sind von Anbeginn vor allem eins: Märkte für Waren, Dienstleistungen und Ideen. Aber erst die Karriere des Begriffs der »Selbstorganisation« in den Naturwissenschaften und vor allem in der Biologie revolutionierte in den letzten Jahren auch die Stadtforschung.

So hat im Oktober 1995 ein Forscherteam um Hernán Makse von der Boston University städtische Wachstumsmuster mit Rechnerhilfe modelliert. Für die Simulation wurden lokale Einheiten und Aktionen sowie einige relativ simple Kenngrößen wie etwa »Bevölkerungsdichte« in mathematische Formeln umgesetzt. Dann konnten sich die Rechenmodelle unter verschiedenen Startvoraussetzungen frei entfalten – sich also selbst organisieren. Die Ergebnisse dieser elektronischen Stadtentwicklungen ähneln verblüffend dem realen Werdegang der als Referenz benutzten Metropolen London und Berlin zwischen 1875 und 1945. Mehr noch: Diese Wirklichkeitsnähe trifft in der Simulation für alle Größenbereiche vom lokalen »Viertel« bis hin zum gesamten »Ballungsraum« zu. Für Experten ist dies ein starker Hinweis darauf, daß das Konzept der Selbstorganisation fraktaler (»selbstähnlicher«) Einheiten entscheidend zum Verständnis der urbanen Entwicklung beitragen kann. Denn bei solchen Systemen ist die resultierende globale Ordnung stets Folge eines begrenzten Satzes von Regeln, welche das Zusammenspiel lokaler Einheiten steuern.

»Die Bedeutung dieses allgemeinen Ansatzes einer Stadttheorie«, würdigt Michael Batty vom University College in London die Arbeit von Makses Team in der führenden Wissenschaftszeitschrift *Nature*, »liegt in seiner Fähigkeit, Form mit Funktion zu verbinden.« Denn eben daran sind die Stadtforscher immer wieder gescheitert: Sie konnten die zugrunde liegenden wirtschaftlichen und ökologischen Funktionen nicht mit den tastsächlich beobachteten räumlichen Mustern der Städte in Deckung bringen. »Es sieht so aus«, schreibt Batty, der den Begriff »fraktale Stadt« mitgeprägt hat, »als ob die Zeit nun reif ist für ein neues Verständnis der Städte und der urbanen Formen, auf das wir seit mehr als einer Generation warten.«

Die »fraktale Stadt« erweist sich offensichtlich als fruchtbares Konzept. Es hat zum Beispiel den angesehenen Neurowissenschaftler Wolf Singer angeregt, auf »weitreichende Ähnlichkeiten in der Organisation und Dynmaik von Stadt und Gehirn« hinzuweisen. »Beide Systeme«, schreibt der Direktor am Max-Planck-Institut für Hirnforschung in Frankfurt in einem Beitrag für das 1997 erschienene Buch *Virtual Cities*, »bestehen aus einer Vielzahl eng miteinander verknüpfter Komponenten, die in hoch dynamischer Weise miteinander interagieren, und beide Systeme sind das Ergebnis eines Entwicklungsprozesses, der im wesentlichen auf Prinzipien der Selbstorganisation beruht.«

Singer schlägt vor, »Städte als Kristallisationspunkte in der fraktalen Struktur von Gesellschaften« zu betrachten. Sie entstünden demnach, »sobald die Populationsdichte eine kritische Schwelle überschreitet; sobald die Interaktionen zwischen Individuen einen Grad an Komplexität erreichen, der nur durch vorstrukturierte Kommunikationsarchitektur bewältigt werden kann«. Ähnlich wie das Gehirn, das aus einzelnen Regionen besteht, und diese wiederum aus Nervenzellverbänden – neuronalen Ensembles –, wären »das Netz der Städte, die einzelne Stadt und die Untereinheiten einer Stadt somit als Komponenten eines informationsverarbeitenden Symstems zu betrachten, das dazu dient, die Interaktionen innerhalb des Superorganismus Gesellschaft zu optimieren«.

An erster Stelle dieses Prozesses sieht der Hirnforscher die Optimierung der Informationsflüsse, an zweiter die Minimierung des Energieverbrauchs. Beides führt dazu, daß – im Gehirn wie in der Stadt – Entfernungen verkürzt werden, also verdichtete Elemente entstehen. Das Problem bei diesem Vergleich, räumt der Wissenschaftler ein, ist die Art und Weise, wie unser Denkorgan seine Architektur optimiert: Während der Entwicklung des Gehirns werden jene Neuronen, die nicht optimal an die Ansprüche des Systems angepaßt sind, rüde vernichtet – ein »brutales System der Beseitigung des Fehlangepaßten«, so Singer, wie es auch in Ameisen- und Bienenstaaten herrscht.

Menschen sind jedoch keine Nervenzellen und auch keine Arbeitsbienen. Sie haben, im Jargon der Chaosforschung, wesentlich höhere »Freiheitsgrade«: Sie sind äußerst lernfähig und sehr mobil. Und sie haben vor allem einen – inzwischen in der UN-Charta verbürgten – Anspruch auf Lebensqualität und Menschenwürde. Deshalb, räumt Singer ein, können die Kriterien für die Optimierung biologischer Systeme (etwa des Gehirns) und für menschliche Sozialsysteme (etwa die Städte) nicht identisch sein.

Immerhin liegt jedoch der Gedanke nahe, daß bei menschlichen Sozialsystemen an die Stelle des brutal-darwinistischen Ausmerzens eine – mitunter kaum weniger brutale – Selektion ökonomischer Einheiten tritt: Manche Menschen werden wohlhabend, andere arbeitslos; manche Firmen reüssieren, andere gehen pleite; manche Stadtviertel prosperieren, andere entwickeln sich zu Slums.

Wolf Singer hält es deshalb für nützlich, »einige Aspekte der Gehirnorgansiation näher zu betrachten« und daraus Schlüsse für die Entwicklung von Städten zu ziehen. So müssen in der Großhirnrinde ebenso wie in Städten viele unterschiedliche Funktionen repräsentiert werden und zugleich flexibel kombinierbar sein. Und beide Systeme müssen das Kunststück vollbringen, diese multidimensionalen Anforderungen auf einer zweidimensionalen Fläche anzuordnen.

»In der Hirnrinde«, erklärt Singer den Stadtforschern, »wird dieses Kartierungsproblem durch eine hochkomplexe Architektur ineinander verschachtelter Repräsentationen gelöst.« Das erfordere zwar »häufig Kompromisse, die zu interessanten Topologien führen« (Topologie = Lage und Anordnung geometrischer Gebilde im Raum). Aber diese räumlichen Anordnungen »sind Ergebnis eines genialen Selbstorganisationsprozesses, dessen Regeln weitestgehend verstanden sind«. Die Vorgänge bei der Hirnentwicklung und später beim Lernen im Erwachsenenalter laufen nach keinem Plan ab, der bestimmt, wie dies zu geschehen habe. »Tatsächlich gibt es gar keinen derartigen Plan, weder in den Genen noch sonstwo. Es gibt nur Regeln für lokale Interaktionen zwischen Komponenten: Das Endresultat des Entwicklungsprozesses wird erst klar, wenn er abgelaufen ist.« Kurz gesagt: Lokale Regeln erzeugen global geordnete Zustände.

»Wenn das auch für andere komplexe Systeme wie Städte zuträglich ist«, rät Wolf Singer, »sollten wir in Zukunft darauf verzichten, Städte als Ganzes zu planen, wie das für Brasilia versucht wurde.« Solche Ansätze könnten nur zu unbefriedigenden Lösungen führen. Besser wäre es, »auf die ›Vernunft‹ der Selbstorganisation zu vertrauen«. Also: gute Regeln für lokale Interaktionen finden, wirksame Lern- und Korrekturmechanismen einführen, für wechselseitige Informationsflüsse sorgen, allgemeingültige rechtliche und ethische Kriterien für die Bewertung lokaler Aktionen festlegen sowie »auf zentralistische Koordinationsversuche« verzichten.

Der Rat der Chaos- und Hirnforscher ist mehr als graue Theorie. Die neuen Einsichten werden dringend benötigt, um laufende Fehlentwicklungen zu korrigieren und künftige möglichst zu vermeiden. Anzeichen eines Umdenkens sind bei Stadtplanern und Politikern inzwischen sogar auf internationaler Ebene spürbar. So deuten die Autoren des Bandes *World Resources 1996–97: The Urban Environment* mit gewissem Optimismus Trends an, die in Richtung kommunaler Selbstorganisation zielen.

Nahezu alle Maßnahmen zur Verbesserung der sozialen und ökologischen Lebensbedingungen in den Städten, heißt es in dem Werk, erforderten eine effektivere Stadtpolitik. Diese bedinge allerdings »nicht nur verstärkte Verwaltungen, sondern auch die Einbindung vieler anderer Mitspieler des urbanen Geschehens – inklusive der Armen und der Privatwirtschaft«. Deshalb seien »auf lokalen Gemeinschaften aufbauende Ansätze« – »community based approaches« – »unentbehrlich, wenn städtische Leistungen jenen zugute kommen sollen, die sie brauchen, und wenn es zu einer allgemeinen Unterstützung des erforderlichen Wandels der Strategien und Praktiken kommen soll«.

Ohne einen solchen, gleichsam dem Geist der Graswurzel-Bewegung entspringenden Wandel sehen die *World Resources*-Autoren keine Chance für eine Wende hin zu sozial und ökologisch nachhaltigeren Praktiken. In den Metropolen der Dritten Welt bedeutet diese »community based strategy« zunächst vor allem, die dringendsten Maßnahmen zur Verbesserung der Lebensverhältnisse und zugleich der städtischen Umwelt anzugehen.

Gigantische Aufgaben stehen dabei an. Dies verdeutlicht zum Beispiel eine UN-Statistik über den Anschluß an die städtischen Wasserversorgungs- und Abwasserentsorgungsnetze: 1980 waren von den damals weltweit rund neunhundert Millionen Städtern etwa ein Viertel nicht an diese elementaren Versorgungsnetze angeschlossen; 1994 lebte bereits die Hälfte der inzwischen auf etwa 1,7 Milliarden angeschwollenen urbanen Bevölkerung ohne Wasser- und Sielanschluß – eine Entwicklung, die auf ihre Weise das explosive Wachstum der Slums im Armengürtel der Erde dokumentiert.

Zwar kämpfen auch die Metropolen der Ersten Welt mit den Kosten, welche die Renovierung und umwelttechnische Aufrüstung ihrer Wasserversorgung und Abwasserentsorgung mit sich bringen. Aber ihre Hauptsorgen gelten dem Wachstum von zwei anderen Netzen: Verkehr und Kommunikation. Beide spiegeln die hohe und immer noch wachsende Mobilität der Bewohner von Großstädten reicher Länder wider. Und beide Netze sind dabei, den klassischen geographischen Begriff »Stadt« zu sprengen. Der Großraum Los Angeles illustriert, mit welcher Geschwindigkeit automobile Metropolen sich ins Umland ausbreiten können – auch wenn, paradoxerweise, die vielspurigen Verkehrsadern zusehends verstopft sind. »Der Energieverbrauch für den motorisierten Verkehr wächst schneller als in allen anderen Sparten«, konstatieren die *World Resources*-Autoren.

Über die Folgen der modernen Kommunikationsmöglichkeiten, vor allem des Internets, für die städtische Entwicklung läßt sich derzeit nur spekulieren. Zwar bauen vor allem Elektronikunternehmen wie IBM Arbeitsplätze in zentralen Büros zugunsten der »Teleworking« genannten Heimarbeit am Computer ab. Und schon nutzen Pioniere wie Informatiker, Graphiker oder Autoren die neuen kommunikativen Möglichkeiten und verlegen ihren Arbeitsplatz in eine möglichst attraktive ländliche Gegend. Aber allem Anschein nach mindert dies weder den Bedarf an städtischer Infrastruktur noch reduziert es den Autoverkehr.

Allerdings verändern die neuen Kommunikationstechniken, gepaart mit der allgemeinen Elektronisierung, nahezu alle Aspekte der künftigen städtischen Entwicklung – von den architektonischen Anforderungen an neue Bürogebäude bis hin zu multimodalen, Auto und Bahn umfassenden Verkehrsleitsystemen. Schon schwärmen Computerfreaks von »smarten« oder gar »virtuellen« Städten.

Der Techniktrend ist nicht auf die Industrienationen begrenzt. Ähnliche Arbeits- und Wohnverhältnisse, Verkehrs- und Kommunikationstechniken überlagern auch das Leben der wachsenden Mittelschicht in den Mega-Städten der Dritten Welt. So lassen sich alle (ökonomischen) Entwicklungsstufen in Metropolen wie Mumbai oder Mexico City nebeneinander beobachten; kreuzungsfreie Stadtautobahnen und kanalisationsfreie Slums, Geschäftsfrauen mit Handy und bettelnde Straßenkinder, Software-Ingenieure an klimatisierten Arbeitsplätzen und Rikschafahrer in verstopften, von Dieselabgasen gesundheitsgefährdend verpesteten Straßen.

In den Metropolen vermischen sich globale, nationale und lokale Einflüsse rascher als draußen auf dem platten Land. So entwickeln sich die Mega-Städte zu Ortsteilen des globalen Dorfes. Sie bieten überraschende Vielfalt – japanische Restaurants in São Paulo und brasilianische in New York, indische Plattenläden in London, französische Weindepots in Tokio und amerikanische Imbißketten überall. Wachsende Dynamik herrscht nicht nur im Austausch materieller Güter. Noch dynamischer entwickelt sich ein zusehends freierer Fluß von Ideen, auch solchen zur Lösung drängender sozialer, ökonomischer und ökologischer Probleme.

Wie sich diese Globalisierung im Detail auswirken wird, ist offen. Sicher scheint, daß sie den Trend zu Mega-Städten weiter stärken wird. Denn allen modernen Kommunikationstechniken zum Trotz benötigen die Macher jeder Gesellschaft wohl die entscheidende infrastrukturelle Eigenschaft der Stadt: räumliche Nähe, um bei Bedarf auch rasch persönlich ins Gespräch zu kommen. Deshalb verkörpern Städte, um den Hinweis des Hirnforschers Wolf Singer aufzunehmen, eine Stein gewordene und dennoch sehr flexible Kommunikationsarchitektur. Sie entsprechen offensichtlich einem tiefsitzenden menschlichen Bedürfnis, und sie haben im Wechselspiel mit diesem Bedürfnis nach persönlichen Gesprächen ihre Form gefunden. Großstädtisches Leben hat sich, so gesehen, in einer Koevolution mit der menschlichen Psyche entwickelt.

»Städte leben in Menschen ebenso wie Menschen in Städten«, schreibt Fred Siegel, Autor von *The future once happened here*. Auch deshalb sei es »sehr viel leichter«, pflichtet der frühere New Yorker Hafenamtsdirektor Stephen Berger bei, »New York zu renovieren, als es neu in Iowa aufzubauen«.

Alphabet des Horrors und der Chancen

Mega-Städte sind Biotope für Statistiker. Denn die individuelle Geschichte menschlicher Schicksale stößt rasch an ihre Grenzen, wenn sich Millionen in einer einzigen Stadt drängen. Und die Liga der Riesenstädte wächst rasch: 1995 registrierte die UNO bereits fünfundzwanzig Mega-Städte mit einer Bevölkerung von jeweils mehr als 7,5 Millionen – so viel, wie das zweitgrößte deutsche Bundesland Niedersachsen an Einwohnern zählt (siehe auch die Tabellen 1 und 2).

Zahlen machen deutlich, was die Bewohner von Metropolen verbindet und was sie trennt. Sie können das urbane Skelett enthüllen, verborgene Strukturen und Trends, Chancen und Probleme sichtbar machen. Und sie rücken Relationen ins richtige Licht, vor allem in bezug auf die städtischen und ländlichen Lebensbedingungen in den Entwicklungsländern. Einige Beispiele, der Übersichtlichkeit halber alphabethisch geordnet, von »Abwasser« bis »Zukunft«:

Das **Abwasser** von Städten der Dritten Welt wird zu neun Zehnteln ungeklärt in die Umwelt entlassen. Im Jahr 1994 waren erst rund die Hälfte aller Städter in Afrika und Asien an die Kanalisation angeschlossen. In der philippinischen Hauptstadt, wo sich das Gros der Abwässer von fast zehn Millionen Einwohnern über zwei Flüsse in die Bucht von Manila ergießt, gingen die

Fangerträge der Fischer zwischen 1975 und 1988 um neununddreißig Prozent zurück. Garnelen aus der Bucht von Jakarta sind durch industrielle Abwässer der indonesischen Hauptstadt fast so stark mit Quecksilber belastet wie einst die Meerestiere in der Bucht von Minamata, vor vier Jahrzehnten Schauplatz des größten japanischen Umweltskandals.

Das **Alter** der städtischen Bevölkerung liegt im Durchschnitt über dem der Landbevölkerung. Vor allem die Verstädterung trägt dazu bei, daß nach Hochrechnungen der Vereinten Nationen der Prozentsatz der über fünfundsechzig Jahre alten Menschen von heute gut sechs Prozent auf rund zwanzig Prozent im Jahr 2050 ansteigen wird – von derzeit dreihundertfünfzig Millionen auf 2,5 Milliarden. Allein der durch diese veränderte Altersstruktur nötige Nahrungsbedarf wäre weltweit so groß, als müßte ein Hundertzwanzig-Millionen-Einwohner-Land wie Bangladesh zusätzlich versorgt werden.

Die **Armut** nahm in den Städten Lateinamerikas, Afrikas und Osteuropas in den letzten Jahrzehnten eher zu, in den Metropolen Ost- und Südasiens eher ab. In Lateinamerika stieg die Zahl der städtischen Armen von 1970 bis 1990 von vierundvierzig auf hundertfünfzehn Millionen; Hauptursachen dafür sind hohe Zuwanderung vom Land und hohe Geburtenraten.

Das **Bildungsgefälle** zwischen Stadt und Land in Entwicklungsländern sei am Beispiel Kenia im Jahr 1993 illustriert: Von den über sechs Jahre alten weiblichen Mitgliedern städtischer Haushalte hatten 13,5 Prozent keine Schulbildung (auf dem Land: 29,1 Prozent); von den über sechs Jahre alten männlichen Mitgliedern städtischer Haushalte hatten sieben Prozent keine Schulbildung (auf dem Land: 18,2 Prozent).

Das **Einkommen** von armen Migranten, die vom Land in die indische Hauptstadt Neu Delhi wandern, ist zweieinhalbmal höher als im Heimatdorf.

Die **Ernährungsgewohnheiten** wandeln sich, wenn Menschen vom Land in die Stadt ziehen: Städter verzehren generell mehr hochwertige Nahrung vor allem tierischen Ursprungs. Heute konsumiert ein Chinese im Schnitt ein Kilogramm Rindfleisch pro Jahr, ein Durchschnittsamerikaner hingegen zweiundvierzig Kilogramm. In Südkorea stieg der Bedarf an Futtergetreide im Zuge der Industrialisierung und Verstädterung von wenigen Kilogramm pro Kopf und Jahr auf knapp unter hundertfünfzig Kilogramm Anfang der neunziger Jahre; dort stagniert der Bedarf trotz weiter wachsenden Einkommens.

Der Trend zum **Fleisch** könnte, wie die Welternährungsorganisation FAO schätzt, bis zum Jahr 2050 einen Mehrbedarf an verfügbarer Nahrungsmittelenergie von fünfzehn Prozent in Asien und dreißig Prozent in Afrika erfordern – *zusätzlich* zum durch die rasch wachsende Bevölkerung steigenden Bedarf. Da Vieh, Schweine und Geflügel je nach Spezies nur etwa ein Viertel bis ein Zehntel des Energiegehalts des Futters in Fleisch, Milch oder Eier umsetzen, übt die Verstädterung einen gewaltigen Druck auf die globale Nahrungsmittelversorgung aus. Denn Nutztiere werden vor allem im Dunstkreis von Ballungsräumen meist mit Getreide gemästet – Getreide, das bei vegetarischer Lebenswseise bis zu zehnmal mehr Menschen ernähren könnte.

Das **Gesundheitsgefälle** zwischen Stadt und Land in Entwicklungsländern am Beispiel Kenia im Jahr 1993: In der Stadt waren knapp 13 Prozent der Kinder untergewichtig, auf dem Land 23,5 Prozent; bei der Geburt erhielten fast 78 Prozent der Gebärenden in der Stadt fachkundige medizinische Hilfe, auf dem Land nur 39 Prozent.

Die **Kindersterblichkeit** in drei ausgewählten Entwicklungsländern (1991-1994): Von je tausend lebend geborenen Kindern starben bis zum fünften Lebensjahr in Kenia in der Stadt im Schnitt 75, auf dem Land 96; in Bolivien in der Stadt 104, auf dem Land 162; in Bangladesh in der Stadt 114, auf dem Land 153 Kinder.

Die **Kriminalität** ist in allen Mega-Städten wesentlich höher als in den umgebenden ländlichen Regionen. Extreme Verhältnisse herrschen in São Paulo: Sechsundachtzig Prozent aller Todesfälle bei männlichen Jugendlichen im Alter zwischen fünfzehn und neunzehn Jahren gehen auf Gewalteinwirkung zurück, vor allem Mord und Totschlag; bei fünf- bis vierzehnjährigen Jungen liegt der Wert über fünfzig Prozent.

Die **Landflucht** trägt mit vierzig bis sechzig Prozent zum jährlichen *städtischen* Bevölkerungswachstum in Entwicklungsländern bei. Allein in China strömen Jahr für Jahr schätzungsweise zehn Millionen Menschen in die Städte (siehe auch Tabelle 2: »Globale Landflucht«). Als Rezept gegen diese Lawine empfiehlt zum Beispiel der frühere deutsche Bauminister Klaus Töpfer, seit 1997 Chef der UN-Umweltbehörde in Nairobi, die »Stabilisierung der ländlichen Räume«. Wie dies im Detail durchgeführt und finanziert werden soll, ist freilich völlig offen: Überall auf der Erde schrumpft die Zahl der Menschen, die in der Landwirtschaft beschäftigt sind, und überall dort, wo nicht andere Jobs – etwa im Tourismus – entstehen, ist der Sog der Ballungsräume offensichtlich unwiderstehlich.

Der **Landverbrauch** von Ballungsräumen nimmt gigantische Ausmaße an. Häuser und Verkehrswege versiegeln den Boden, meist fruchtbares Agrarland. Der Stadtkern von São Paulo wuchs von hundertachtzig Quadratkilometern im Jahr 1930 auf heute rund tausend Quadratkilometer, fast die doppelte Fläche des Bodensees; der Ballungsraum erstreckt sich gar über achttausend Quadratkilometer. In den Entwicklungsländern überwuchern die rasch anschwellenden Städte jährlich zusätzlich fast eine halbe Million Hektar. Aber auch in den USA, wo das städtische Bevölkerungswachstum nur noch 1,3 Prozent pro Jahr beträgt, ist der urbane Landhunger ungebrochen: 1982 waren einundzwanzig Millionen Hektar unter Beton und Asphalt versiegelt, zehn Jahre später bereits sechsundzwanzig Millionen Hektar. Denn mit wachsendem Wohlstand wächst auch der private und gewerbliche Raumbedarf pro Einwohner – in Boston ebenso wie in Berlin oder Peking.

Die **Luftverschmutzung** betrifft Städter je nach verfügbarem Einkommen in allen Ländern sehr unterschiedlich, berichtet die Weltbank. Einwohner mit weniger als fünfhundert US-Dollar

Jahreseinkommen sind im Schnitt einer Staubbelastung von mehr als 1700 Mikrogramm pro Kubikmeter Luft ausgesetzt. Bei einem Jahreseinkommen von zehntausend US-Dollar und mehr sinkt die Staubbelastung auf nahezu Null. Bei der Schwefeldioxidbelastung, die vor allem von schwefelhaltigen Brennstoffen wie Braunkohle verursacht wird, sind die ganz Armen und ganz Reichen weniger belastet als der Mittelstand: Städter mit weniger als hundert oder mehr als fünfzigtausend US-Dollar pro Jahr atmen im Schnitt zehn Mikrogramm davon pro Kubikmeter Luft ein, während ihre Nachbarn mit mehreren Tausend US-Dollar Jahreseinkommen fünfmal höheren Schwefeldioxidkonzentrationen ausgesetzt sind. Ein Einwohner Neu Delhis atmet im Tagesdurchschnitt ebenso viele giftige Schadstoffe aus Abgasen von Motorfahrzeugen ein, als würde er zwanzig Zigaretten rauchen.

Die **Müllberge** wachsen in allen Städten der Welt erwartungsgemäß mit dem verfügbaren Einkommen. Bei hundert US-Dollar pro Jahr fallen rund hundert Kilogramm Hausmüll jährlich an, bei zehntausend US-Dollar pro Jahr knapp vierhundert Kilogramm und bei fünfzigtausend US-Dollar etwa sechshundert Kilogramm. Ein Durchschnittsbürger von Abidjan, der Hauptstadt der Elfenbeinküste, produziert rund zweihundert Kilogramm Müll pro Jahr, ein Einwohner von São Paulo gut dreihundertfünfzig Kilogramm und ein Bewohner der US-Hauptstadt Washington etwa tausendzweihundertfünfzig Kilogramm.

Naturkastastrophen bedrohen zunehmend Bewohner von Ballungsräumen. Das Risiko, bei Wirbelstürmen oder Überflutungen, Erdrutschen oder Erdbeben Haus, Gesundheit oder gar das Leben zu verlieren, wächst für die Bewohner von Mega-Städten überproportional an. Der einfachste Grund dafür ist die Bevölkerungsexplosion der Ballungsgebiete. Hinzu kommt, daß die meisten Metropolen aus historischen Gründen an Küsten oder großen Flüssen liegen, wo Stürme und Fluten schweres Unheil anrichten können. In den USA, wo die Hälfte der Bevölkerung an oder nahe der Küste lebt, verzeichnen die besonders durch Hurrikans gefährdeten Bundesstaaten Florida und Texas die größte Zuwanderung. Vor allem der befürchtete Anstieg des Meeresspiegels durch die vom Menschen verursachte Erwärmung des Erdklimas (siehe hierzu auch Stichwort »Treibhausgas«) gefährdet Mega-Städte wie Tokio, Shanghai und Bangkok, Dhaka, Mumbai und Lagos, London, New York und Buenos Aires. Im dichtbesiedelten, extrem von Fluten bedrohten Gangesdelta südlich von Dhaka starben 1991 durch einen Zyklon 140 000 Menschen. Erdbeben töteten 1923 in Tokio 123 000 Menschen, 1976 in der nordchinesischen Millionenstadt Tangschan sogar rund 640 000 Menschen. Trotz moderner, »erdbebensicherer« Bauten starben 1985 in Mexico City rund 5 000 Bürger in den Trümmern ihrer Häuser, 1989 im Großraum San Francisco mehr als hundert, 1996 im japanischen Kobe über 5 200 Menschen. Weit weniger stabile Gebäude stehen in erdbebengefährdeten Mega-Städten wie Kairo, Istanbul und Teheran, Karatschi, Peking und Jakarta, Santiago de Chile und Lima: Schon Beben mittlerer Stärke können dort Tausende von Todesopfern fordern.

Für **Seuchen** sind übervölkerte tropische Metropolen ideale Brutstätten. Mangelnde Hygiene, vor allem in Slums, fördert Durchfallerkrankungen (Diarrhoe); nach Schätzungen der Weltgesundheitsorganisation (WHO) sterben daran jährlich weit mehr als drei Millionen Kinder vor ihrem fünften Geburtstag. Die Cholera forderte 1991 in Peru und wenig später in Bangladesh und Indien Tausende von Opfern. Aber auch die Migration von Menschen auf der Suche nach Arbeit und der Tourismus fördern Infektionswege über Kontinente hinweg. Freizügiges Sexualverhalten ermöglicht die Ausbreitung sexuell übertragbarer Infektionskrankheiten von Gonorrhoe bis Aids. Resistenzentwicklungen der Erreger machen zunehmend Impfstoffe, Antibiotika und Antimalariamittel unwirksam – auch in den Metropolen der reichen Industrieländer. So kehrt die vermeintlich besiegte Tuberkulose (Tb) mit Macht zurück: Ein Drittel der Menschheit ist mit dem Tuberkelbazillus latent infiziert, zwanzig Millionen sind an Tb erkrankt, mehr als drei Millionen sterben jährlich daran. Besonders in den Städten der ehemaligen Sowjetunion häufen sich die Fälle, aber auch in New York, wo seit Anfang der neunziger Jahre vermehrt Erreger auftreten, die gegen herkömmliche Antibiotika resistent sind.

Die größten **Slums** liegen in den Mega-Städten Süd- und Südostasiens. In Dhaka, der Hauptstadt von Bangladesh, lebt mehr als die Hälfte der acht Millionen Einwohner in Elendsquartieren. Trotz teils kräftigen Wirtschaftswachstums wird sich daran so schnell nichts ändern: Im Hinterland von Mumbai und Neu Delhi, Kalkutta und Karatschi leben Abermillionen verarmter Landarbeiter, die in die bereits überfüllten Städte drängen werden. So beträgt das Bevölkerungswachstum in manchen Stadtrandsiedlungen Jakartas bis zu achtzehn Prozent im Jahr.

Der **Smog** nahm Ende Mai 1998 in Mexico City nach Waldbränden in der Umgebung ein solches Ausmaß an, daß die Stadtverwaltung vierzig Prozent der rund dreieinhalb Millionen Autos mit einem Fahrverbot belegte und vor jeglicher anstrengenden körperlichen Tätigkeit im Freien warnte.

Der **Tagesbedarf** einer »kleinen« Metropole wie Hamburg mit 1,7 Millionen Eiinwohnern beträgt rund 2 500 Tonnen Heizöl, je fast 5 000 Tonnen Motorkraftstoff und Lebensmittel sowie etwa 350 000 Tonnen Wasser. Entsprechend groß ist die tägliche Abwassermenge, die den weltgrößten Supertanker leicht füllen würde; die 2 500 Tonnen Hausmüll reichten immerhin für einen Güterzug mit achtzig Waggons.

Die **Telekommunikation** wächst in Mega-Städten schneller als anderswo. Radio und Fernsehen sind selbst in den Slums von Mumbai verfügbar. Mobilfunktelefone – »Handys« – machen die wirtschaftlichen Eliten, aber auch die rasch wachsende urbane Mittelklasse vom meist überlasteten, unzuverlässigen Festnetz der Drittweltmetropolen unabhängig. Und das *World Wide Web* (WWW) ist in Bangkok oder São Paulo schon fast so selbstverständlich wie in New York.

Das **Treibhausgas** Kohlendioxid (CO_2) wird in um so größeren Mengen freigesetzt, je wohlhabender die Städter sind. Die

Armen mit weniger als dreitausend US-Dollar Jahreseinkommen steuern so gut wie nichts zum Treibhauseffekt bei, da sie sich nur wenig Brennstoffe leisten können und meist regenerierbare – also klimaneutrale – Energieträger wie Holz oder getrockneten Kuhdung verfeuern. Bei durchschnittlich zehntausend US-Dollar Jahreseinkommen erreicht der CO_2-Jahresausstoß pro Kopf knapp zwei Tonnen, bei fünfzigtausend US-Dollar schon sechzehn Tonnen. Die urbane Lebensweise trägt entscheidend zum globalen Treibhauseffekt bei.

Der Zugang zu sauberem **Trinkwasser** hängt weltweit vom verfügbaren Einkommen ab. Nach einem Bericht der Weltbank steht nur einem geringen Prozentsatz der Städter mit einem Pro-Kopf-Jahreseinkommen von hundert US-Dollar sauberes Wasser zur Verfügung. Bei einem Tausend-Dollar-Einkommen im Jahr schnellt die Rate für Trinkwasserzugang auf fünfzig Prozent hoch, bei zehntausend US-Dollar pro Jahr liegt sie bereits bei über neunzig Prozent.

Verkehrslärm plagt alle Metropolen. Was für Touristen auf der Aussichtsplattform des Empire State Building als energiegeladenes Brummen und Summen der Weltstadt New York ankommt, bereitet den Einwohnern schlaflose Nächte. Extremer Krach herrscht in den Straßen der Drittwelt-Ballungsräume. In Kairo, einer der lautesten Städte der Erde, wurde Ende März 1998 ein Hupverbot verhängt, an das sich allerdings kaum jemand hält. Auch danach lag der Lärmpegel an den meistbefahrenen Plätzen bei hundertfünf Dezibel – weit über dem, was dem menschlichen Gehör auf Dauer zuträglich ist. Zum Vergleich: In Deutschland gilt als Tagesrichtwert für Industriegebiete ein Wert von fünfundsechzig Dezibel.

Der **Verkehrsstau** ist längst nicht mehr auf die Metropolen westlicher Industrienationen beschränkt. Die jährlichen Kosten für im Stau verplemperte Zeit betragen in Hongkong inzwischen 300 Millionen US-Dollar, in Seoul gut 150 Millionen US-Dollar und in Jakarta rund 70 Millionen US-Dollar. Der Schaden im chronisch verstopften Bangkok – mehr als 270 Millionen

US-Dollar – entspricht 2,1 Prozent des thailändischen Bruttosozialprodukts. Die Durchschnittsgeschwindigkeit für Autos lag in Bangkok bereits Ende der achtziger Jahre bei nur noch zwei Kilometern pro Stunde; ein Pkw steht dort, statistisch gesehen, vierundvierzig Tage eines Jahres im Stau.

Verkehrsunfälle fordern in den Ballungsräumen der Dritten Welt unverhältnismäßig viele Opfer. Beispiel Neu Delhi: Dort sterben im Schnitt jeden Tag fünf Menschen im chaotischen Straßenverkehr, mehr als in allen anderen indischen Metropolen zusammen. Ursachen sind überfüllte, überalterte und schlecht gewartete Fahrzeuge, kaum oder gar nicht geschulte Fahrer sowie mit Fußgängern, Ochsenkarren, Fahrrädern und motorisierten Vehikeln völlig überlastete Verkehrswege.

Das **Wachstum** der Bevölkerung in Städten mit mehr als einer Million Einwohner ist höher als das der Gesamtbevölkerung: 1950 lebten in Europa rund 73 Millionen Menschen in Millionenstädten, nahezu so viele wie in Asien und Lateinamerika zusammengenommen. 1990 lauteten die Zahlen für Europa 141 Millionen, für Asien 359 Millionen und für Lateinamerika 118 Millionen. Afrikas Millionenstädte hatten 1950 drei Millionen, 1990 schon fast 60 Millionen Einwohner.

Der **Wasserverbrauch** von Mexico City hat die Grundwasservorräte unter der Metropole – einst als Aztekenhauptstadt Tenochtitlán auf einer Insel inmitten eines Sees gelegen – so gründlich erschöpft, daß der Boden in den vergangenen hundert Jahren um siebeneinhalb Meter absank.

Die **Wirtschaftskraft** der Ballungsräume in Entwicklungsländern beträgt rund sechzig Prozent des Bruttosozialproduktes, ihr Anteil an der Gesamtbevölkerung aber nur rund ein Drittel.

Das **Wohlstandsgefälle** zwischen Stadt und Land in Entwicklungsländern illustriert das Beispiel Kenia: Von den städtischen Haushalten besaßen im Jahr 1993 fast achtundsechzig Prozent ein Radiogerät (ländliche Haushalte: achtundvierzig Prozent), waren gut zweiundvierzig Prozent ans Elektrizitätsnetz angeschlossen (auf dem Land: gut drei Prozent), verfügten fast sechsundfünfzig Prozent über fließendes Wasser (auf dem Land: knapp elf Prozent).

Die **Wolkenkratzer** als Weltstadtsymbole – die Skyline als Signal wirtschaftlicher Prosperität – haben von den diesbezüglichen Pionierstädten Chicago (höchstes Gebäude: Sears Tower, 442 Meter) und New York (World Trade Center, 412 Meter) aus nahezu alle Metropolen erobert. Frankfurt am Main setzte sich 1997 mit der 298 Meter hohen Commerzbank-Zentrale in Europa an die Spitze. Malaysias Hauptstadt Kuala Lumpur konnte sich im gleichen Jahr damit brüsten, mit den 452 Meter hohen Petronas-Doppeltürmen das höchste Gebäude der Welt zu beherbergen. Hongkong reckt sich mit dem Central Plaza Building (374 Meter) empor. Tokio leistet sich das mit 243 Metern höchste Rathaus der Welt, Erdbebengefahr hin oder her. Shanghai jedoch, die Wirtschaftsmetropole des aufstrebenden Kolosses China, schickt sich an, alle in den Schatten zu stellen: Ende August 1997 wurde der Grundstein für das »World Financial Center« gelegt (geplante Höhe: 460 Meter, Bezugstermin: 2001). Dieser Rekordturm wächst in einem »Wolkenkratzerwald« namens Pudong heran, dem neuen Stadtzentrum am Ostufer des Huangpu-Flusses. Hier stehen auf knapp sieben Quadratkilometern bereits sechsundvierzig Skyscraper, darunter vier im Gardemaß des New Yorker Empire State Building (Höhe: 381 Meter), sowie ein 460 Meter hoher Fernsehturm. Auch der alte Stadtkern wächst in die Höhe, unter anderem mit einem 319 Meter hohen Büroturm des deutschen Architekten Christian Ingenhoven.

Die **Zukunft** der Mega-Städte ist, rein zahlenmäßig und etwas zynisch gesehen, grandios. Gab es 1950 nur dreizehn Ballungsräume mit mehr als vier Millionen Einwohnern, so sollen es bis zum Jahr 2025 weltweit bereits hundertvierzig sein. In Afrika lebten 1950 ganze drei Millionen Menschen in Millionenstädten, im Jahr 2015 sollen es 225 Millionen sein. In Asien werden sich nach diesen UN-Hochrechnungen dann bereits mehr als 900 Millionen Menschen in Millionenstädten drängeln. Das sind fünfzehnmal mehr als 1950, fast dreimal mehr als 1990 oder jedes Jahr knapp 22 Millionen zusätzliche Bewohner asiatischer Millionenstädte.

Visionen für das dritte Jahrtausend

Größe schützt vor Untergang nicht. Die Dinosaurier traf eine kosmische Katastrophe. Roms Macht versank nach einem halben Jahrtausend der Herrschaft über das Abendland. Tikal und die anderen prächtigen Städte der Maya-Kultur zerfielen nach Bürgerkriegen in der Folge von Umweltveränderungen.

Warum sollte New York ewig bestehen? Wie wird Tokio untergehen? Wann erdrücken die Menschenmassen Mumbai, Lagos und São Paulo?

An der Schwelle zum dritten Jahrtausend haben apokalyptische Visionen Konjunktur, aber auch utopisch-virtuelle. Zur Apokalypse gehört nicht viel Phantasie angesichts der allgegenwärtigen Bilder aus den Elendsquartieren dieser Erde und der UN-Statistiken über das Wachstum der Menschheit. Um so phantasievoller wuchern die Visionen von der »Entmaterialisierung« der Städte in einer globalen »Cyber City«, einer virtuellen Versammlung von »Netizens« anstelle von»Citizens« (Bürgern) im Internet. Die Zukunft der Mega-Städte wird sich allerdings eher im Bereich zwischen den Untergangsszenarien und den *Virtual Reality*-Träumen verwirklichen. Deshalb ist mehr Kreativität bei jenen Lösungsvorschlägen gefragt, wie sich soziale, ökonomische und ökologische Katastrophen vermeiden, aber nachhaltige, zukunftsträchtige Entwicklungen fördern lassen.

Am 16. Juni 1999 wollen die Vereinten Nationen den »Tag der sechs Milliarden« begehen. Sechs Milliarden Menschen, und jedes Jahr kommen so viele neu hinzu wie derzeit in Deutschland leben – mehr als achtzig Millionen. Bereits im Jahr 2000 wird zum ersten Mal in der Geschichte der Menschheit die

Mehrheit nicht mehr auf dem Land leben. Im Jahr 2020 sollen sechzig Prozent von dann rund 7,7 Milliarden Menschen in Städten hausen, voraussichtlich gut zwei Milliarden davon in Metropolen mit mehr als einer Million Einwohnern. Im Jahr 2050 würden drei Viertel der dann 9,4 Milliarden Menschen in Städten mit teils mehr als fünfzig Millionen Bürgern leben – wenn, wie in den UN-Hochrechnungen angenommen, die gegenwärtigen Trends bis dahin noch Gültigkeit haben sollten.

Die Frage nach der Zukunft der Mega-Städte ist, ganz offensichtlich, die Frage nach der Zukunft der Menschheit. Die Antwort – besser: Antworten – darauf kann ein Großteil der heute Lebenden noch erfahren, erreicht doch ein 1998 geborener Knabe im Jahr 2050 gerade sein »bestes Mannesalter«, ist doch diese Wendemarke des einundzwanzigsten Jahrhunderts uns zeitlich bereits näher als das Ende des Zweiten Weltkriegs.

Der Blick zurück ins letzte halbe Jahrhundert kann einen in der Tat schwindelig machen: Seit 1950 hat sich die Menschheit von 2,4 auf knapp sechs Milliarden mehr als verdoppelt; noch 1975 tauchte Bombay in der Liste der fünfzehn größten Städte der Erde nicht auf (heute: Rang 5). Der gleiche Blick zurück zeigt jedoch auch, daß Wachstumsprognosen mit Vorsicht zu genießen sind und Horrorszenarien – oder paradiesisch anmutende Vorhersagen – meist nach kurzer Zeit nicht mehr das Papier wert sind, auf dem sie gedruckt wurden.

So mußten die Hochrechnungen über die Zunahme der Weltbevölkerung mehrfach nach unten korrigiert werden. 1960 etwa wurde die Zahl der Menschen im Jahr 2000 in einer Studie auf 6,27 Milliarden geschätzt – nicht schlecht, aber doch um rund 200 Millionen zu hoch. Und die Befürchtung, die Menschheit würde sich im einundzwanzigsten Jahrhundert mehr als verdoppeln, trifft nach neueren Kalkulationen höchstwahrscheinlich nicht zu: Bei etwa 10,6 Milliarden wird die Bevölkerungskurve ihren Gipfel erreichen, denn bereits heute bewegt sich der wichtigste Wachstumsfaktor – die Zahl der Kinder pro Frau – selbst in Schwarzafrika nach unten.

Außer bei den globalen Bevölkerungsprognosen lagen die sogenannten Experten in so wichtigen Detailfragen wie der Versorgung der explosiv wachsenden Menschheit mit Energie und Nahrung in der Regel heftig daneben. Einige Beispiele:

Die globalen Erdölvorräte wurden während der großen Ölkrise des Jahres 1973, als das Schlagwort von den »Grenzen des Wachstums« Allgemeingut wurde, als nur noch für dreiundzwanzig Jahre ausreichend eingestuft. Heute, ein Vierteljahrhundert später, sind die Ölpreise inflationsbereinigt auf den niedrigsten Stand seit der damaligen Krise gesunken – obwohl heute anderthalb Milliarden Menschen mehr auf der Erde leben und weltweit rund dreimal so viele Autos wie damals fahren. Inzwischen gelten die Ressourcen der wirtschaftlich ausbeutbaren Lagerstätten als ausreichend für mindestens vierzig Jahre.

Die Zahl der in Deutschland zugelassenen Autos wird seit 1950 in allen Studien kontinuierlich unterschätzt – obwohl seit den siebziger Jahren der totale Stau vorhergesagt wird.

Schwerste Hungerkatastrophen mit allen Folgen wie Aufruhr und Kriegen wurden angesichts des – eingetretenen – Wachstums der Menschheit auf gut sechs Milliarden zur Jahrtausendwende prophezeit. Tatsache ist, daß den Einwohnern von Entwicklungsländern im Zeitraum von 1969 bis 1971 im Durchschnitt magere 2 140 Kalorien pro Kopf zur Verfügung standen, in den Jahren von 1990 bis 1992 jedoch 2 520 Kalorien. Dem Welthungerbericht der UN-Landwirtschaftsorganisation FAO ist auch zu entnehmen, daß die Zahl der Menschen, die mit weniger als 2 100 Kalorien pro Tag auskommen müssen, in diesen dreiundzwanzig Jahren von 1 747 auf 411 Millionen gesunken ist – obwohl in diesem Zeitraum mehr als eine Milliarde Menschen hinzugekommen sind.

Prognosen über die Zukunft der Mega-Städte verlangen also eine differenziertere Betrachtung, als sie den Hochrechnungen einäugiger »Experten« oder den ebenso eindimensionalen Weissagungen von Untergangspropheten zugrunde liegen. Der Blick zurück ins letzte halbe Jahrhundert enthüllt neben dem schwindelerregenden Wachstum der Menschheit, der Ballungsräume, des Verkehrs, der Telekommunikation und von vielem mehr auch ein von Technokraten wie Apokalyptikern gleichermaßen übersehenes Faktum: Menschen versuchen aus ihrem Leben das Beste zu machen, und sie sind dafür dank beträchtlicher – auch sozialer – Intelligenz ziemlich gut gerüstet. Wie sonst läßt sich die insgesamt positive Bilanz der Menschheit seit der Katastrophe des Zweiten Weltkriegs erklären?

Der Haupteinwand der Skeptiker gegen diese Bilanz läßt sich mit dem Witz jenes Fensterputzers des Empire State Building veranschaulichen, der nach freiem Fall an fünfundsiebzig Stockwerken vorbei trocken konstatiert: »So weit, so gut.« Die Pointe stimmt, das Beispiel allerdings weniger. Denn sowohl in der Ökologie wie in der Ökonomie krachen Systeme gewöhnlich nicht ungebremst auf Beton.

Lange bevor es zum Umwelt- oder Wirtschaftscrash kommt, mehren sich die Anzeichen der Krise – im ökonomischen Bereich zum Beispiel durch einen unverhältnismäßigen Preisanstieg. Dieses »Abpuffern«, das immer noch für Millionen von Individuen Malaise oder Untergang bedeuten kann, geht sowohl bei Ökosystemen wie Wirtschaftssystemen auf deren gleichsam angeborene – »inhärente« – Intelligenz zurück: Sie reagieren nicht passiv-mechanistisch, sondern agieren aktiv und flexibel bei Veränderungen. Die Voraussetzung für die Existenz einer Sechs-Milliarden-Menschheit und einer Siebenundzwanzig-Millionen-Metropole wie Tokio ist eben die dank Schrift, Wissenschaft und Elektronik extrem gesteigerte Fähigkeit des Menschen zu agieren. Aber es ist auch dieselbe Flexibilität, die auf der negativen Seite soziale und ökologische Probleme globalen Ausmaßes nach sich zieht.

Der »Blick nach vorn« sollte sich also nicht nur an oberflächliche Fakten und bisherige Tendenzen halten. Noch wichtiger ist es, das globale System im Auge zu behalten, vor allem jene als »positive« und »negative« Rückkoppelungen bekannten Regelkreise (wobei die »positiven« sich in diesem Zusammenhang negativ auswirken, weil sie Entwicklungen wie etwa das Wachstum der Menschheit explodieren lassen; negatives Feedback hingegen begrenzt das Wachstum von Systemen, im einfachsten Fall etwa der Mechanik den Überdruck im Dampfkessel durch ein sich öffnendes Ventil).

Im Prinzip ist die Sache einfach. In der Wirklichkeit übersteigt sie jedoch bei weitem die intellektuelle Kapazität der Prognostiker ebenso wie die rechnerische Kapazität der Computer, auf denen die Szenarien durchgespielt werden – etwa die künftige Entwicklung des Erdklimas angesichts des von Menschen verursachten Treibhauseffekts. Denn die Zukunft komplexer Systeme – Klima, Ökosysteme, Mega-Städte – ist prinzipiell offen, also nicht vorhersagbar und somit auch nicht gesichert.

Was bleibt, ist der *educated guess*, das informierte Herumrätseln über die Zukunft der Menschheit und ihrer Mega-Städte. Die nächsten ein, zwei Jahrzehnte lassen sich anhand heutiger Probleme und Trends zumindest in Umrissen abschätzen. Für danach läßt sich kaum etwas konkret vorhersagen, auch und gerade bei technischen Entwicklungen, die das Leben von Menschen grundlegend verändern können: Wer hat denn vor gerade mal zwanzig Jahren den Siegeszug des Faxgeräts, des PC, des Internet vorhergesehen? Oder daß ein Land wie Indien Weizen exportieren kann?

Metamorphose der Mega-Stadt

Je weiter die Prognose in die Zukunft reicht, desto stärker beeinflußt die optimistische oder pessimistische Grundstimmung des Prognostikers das Resultat der Vorhersage. Pessimistisch geben sich die Umweltschützer und auch die Stadtplaner, denen die ungeheure Eigendynamik der Metropolen, aber auch der technischen Entwicklung vor allem bei der Telekommunikation einen Strich durch die Rechnung gemacht hat und deren hochtrabende Entwürfe dadurch in Frage gestellt worden sind. Eine solche Verunsicherung ist den zukunftsfrohen Cyberspace-Propheten noch völlig fremd. Langfristig optimistisch geben sich jedoch insgeheim auch internationale Immobilienmakler, Baulöwen und Industrielle: Sie sehen mit dem explosiven Wachstum der Metropolen vor allem gewaltige Gewinne auf sich zukommen.

Die Metamorphose der Mega-Städte ist in vollem Gange. Aber sie verläuft, je nach lokalen Umständen, sehr unterschiedlich. Am stabilsten erscheint die Zukunft der reichen Metropolen mit historisch gewachsenen Strukturen wie London, Paris, New York und Tokio. Sie dominieren global mit Moneten, Medien und Moden. Bedrängt werden sie am ehesten von neureichen, dynamischen und »polyzentrischen« Ballungsräumen wie Los Angeles oder auch São Paulo. Letztere sind bereits vollständig vom ersten großen technischen Stadtveränderer dieses Jahrhunderts – vom Auto – geformt worden. Und sie »strampeln« nun, um neben ihren Stadtautobahnen die »Infobahnen« auszubauen: Der Aufstieg zur Weltstadt könne, wie die Cyper-Propheten vor allem aus L. A. verkünden, künftig nur der »City of Bits«, der voll computerisierten, vernetzten Metropole gelingen.

Von diesem Cyber-Hype sind die Ballungsräume in den Schwellenländern Lateinamerikas sowie Süd- und Ostasiens dem ersten Blick nach noch weit entfernt. Aber das Beispiel des südindischen Software-Zentrums Bangalore zeigt, wie schnell sich eine Millionenstadt in einem der ärmsten Länder der Welt dank globaler Vernetzung, gut ausgebildeter Arbeitskräfte und niedriger Löhne ein ordentliches Stück vom Kuchen abschneiden kann.

Ohnehin verläuft – und verlief – die Entwicklung von Riesenstädten nie gleichförmig. Selbst im superreichen Los Angeles repräsentieren heute ganze Stadtregionen nach der Sozial- und Einkommensstruktur ihrer Einwohner eher das wirtschaftliche Niveau von Schwellenländern. Umgekehrt zählen die rasch wachsenden Mittel- und Oberschichten in Mumbai und São Paulo mehr zur Ersten als zur Dritten Welt. Auch die Riesenstädte Chinas, allen voran Shanghai sowie die »Goldküste« mit Guangschou (früher Kanton) und Shenzen vor den Toren Hongkongs, bewegen sich eher in Richtung Erste als Dritte Welt.

Extrem gefährdet erscheint hingegen die Zukunft der Mega-Städte vor allem in Schwarzafrika. Aber selbst ein vermeintlich unregierbares Stadtmonster wie Lagos kann beachtliches Beharrungsvermögen und Eigendynamik entwickeln. Denn die meisten seiner Bewohner haben das, was Mega-Städter auszeichnet: Zugang zu überlebenswichtiger Information sowie das Know-how und den Willen, diese zum eigenen Fortkommen einzusetzen.

Cybercity oder Morbidopolis?

Szenarien über die Zukunft der Mega-Städte sind mithin so bunt wie ein Wiesenstrauß. Aus diesen Visionen lassen sich folgende Typen von Ballungsräumen destillieren, die sich – wie in der Wirklichkeit – vielfach überlappen können:

Apokalypsia. Metropole des Pessimistenreiches. Hier herrscht im 21. Jahrhundert die drangvolle Enge der Slums von Mumbai, gepaart mit der endemischen Kriminalität von São Paulo und Lagos. Die technische Infrastruktur der Stadt ist zusammengebrochen, der motorisierte Verkehr lärmt und stinkt, aber fließt kaum noch. Luft und Wasser sind hoffnungslos verdreckt. Hitzewellen, Wirbelstürme und Überschwemmungen als Folge des Treibhauseffektes fordern Jahr für Jahr mehr Opfer. In immer rascherer Folge auftretende Seuchen erdulden die Bewohner nicht etwa in fatalistischer Apathie wie die Menschen von Morbidopolis, sondern sie reagieren darauf mit Aufruhr und sinnloser Gewalt.

Grassierende Arbeitslosigkeit, himmelschreiende Unterschiede zwischen Arm und Reich, ungezügelte Zuwanderung aus fremden Kulturkreisen haben Mord und Totschlag alltäglich werden lassen. Es herrscht das Recht des Stärkeren, »Mad Max« und »Blade Runner« gelten als Kultfiguren. Jene, denen die Kraft und die Mittel zur Flucht fehlen, hoffen auf ein schnelles Ende, vorzugsweise durch einen Meteoritenvolltreffer wie im Hollywood-Film *Deep Impact*.

Boosterville. Es geht stetig aufwärts in dieser aus Merkantilia und Boomtown vereinigten Metropole der United States of Capitalia. Hier verwirklichen die Macher »Superprojekte«, mit denen die Umwelt verbessert, eine effektive wirtschaftliche Entwicklung gefördert, globale Verbindungen geschaffen und die Lebensqualität der emsigen, stets optimistischen Einwohner unentwegt verbessert werden. »Neue Bauplätze für neue Zeiten« lautet einer der Slogans der »Booster« (englisch für Antreiber, Reklamemacher), die sich schon im zwanzigsten Jahrhundert in Vereinigungen wie der »World Development Federation« (WDF) oder dem »International Development Research Council« (IDRC) zusammengeschlossen haben.

Hier fürchtet keiner die Grenzen des Wachstums. Im Gegenteil. »Dieses unkontrollierte Bevölkerungswachstum«, argumentierte der amerikanische WDF-Gründer McKinley Conway bereits 1997 bei einer Tagung in Euro-Disneyland bei Paris, »wird einen phantastischen Bedarf für Nahrung und Kleidung, Wohnungen und essentielle Versorgungsleistungen erzeugen.« Und da zugleich überall die Ansprüche steigen, »müssen wir intelligent und kreativ für mehr und größere Städte planen!« Hier werden keine virtuellen Gespinste in den Raum gestellt wie etwa in Cyber City, hier werden ganz konkret neue Flugplätze und Stadtzentren in Beton gegossen. »Neue globale Projekte«, freute sich Conway, »schießen überall auf der Welt aus dem Boden. Wir haben mehr als fünfzehnhundert Projekte gezählt, die Ausgaben in Höhe von einer Milliarde Dollar oder mehr umfassen.«

Khalid Abdullah Tariq Al-Mansour, arabo-amerikanischer Doktor der Jurisprudenz, Buchautor und Investmentbanker sowie Berater diverser afrikanischer, nahöstlicher und anderer asiatischer Staatsoberhäupter, bündelt in seiner Person den kalifornischen Optimismus und die asiatische Machermentalität von Boosterville. Seine 1997 in Euro-Disney vorgetragene Vision: Man nehme modernste Computer-, Telekommunikations- und Energietechnik, vermenge sie mit *Law & Order* und überlasse alles Weitere »visionären Planern, Wissenschaftlern und Ingenieuren sowie privatwirtschaftlichen Managern«, die man im Zweifelsfall aus Smart City oder Technotopia abwirbt. Denen sollte es – gesteuert von »Vernunft, Logik und Moral« – gelingen, die Fehlentwicklungen der heute real existierenden Weltstädte zu vermeiden, als da sind: »sozialer Zusammenbruch, zerfallende Infrastruktur, Obdachlosigkeit, Umweltverschmutzung, wirtschaftliche Ausbeutung, verantwortungslose Medien und hedonistische Exzesse«. So könnte das einundzwanzigste Jahrhundert »die zivilisatorische Entsprechung des Garten Eden« werden. Oder wenigstens Disneys World.

Cyber City. Die einzige, auch Virtu@li@ genannte Stadt ist naturgemäß auch die Hauptstadt von Interneti@ – auf das »ätt« gesprochene Symbol »@« legen die sich »User« oder »Netizens« nennenden Bürger großen Wert. Die einst selbständige Siedlung Telepolis ist längst eingemeindet. Glaubt man der Propaganda auf der Benutzeroberfläche des auch »Worldwidewebien« genannten Staates, so gibt es dort keine Dörfer, keine Bauern und keine Handwerker mehr. Alles Mechanische, Schwere, Körperliche ist überwunden.

Cyber City kann im Prinzip mit Lichtgeschwindigkeit wachsen, also schneller als jede andere Mega-Stadt. Denn hier müssen keine alten Wohnquartiere renoviert oder verrostete Industrieanlagen geschleift werden. Neue Netizens melden sich, typisch für die vorbildliche Selbstorgansiation Virtu@li@s, unaufgefordert per Mausklick im System an und tun dann das, was ihnen Spaß macht, was wiederum irgendwie auch den anderen nützt. Materielle Dinge sind, bis auf den unvermeidlichen PC mit Internet-Anschluß, offiziell verpönt. Bei vielen Netizens herrscht die Hoffnung, daß Forschern wie Hans Moravec von der Carnegie Mellon University im amerikanischen Pittsburgh bald das gelingt, was der gebürtige Österreicher in seinem Buch *Mind Children* (»Geisteskinder«) beschrieben hat: die Übertragung des menschlichen Geistes vom Gehirn auf einen unsterblichen Roboterkörper – oder, noch immaterieller, auf eine Festplatte.

Manche Netizens sind von ihrer sauberen Benutzeroberfläche derart geblendet, daß sie ihre neue Heimat schon als ein Ökopolis sehen. Dabei verdrängen sie, woher ihre Hardware, der Strom für die PCs, das Papier für die Drucker, der unentwegt genossene Kaffee sowie die gelegentlich verzehrte Pizza herkommen – das alles muß irgendwie von der verachteten Außenwelt, vorzugsweise aus Boosterville und Technotopia, nach Virtu@li@ transferiert werden. Und wie zu hören ist, gibt es auch in Cyber City schon ähnliche Probleme wie in materiellen Metropolen. So treiben sich alle mögliche Viren im Netz herum. Und schon haben sich ziemlich zweifelhafte Viertel gebildet, unter anderem der ausgedehnteste Rotlichtbezirk aller Metropolen überhaupt.

Morbidopolis. Armut, Seuchen und Apathie lassen diese strukturlos-häßliche Zusammenballung von einigen Millionen Menschen inmitten der schwül-heißen Tropen verrotten. Niemand der ungezählten Einwohner kann sich erinnern, warum die Stadt gegründet wurde, und keiner weiß, wer sie regiert. Anders als im benachbarten Apokalypsia regt sich keine Hand gegen das schreiende Elend und Unrecht. Nach dem wirtschaftlichen Kollaps ist die Ober- und Mittelschicht aus Morbidopolis geflohen. Dafür strömten Migranten aus der tiefsten Provinz, meist Analphabeten aus sklavenähnlichen Verhältnissen, in die ausgepowerte Metropole, schleppten gefährliche neue Seuchenerreger wie das Ebola-Virus mit ein. Die schon Ortsansässigen revanchierten sich mit dem Aids-Erreger-HIV, mit antibiotikaresistenten Tuberkulosebakterien und anderen krankheitserregenden Keimen.

Hilfe von außen ist nicht mehr zu erwarten. Nach dem großen

asiatischen Börsencrash vom Herbst 1997 stürzten allein fünfzig Millionen Indonesier – ein Viertel der Gesamtbevölkerung des Inselreichs – in die neue Armut. Mega-Städte wie Jakarta und Manila, die sich schon in der Liga der Weltstädte spielen sahen, implodierten zu gigantischen Slums. Und nach dem großen Börsencrash des Jahres 2001 liegt auch die Wirtschaft des einst reichen Nordens in Trümmern. In den Metropolen des ehemaligen Ostblocks haben Verfall und Armut ebenfalls ein Ausmaß angenommen, das dem Leiden von Morbidopolis und der Hölle von Apokalypsia nahe kommt.

Polycentria. Diese unüberschaubare Stadtlandschaft hat sich aus einem utopischen Flecken namens Wrightville – benannt nach dem US-Architekten Frank Lloyd Wright – rasend schnell entwickelt und dann unaufhaltsam aufstrebende Metropolen wie Los Angeles, São Paulo und die Rhein-Ruhr-Stadt geschluckt. Unentwegt werden neue Autobahnen gebaut und bestehende verbreitert. Parallel dazu verlegen Bautrupps neue Glasfaserkabel, errichten neue Satellitenempfangsanlagen. Denn Polycentria will nicht nur die alte World City übertreffen, sondern sich auch der Konkurrenz von Smart City und Cyber City erwehren.

Dazu müssen seine Bürger flexibel sein, müssen sowohl die Heimarbeit am Computer (»Telearbeit«) als auch zweimal in der Woche das Fernpendeln über hundertfünfzig Kilometer Stadtautobahn akzeptieren. Denn ihre Arbeitgeber, darunter viele global operierende Elektronik- oder Telekommunikationskonzerne, haben aus Kostengründen fest installierte Büroarbeitsplätze abgeschafft und damit auf einen Schlag zwei Drittel der teuren Büroflächen eingespart.

Wer seinen Job nach der großen, durch die Computerisierung beschleunigten Rationalisierungswelle der neunziger Jahre des 20. Jahrhunderts behalten hat, nimmt das bißchen Fahrerei im klimatisierten, abgasarmen *low emission vehicle* gern auf sich, ebenso den mit mindestens drei anderen Kollegen geteilten papierlosen Schreibtisch – den *share desk* – im Firmenhauptquartier. Aus den Internet-Nachrichten wissen die Pendler, daß zwischen ihrem Vorort und ihrem *share desk* Leute hausen, die inzwischen für Drittweltlöhne arbeiten und sich nur deshalb ein Dach über dem Kopf leisten können, weil sie sich gleichzeitig in zwei oder drei solcher Jobs abrackern. Diese wachsende soziale Kluft hat jedoch keine Folgen, da die Bewohner der ungezählten Zentren des Ballungsraums sich so gut wie nie begegnen. Sie fahren allenfalls auf der Autobahn anonym aneinander vorbei.

Smart City. In dieser Neugründung sollen die Vorteile von Boosterville, Technotopia und Cyber City gebündelt und deren Nachteile vermieden werden. Das Projekt der »flexibel, agil und global« auf die Herausforderungen des einundzwanzigsten Jahrhunderts reagierenden Metropole hat das International Development Research Council (IDRC) mit Hauptsitz in Atlanta in den späten neunziger Jahren des zwanzigsten Jahrhunderts aus der Taufe gehoben. Die Bürger von Smart City wenden Strategien an, die laut IDRC »global, wissensbasiert, hyper-konkurrierend und zunehmend auf digitalisierte Kommunikations- und Computertechnik angewiesen sind«.

Untersuchungen des Council hatten gezeigt, daß Unternehmen »ihre Arbeitsprozesse neu strukturieren und Arbeitnehmer auf nichttraditionelle Arbeitsplätze neu verteilen« – zum Beispiel in Satellitenbüros und in Form von Telearbeit. Dies ist vor allem in Polycentria geschehen und hatte dort »enorme Folgen« für die »traditionellen Vorstellungen von der Attraktivität von Innenstädten, Vororten und ländlichen Gebieten«. Smart City unterscheidet sich von solchem herkömmlichen Flickwerk, weil die Stadt unter anderem

- nicht fragmentiert, sondern umfassend und um eine lokale »Kernkompetenz« herum organisiert ist;
- nicht auf staatliche Initiativen wartet, sondern die enge Zusammenarbeit zwischen öffentlicher Hand und Privatwirtschaft fördert;
- nicht statisch auf Kostenreduktion fixiert ist, sondern dyna-

misch auf »marktwirtschaftlich angetriebene lokale und globale Trends« reagiert, unter anderem durch kontinuierliche Verbesserung (»kreative Dekonstruktion«).

Smart City entwickelte sich aus den einst fragmentierten, nun gemeinsam agierenden Gemeinden des kalifornischen Computerzentrums »Silicon Valley« südlich von San Francisco: Die dortigen »Wissensarbeiter« hatten von Anfang an eine hervorragende Verkehrs- und Telekommunikationsinfrastruktur, wählten politische Führungsteams mit grundlegendem Verständnis von neuen Arbeitsmodellen und Wirtschaftsformen und richteten ihr Management auf kontinuierlichen Wandel aus. Kein Wunder, daß Smart City wenig später San Francisco und dann auch Seattle eingemeindete.

Technotopia. Die Metropole der United States of Architects & Engineers (USAE) ist wie Manhattan aus Glas, Stahl und Beton sowie auf blankem Granit errichtet. Sie begnügt sich allerdings nicht damit, alle fünfzig Jahre einen Superwolkenkratzer à la Empire State Building oder World Trade Center zu errichten. Wie Boosterville oder Smart City setzt Technotopia auf leistungsfähige Verkehrswege, und es gibt Bestrebungen, die Telekommunikationsinfrastruktur von Cyber City zu kopieren. Anders als bei den Konkurrenten, die vom chaotisch-kreativen Eigennutz angeberischer Kaufleute und Makler, Computerspezialisten oder Internet-Freaks angetrieben werden, herrschen hier weiterhin die Architekten und Ingenieure. Sie zwingen der rasch wachsenden Stadt ihren planerischen Willen auf.

Technotopia gedeiht vor allem in zentralistischen Staaten wie China, aber auch in Frankreich. Die neuen Wolkenkratzerstädte im Reich der Mitte, etwa Shenzen direkt an der Grenze zu Hongkong und Pudong gegenüber von Shanghai am östlichen Ufer des Huangpu-Flusses, waren würdige Vorläufer von Technotopia. Sie wurden innerhalb weniger Jahre hochgezogen. In die stetig wachsenden Wohnquartiere Technotopias werden jährlich zehn Millionen chinesische Landflüchtlinge geschleust. Dank generalstabsmäßiger Planung errichteten die Pekinger Vorläufer der USAE schon Ende des zwanzigsten Jahrhunderts Stadtviertel, in denen nach einer Woche die Einwohnerzahl Saarbrückens, nach einem Monat diejenige Kölns und nach einem Jahr diejenige ganz Baden-Württembergs Platz fand. Das nationale Bauministerium in Peking legte Mitte der neunziger Jahre einen Plan auf, nach dem bis zum Jahr 2010 rund fünfhundert neue kompakte Städte mit je zweihunderttausend Einwohnern – das entspricht der Größe von Kassel – vom Reißbrett weg hochgezogen wurden.

Würde das Prinzip der Dutzende von Stockwerken hoch gestapelten Menschenwaben, die es in weiten Teilen Hongkongs schon seit Jahrzehnten gibt, weltweit angewandt, könnte der gesamte erwartete Zuwachs der Menschheit bis zum Jahr 2050 in dreihundertfünfzig kompakten Zehn-Millionen-Technotopias untergebracht werden. Vorausgesetzt, die Bewohner wären so diszipliniert und duldsam wie in Hongkong.

Telepolis. Wurde als modernes Utopia geplant, ist inzwischen von Cyber City eingemeindet.

Utopia. War stets mehr Wolkengebilde als Stadt, was jedoch so gut wie keine Folgen hatte, da mehrheitlich von Schwarmgeistern bevölkert. In seinen futuristischen Reinkarnationen lockt Utopia heute als Cyber City.

World City. Die gute alte Weltstadt hält sich prächtig im einundzwanzigsten Jahrhundert, jedenfalls besser, als es die Konkurrenten vor allem aus Polycentria, Smart City und Technotopia erwartet haben. Denn es stellte sich heraus, daß die vermeintlichen Nachteile in Wirklichkeit Vorteile sind: funktionierende Infrastruktur, hervorragende Bildungs- und Forschungsstätten, Kultur satt. Vor allem die gewachsene weltstädtische Bevölkerung erweist sich als lernwillig und wandlungsfähig. Sie ist aus den Krisen, die World City immer wieder durchlitten hat, gestärkt hervorgegangen. Die Welt-Stadt par excellence, New York, im Abstand von zehn Jahren immer wieder totgesagt, ist das beste Beispiel.

Der *human factor*, kombiniert mit einer stark ausgeprägten, die Bürger im Zweifelsfall einenden *city identity* (CI), lockt auch in den Zeiten des Cyberwahns die besten und hellsten Köpfe nach London und Paris, New York und Tokio. Deshalb bleiben die dortigen Finanz-, Medien- und Modezentren unangefochten.

Wo sonst finden *the best and the brightest* so schnell ihresgleichen? Wo sonst können sie sich in so vielfältiger und angenehm menschlicher Weise entspannen und vergnügen? Während sich die Einwohner von Polycentria bei ihrer endlosen Pendelei auf Stadtautobahnen bemühen, per Mobilfunktelefon im Gespräch zu bleiben, und während die Netizens von Cyber City beim *Chatten* einsam auf ihre Keyboards einhämmern, sitzen die Weltstädter nach einigen Schritten über die Straße oder nach einer kurzen Fahrt mit dem Taxi längst in einer gemütlichen Bar beim Drink oder in einem guten Restaurant beim exzellenten Menü. Das ist, um den New Yorker Booster Donald Trump zu zitieren, »the art of the deal«, die wahre, kultivierte Kunst des Geschäftemachens. Denn die Mega-Städte mögen wachsen, Verkehr und Telekommunikation explosiv zunehmen. Der Mensch jedoch, der bleibt der alte.

Tabelle 1

Die zehn am schnellsten wachsenden Mega-Städte

Quelle: Vereinte Nationen

	Stadt (Agglomeration, 1995)	Jährliches Wachstum in % (1990–95)	Einwohnerzahl 1995	/ 2010*
1.	Dhaka, Bangladesh	5,74	7,8	18,0
2.	Lagos, Nigeria	5,68	10,3	23,6
3.	Jakarta, Indonesien	4,35	11,5	21,8
4.	Karatschi, Pakistan	4,27	9,9	18,5
5.	Mumbai (Bombay), Indien	4,22	15,1	26,9
6.	Neu Delhi, Indien	3,80	9,9	17,4
7.	Istanbul, Türkei	3,67	7,8	13,4
8.	Manila, Philippinen	3,05	9,3	14,6
9.	Tientsin (Tianjin), China	2,88	10,7	16,2
10.	Lima, Peru	2,81	7,5	11,4

* *bei gleichbleibender Wachstumsrate*

Tabelle 2
Globale Landflucht
Quelle: Vereinte Nationen

	Städtische Bevölkerung in % der Gesamtbevölkerung			Zuwachs der städtischen Bevölkerung 1995–2025
Kontinent/Land	1975	1995	2025	in Millionen
Afrika	*25*	*34*	*54*	*554*
Ägypten	43	45	63	32
Nigeria	23	39	62	103
Südafrika	48	51	69	27
Asien	*25*	*35*	*55*	*1520*
China	17	30	55	462
Indien	21	27	45	379
Indonesien	19	35	61	97
Japan	76	78	85	6
Europa	*67*	*78*	*83*	*63*
Deutschland	81	87	92	0
Frankreich	73	73	82	8
Polen	55	65	78	8
Nord-/Mittelamerika	*57*	*68*	*79*	*176*
Mexiko	63	75	86	47
USA	74	76	85	81
Südamerika	*64*	*78*	*88*	*157*
Brasilien	61	78	89	78
Kolumbien	61	73	84	16
Ozeanien	*72*	*70*	*75*	*10*

»Ein Tanz auf dem Vulkan bleibt es immer«
Interview mit Cuauhtémoc Cárdenas am 8. 8. 1998

Gero von Boehm: Vor zwanzig Jahren schon hat man Ihrer Stadt den baldigen Kollaps vorausgesagt. Dabei ist sie sogar eher gestärkt aus jeder Katastrophe hervorgegangen. Warum?

Cuauhtémoc Cárdenas: Das hat mit den Menschen zu tun. Ihr Gemeinschaftssinn und ihr Stolz sind der Kitt in diesem manchmal brüchigen Gebäude. Um bei dieser Metapher zu bleiben: Das beste Beispiel dafür, wie man eine Apokalypse der Mega-Stadt verhindern kann, war das Verhalten der Bürger von Mexico City, als 1985 das große Erdbeben weite Teile der Stadt zerstörte. Damals waren Hunderttausende obdachlos, überall brannte es und gab es Rohrbrüche. Epidemien drohten. Und die Regierung war offensichtlich vollkommen überfordert. Da haben die Bürger einfach zur Selbsthilfe gegriffen, unter den Trümmern Eingeschlossene herausgeholt, den Schutt beseitigt, Suppenküchen für Obdachlose eingerichtet. So etwas wie Plünderungen ist beispielsweise kaum vorgekommen. Jeder einzelne unserer vielen Stadtteile organisierte sich selbst. Damals haben wir gelernt, daß man für eine gesamte Mega-Stadt mit über zwanzig Millionen Einwohnern nicht wirklich planen kann. Man kann höchstens die einzelnen Teile solcher Riesenorganismen beobachten, beeinflussen und ihre Selbstheilungskräfte stärken.

G. v. B.: Letzteres tun Sie nicht zuletzt mit harter Hand. Bei Ihrem Amtsantritt im Dezember 1997 haben sie gleich einen General des mexikanischen Militärs zum Polizeichef gemacht. Und die Einsätze der Polizisten haben seitdem durchaus einen entsprechenden Charakter.

C. C.: Das mag sein. Aber es ist auch notwendig zu zeigen, daß wir als Verantwortliche dieser Stadt präsent sind und ständig dafür sorgen, daß die Gesetze eingehalten werden. Wie wollen Sie einen Moloch sonst zähmen? Übrigens sind auch die Polizisten jeweils für einen bestimmten Stadtteil ausgebildet. Und dann haben wir so etwas wie spezialisierte Einsatzkommandos gegen illegalen Straßenhandel, der das gesamte Wirtschaftsgefüge der Stadt durcheinanderzubringen droht, eine Umweltpolizei und neue Sonderkommissionen gegen Korruption und Filz.

G. v. B.: Was tun Sie dagegen, daß Polizisten in ihrer Freizeit dem lukrativen Geschäft der Erpressung und Entführung nachgehen?

C. C.: Bei fast zwanzigtausend Polizeibeamten ist die Kontrolle natürlich schwierig. Da kommt es dann in der Tat manchmal zu grotesken Situationen. Aber seit wir solche Fälle entdeckt haben, verfolgen wir sie gnadenlos. Sie sind – zusammen mit der Korruption – die Achillesferse. Zum einen stacheln sie die Bürger zur Nachahmung an und untergraben die Autorität der Behörden, zum anderen spielen Dinge wie die Korruption, wenn sie sich erst einmal wie ein Krebsgeschwür verbreitet haben, in alle Lebensbereiche hinein. Um die fatal schlechte Atemluft in Mexico City zu verbessern, muß seit zwei Jahren jedes Auto einen Abgastest machen. Das Auto bekommt dann eine Plakette. Und natürlich wurden gefälschte Plaketten zu Tausenden verkauft. Die Leute mußten nicht mehr zum Abgastest, die Autos verpesten die Luft weiter. Jetzt wird eine fälschungssichere Plakette entwickelt.

G. v. B.: Aber Sie wollen das gigantische Umweltproblem von Mexico City nicht nur mit Abgastests lösen – angesichts der Tatsache, daß hier etwa sechstausend Menschen jedes Jahr an Atemwegserkrankungen sterben, die in einem Zusammenhang mit der verpesteten Luft stehen...

C. C.: Natürlich nicht. Aber bedenken Sie, daß wir es in Mexico City mit erschwerten Bedingungen zu tun haben. Fast alle Mega-Cities auf dem Planeten liegen am Meer. Die Luft ist also immer in Bewegung, was die Effekte der Umweltverschmutzung wenigstens etwas mindert. Mexico City dagegen liegt mitten im Land, und auch noch eingekesselt zwischen Bergen. Hier zieht nichts ab. Alle schädlichen Stoffe sind wie unter einer Glocke eingeschlossen...

G. v. B.: ...unter der ständig fünf Millionen Autos zirkulieren. Und im Jahr 2030 werden es zehn Millionen sein...

C. C.: Wir müssen verhindern, daß diese Entwicklung exponentiell so weitergeht. Und für alle Mega-Städte gilt eines: Wenn wir für das neue Jahrtausend nicht Mittel und Wege finden, um den Verkehr in den Griff zu bekommen, werden diese Riesengebilde ersticken. Es gibt den Plan, in einen Berg, der nahe an Mexico City liegt, einen riesigen Tunnel zu graben und die schlechte Luft wie mit einem Staubsauger einfach abzusaugen, frei nach dem Motto: »Aus der Nase, aus dem Sinn.« Aber ich setze mehr auf eine andere Verkehrspolitik.

G. v. B.: Zeigt nicht allein diese Diskussion, daß es gewisse Grenzen des Wachstums für die Mega-Städte gibt?

C. C.: Daran glaube ich nicht. Wie sollen wir die Entwicklung aufhalten? Im Umland von Mexico City etwa ist noch viel Platz. Irgendwann werden wir dann mit Auflagen die Neuankömmlinge dazu bringen, beispielsweise mit Landwirtschaft dazu beizutragen, daß nicht eine Stadtwüste entsteht, eine Monokultur aus Stein. Ich hatte gerade meine Bürgermeister-Kollegen aus Mega-Städten in allen lateinamerikanischen Ländern zu Gast. Sie sehen es genauso. Und im Prinzip gilt das für die Mega-Städte auf anderen Kontinenten auch: Wachstum ist Wachstum. Man kann es nicht stoppen. Oder wollen Sie Mauern um alle Mega-Cities bauen? Es kommt darauf an, von innen heraus das Wachstum in erträgliche Bahnen zu lenken. Ein Tanz auf dem Vulkan bleibt es immer. Aber auch wenn im Jahr 2020 zweiundvierzig Millionen Mexico City bevölkern, wird es irgendwie weitergehen – aller apokalyptischen Visionen zum Trotz.

Krieg der Viren

Wir schreiben das Jahr 2030. Man wird das vierte Jahrzehnt des neuen Millenniums »Dekade der Seuchen« nennen. Auf dem afrikanischen Kontinent sind bereits hundertfünfzig Millionen Menschen der Immunschwäche Aids zum Opfer gefallen. Der Erreger hat sein Gesicht so rasch verändert, daß es einen Impfstoff noch immer nicht gibt. Auch in den westlichen Industrieländern fordert das Aids-Virus nach wie vor seinen Tribut. Nach anfänglichen Therapieerfolgen war der Erreger resistent geworden. Das hatte schon im Jahr 2005 zu einer neuen Todeswelle geführt. Das weitere Vordringen der Menschen in den tropischen Regenwald und empfindliche Eingriffe in die Ökosphäre haben für Erreger aus jenen Regionen ganz neue Nischen geschaffen: Immer häufiger greifen sie jetzt den Menschen an. Die Natur schlägt zurück. Die Mega-Städte mit ihren zwanzig bis dreißig Millionen Einwohnern sind ein ideales Terrain für die neuen Killer. In São Paulo ist soeben eine Seuche ausgebrochen, die den gesamten Planeten in Angst und Schrecken versetzen wird.

Winzige Lebewesen, nur erkennbar, wenn man sie hunderttausendfach vergrößert, bringen das Weltbild der modernen Medizin total durcheinander: Jahrmillionen alte Viren und Bakterien. Man glaubte, diese Mikroorganismen ein für allemal besiegt zu haben. Jetzt schlagen sie wieder zu. Neue, unbekannte Viren, gegen die die Medizin machtlos ist, gehen auf »Weltreise«. Katastrophen bahnen sich an. Der Fortschritt der Medizin, der im neunzehnten Jahrhundert einsetzte, hat die Empfänglichkeit des Menschen für Infektionskrankheiten verschleiert. Charles Darwin hatte ihn als Krone der Schöpfung an die Spitze der Evolution gesetzt. Die Intelligenz des Menschen, seine kulturellen und technologischen Errungenschaften ließen einen Wettbewerb mit Pflanzen, Tieren oder gar unsichtbaren Kleinstlebewesen in seinem Weltbild als unmöglich erscheinen. In Wahrheit gibt es in der Evolution eine natürliche Konkurrenz zwischen Mikroorganismen und der Gattung Mensch. Und es ist keineswegs sicher, daß wir daraus immer als Sieger hervorgehen werden. In der Welt der Mikroben, von denen erst ein Bruchteil identifiziert ist (man rechnet mit etwa 0,4 Prozent), herrscht immer Krieg. Auf dem biochemischen Schlachtfeld sichern die einen ihr Überleben, indem sie für den Tod anderer sorgen. Viren dringen in Bakterien ein und funktionieren deren genetische Waffen ganz einfach für ihre Zwecke um.

Im Körper nimmt eine Armee aus vielen Milliarden Immunzellen in jeder Sekunde unseres Lebens den Kampf mit beiden auf. Angeheizt von Antigenen produziert sie in ihren unsichtbaren »Hochleistungsreaktoren« Antikörper, von denen jeder speziell auf die chemischen Merkmale eines ganz bestimmten Eindringlings zugeschnitten ist – manchmal bleibt diese unvorstellbar aufwendige Strategie leider erfolglos. Dann übernimmt der Feind. »Durch ihre bloße Zahl überwältigen uns die Mikroben. Sie entwickeln sich weitaus schneller als der Homo sapiens, passen sich Veränderungen ihrer Umgebung durch Mutation an, unterziehen sich in Höchstgeschwindigkeit einem natürlichen Selektionsprozeß oder rufen Plasmide und Transposone von der gewaltigen genetischen Leihbibliothek ihrer Umgebung ab«, schreibt die Immunforscherin Laurie Garrett in ihrem Buch *Die kommenden Plagen*. Die Vorteile, die Mikroben auf diesem Planeten ohnehin bereits haben, werden im neuen Jahrtausend exponentiell zunehmen. Schon heute muß den Viren, Bakterien und Parasiten die Erde mit ihren sechs Milliarden meist im Elend lebenden Vertretern der Spezies Homo sapiens wie ein Schlaraffenland vorkommen. Im Jahr 2025 werden nach Schätzungen der Vereinten Nationen neun Milliarden Menschen auf diesem Planeten leben, lieben und reisen. Unter diesen idealen Bedingungen finden die Mikroben nicht nur genügend Wirte, sie werden auch noch in Windeseile von einem Angriffspunkt zum anderen gebracht. Das globale Dorf bietet ihnen alle Chancen. Und weil die Mikroorganismen zu alledem noch »schlau« sind, nutzen sie diese Chancen unverzüglich und äußerst geschickt. Warum hat die Menschheit bis heute überlebt? Weil unser Immunsystem im Laufe der Zeit so hart trainiert wurde wie ein Leichtathlet für den Olympiazehnkampf. DNS-Spuren aus Retroviren finden sich heute im menschlichen Erbgut – Zeugnisse des immerwährenden und in der Regel erfolgreichen Kampfes. Unser Immunsystem entwickelte sich als Überlebensmechanismus im Kampf gegen immer neuer Erreger. Und auch heute lernt es von Generation zu Generation dazu, wahrscheinlich schneller als je zuvor. Es erkennt Legionen verschiedener Mikroorganismen und wehrt sie ab.

Gefahr für unser Fortbestehen

In den Jahrmillionen der Menschheitsgeschichte gab es immer wieder große Seuchen, hervorgerufen manchmal durch bekannte Erreger, die plötzlich wieder besonders aktiv wurden, oder bisweilen durch neue, die man vorher nicht kannte, die aber doch von der Evolution vorgesehen waren. Eine Welt des Lebendigen, in der das nicht so wäre, ist kaum vorstellbar. Wir haben das nur eine Weile vergessen oder verdrängt, weil es – vielleicht zufällig – lange keine wirklich großen Epidemien mehr gab. Aber jetzt wird ihr Entstehen durch unsere Zivilisation wieder begünstigt. Aids ist das beste Beispiel. Und die Krankheit wird nur das erste Kapitel in einer ganz neu zu schreibenden Geschichte der Medizin sein. Die Welt ist ein Dorf geworden, und fünfzig Millionen Menschen reisen jedes Jahr als ideale Vehikel für alle Arten von Mikroben auf dem Globus hin und her. Das hat für die Infektionskrankheiten ganz neue Möglichkeiten geschaffen. Keime, die bisher irgendwo auf der Welt isoliert ihr Dasein gefristet haben, können sich nun über die Erde verteilen. Auch hierfür ist Aids wieder ein gutes Beispiel. Der erste Typ des Aids-Erregers, HIV-1, hatte von Afrika aus seinen Siegeszug angetreten, nachdem er sich einen Weg vom Affen (wahrscheinlich der Grünen Meerkatze) zum Menschen gebahnt hatte. Inzwischen haben sich Subtypen in Indien, Japan und neuerdings auch in China ausgebreitet. Umgekehrt sind Erreger, die bisher nur in Japan und Südamerika auftauchten, längst nach Europa gelangt.

Die Mikroökologie der Viren und Bakterien ist dramatisch verändert worden, und sie können jetzt immer neue Nischen finden. Der Nobelpreisträger Joshua Lederberg, der schon 1992 in einem flammenden Appell vor neuen Erregern gewarnt hat, meint hierzu: »Unsere Selbstgefälligkeit vertraut der Gutartigkeit der Natur. Unsere Arroganz läßt uns glauben, wir seien vom natürlichen Wettbewerb ausgenommen. Aber die größte Bedrohung unserer Vorherrschaft geht, abgesehen von unseren eigenen Artgenossen, von den Kleinstlebewesen aus: den Viren, Bakterien und Parasiten. Sie sind eine permanente Gefahr für unser Fortbestehen.«

Und das um so mehr, als inzwischen der Massenansturm auf die letzten noch unberührten Lebensräume des Planeten begonnen hat. Die Regenwälder Südamerikas sind ein gutes Beispiel. Dort aber lauern in vielen Tierarten Viren und andere Krankheitskeime, die bisher noch gar nicht bekannt sind. Wenn sie auf den Menschen übergehen, dessen Immunsystem nichts mit ihnen anfangen kann, ist die Katastrophe da. Die breite Schneise in neues Territorium wird so zur Ausfallstraße für neue Krankheiten. Auf diese Weise werden nicht nur neue Krankheiten immer wieder für Überraschungen sorgen, sondern auch alte Erreger suchen sich neue, unerwartete Wege. Viele Faktoren begünstigen das. Das Verhalten der Menschen hat sich gewandelt. Landwirtschaftliche Produktionsweisen ändern sich, die Menschen dringen in immer neue Regionen vor, in denen früher niemand lebte. Sie verändern die Ökologie, sie kommen in Kontakt mit Insekten und Nagetieren, mit denen sie niemals Berührung hatten. Das alles ermöglicht die Übertragung neuer Viren. Ebenso kann es geschehen, daß Erreger ihre Eigenschaften verändern. Das ist typisch für Mikroorganismen – sie mutieren. Solche Veränderungen können dann dazu führen, daß Erreger die Artenbarriere überwinden und Menschen befallen.

Diktatur der Winzlinge

Neue Krankheiten fallen nicht vom Himmel, sie entschlüpfen nicht irgendeiner magischen Blackbox. Parasiten und Erreger gehören zur Natur. Sie sind sogar eine wichtige Voraussetzung für ihr Funktionieren – von den einfachsten Organismen bis zum Menschen. Immer wieder entstehen neue Krankheiten, andere verändern sich, manche verschwinden. Einige Krankheiten sind von Anbeginn unsere Begleiter gewesen. Schon zur Zeit der ersten Menschen hat es, wie man heute weiß, Pockenepidemien gegeben. Und Mikroorganismen müssen schon dagewesen sein, als der Mensch erschaffen wurde. Denn hätte Adam keine von Bakterien besiedelte Darmflora gehabt, hätte er Evas Apfel nicht verdauen können. Ausgerechnet Viren und Bakterien, die kleinsten aller Lebewesen, sind sträflich unterschätzt worden. Sie besitzen vielleicht keine Intelligenz, dafür aber eine fast unvorstellbare Anpassungsfähigkeit, die sie im Lauf der Evolution entwickelt und in ihrem Erbgut fixiert haben. Man kann manche Mikroorganismen beispielsweise bei hundert Grad vier Stunden lang kochen, ohne sie zu zerstören. Das weiß man von sogenannten Archeobakterien, kleinen biologischen Wunderwelten, die in vulkanischen Quellen und Geysiren gefunden wurden. Wenn die Temperatur heruntergeht, scheint es, als hätten sie eine belebende Sauna hinter sich, und sie vermehren sich dann erst recht. Gäbe es einen Atomkrieg, so würden bestimmte Mikroorganismen auch die entstehende massive Strahlung überleben. Die Winzlinge haben sich auch problemlos der modernen Technik angepaßt. Sie können an Fremdkörpern, die man den Menschen einpflanzt – etwa Herzschrittmachern oder künstlichen Venenklappen – Monate oder gar Jahre überleben, von Krankenhausutensilien ganz zu schweigen.

Es gibt praktisch keinen Zustand, an den sich Mikroorganismen nicht angepaßt hätten. Und dabei spielt die Familie der Viren eine ganz besonders fatale Rolle – auch deshalb, weil es bis heute kaum wirksame Medikamente gegen schwere Virusinfektionen gibt. Wenn ein Virus in den Körper eindringt, beginnt ein Wettlauf zwischen Leben und Tod, zwischen der Vermehrung der oft tödlichen Erreger und der Entwicklung von Antikörpern, die die Infektion abschwächen und sie schließlich auslöschen. Eine Impfung oder weiter zurückliegende Berührung mit dem Virus sorgt für eine ausreichend frühe Immunantwort. Der Preis ist allerdings ein verstärkter Selektionsdruck auf die Viren – antigene Varianten entstehen. Das Beispiel der Grippe macht das deutlich. Alle paar Jahre wird ein neuer Impfstoff gebraucht, um jeweils mit der aktuellen Epidemie fertig zu werden.

Viren entfalten ihr zerstörerisches Potential nicht nur im Blut und in den inneren Organen des Körpers. Sie können auch das Gehirn befallen und durchaus zu Verhaltensstörungen führen wie der BSE-Erreger, der zum Rinderwahnsinn führt. Er ist bisher offenbar nur in wenigen Fällen vom Tier auf den Menschen übertragen worden. Inzwischen ist aber ein neues Gespenst aufgetaucht: das sogenannte Borna-Virus, von dem manche Forscher annehmen, es löse Depressionen und Schizophrenie aus. Veterinärmedizinern ist der Erreger schon lange als Pferde- und Schlafkrankheit bekannt. Er läßt sich im Experiment auf eine ungewöhnlich große Zahl von Tierarten vom Huhn bis zum Menschenaffen übertragen. Das Virus vermehrt sich ausschließlich in Nervenzellen und breitet sich über deren Fortsätze im gesamten Gehirn aus. Die Krankheit, die auf einer lang anhaltenden Entzündung von Hirn und Rückenmark beruht, entsteht durch eine immunologische Reaktion, die durch das Virus ausgelöst wird. Einige Wochen – manchmal Monate – nach der Infektion verfallen die Tiere in Erregungszustände oder werden apathisch. Später kommt es vor allem bei Pferden zu einer allgemeinen Lähmung, die schließlich zum Tode führt. Offenbar existiert das Virus in zahlreichen Varianten, die in Versuchstieren bisweilen auch Fettsucht und Fruchtbarkeitsstörungen auslösen. Wenn das Virus eine so große Zahl von Tierarten – Menschenaffen eingeschlossen – befällt, ist der Sprung zum Menschen nicht weit. Professor Rudolf Rott von der Justus-Liebig-Universität in Gießen fand bei bis zu sieben Prozent der fünftausend psychiatrischen Patienten, die er untersuchte, das Borna-Virus im Blut. In anderen Studien betrug die Rate sogar bis zu vierzig Prozent. Obwohl normalerweise die Kontrollpersonen keine Anzeichen einer überstandenen Infektion zeigen, weisen gelegentlich auch Gesunde positive Antikörperreaktionen auf. Ob es tatsächlich einen direkten Zusammenhang zwischen der Borna-Infektion und schweren psychischen Leiden gibt, ist noch nicht bewiesen, kann aber keineswegs ausgeschlossen werden.

Für die Erforschung des Virenstoffwechsels hat Joshua Lederberg von der New Yorker Rockefeller University 1958 den Medizin-Nobelpreis bekommen. Warnend meint er heute: »Auf längere Sicht werden wir vielleicht wirksame Waffen gegen die Viren finden. Aber das wird noch eine ganze Weile dauern. Vielleicht Jahrhunderte. Bis dahin gilt dasselbe wie für Erdbeben: Wir können Häuser bauen, die erdbebensicher sind, und dann kommt doch ein noch größeres Erdbeben oder ein Hurrikan und zerstört sie. Das ist durchaus vergleichbar mit den Naturkatastrophen, die uns vielleicht durch winzige Lebewesen wie die Viren drohen.« Lederberg mag mit seinem eisgrauen Rauschebart und der monotonen Stimme wie ein Hohepriester der Apokalypse wirken. In Wahrheit ist er ein rationaler Mann und hat auch bei vielen anderen Themen bewiesen, daß er keineswegs zur Panikmache neigt.

»Können Viren theoretisch die ganze Menschheit zerstören?«, will ich wissen. »Diese Frage wird immer wieder gestellt, und sie ist auch sehr wichtig«, sagt Lederberg. »Denkbar wäre es schon, daß Viren uns vollkommen zerstören. Aber nur, wenn sie aus irgendeinem Grund Amok laufen. Denn eigentlich ist das in ihrer Evolution nicht vorgesehen. Jedes Virus hat ein Interesse daran, seinen Wirt am Leben zu erhalten. Denn wenn er stirbt, stirbt das Virus auch. Aus der Vergangenheit wissen wir, daß die größten Epidemien etwa jeden Zehnten das Leben gekostet haben. Ein begrenzter Angriff, wenn Sie so wollen – aber natürlich verheerend genug. Dennoch ist das erst der Anfang. Ich glaube auch nicht, daß Aids uns wachsamer gemacht hat. Nichts spricht dafür. Auf der ganzen Welt wird die Gefahr durch neue Viren auf sträfliche Weise verdrängt. Warum sollten sie, wenn es zum Kampf kommt, diesmal nicht als Sieger daraus hervorgehen?« Eine berechtigte Frage, zumal wir die potentiellen Feinde gar nicht kennen. Und selbst, wenn sie identifiziert sind, ist die Gefahr nicht annähernd gebannt. Denn Viren verändern ihr genetisches Gesicht auf ungeheuer geschickte und in der Natur durchaus einmalige Weise.

Virus X – Profil eines Killers

Joshua Lederberg, Sohn eines Rabbiners und unüberhörbar aufgewachsen im New Yorker Stadtteil Brooklyn, ist ein vorsichtiger Mann. Wenn er etwas haßt, dann Panikmache. Aber fragt man ihn, welche Art Erreger im Mittelpunkt eines Szenarios des schlimmsten Falles stehen könnte, zögert er nicht mit der Antwort. »Ein Virus. Denn das hat einfach alle Voraussetzungen, die ein Mikroorganismus braucht, um die Menschen ein für allemal von diesem Planeten zu vertreiben.«

Das sang- und klanglose Verschwinden von der Erde hätten

wir mit neunundneunzig Prozent aller Arten, die die Evolution jemals hervorbrachte, gemeinsam. Die durchschnittliche Überlebenszeit einer Art beträgt eine Million Jahre. Wie oft in der Erdgeschichte Viren oder andere Erreger der Grund für die Auslöschung einer Spezies waren, weiß niemand. Aber ein Beispiel aus der jüngeren Geschichte sind jene australischen Kaninchen, die im Laufe von weniger als hundert Jahren spurlos verschwanden – als Folge einer Infektion mit dem Myxoma-Virus. Dieser Vorgang wird heute von Virologen als klassisches Experiment der Natur und ihrer Protagonisten – einschließlich des Menschen – angesehen. Letzterer bewies damit nämlich, wie gefährlich eine von ihm hervorgerufene Veränderung der Umweltbedingungen tödlicher Viren sein kann.

Als Nahrungsquelle war im Jahr 1859 das Kaninchen nach Australien eingeführt worden. Natürliche Feinde gab es nicht, und die Tiere vermehrten sich explosionsartig. Sie zerstörten große Flächen Gras- und Weidelandes. Um der Plage Herr zu werden, führten die Australier 1950 das sogenannte Myxoma-Virus aus Brasilien ein, das für den Menschen ungefährlich ist und mit den brasilianischen Kaninchen in einer Symbiose lebte. So reduzierte es auf natürliche Weise immer wieder ihre Zahl, hatte aber nie zu einer Massenepidemie geführt. Das Myxoma-Virus wird nicht über die Luft weitergegeben, sondern durch Insektenstiche. Der »Virenverkehr« zwischen den beiden Arten begann langsam. Aber das Überträgerinsekt kam so häufig vor, daß die Ansteckung schließlich derart schnell vor sich ging, als funktioniere sie über Tröpfcheninfektion wie bei einer Erkältung. Nach einem heißen, feuchten Sommer, in dem die Insekten sich noch schneller vermehrten, explodierte die Epidemie endgültig. 99,8 Prozent aller Kaninchen im Südosten Australiens (einer Fläche, die etwa ganz Westeuropa entspricht) wurden angesteckt und starben. In seiner ungewohnten Umgebung, in der eine Symbiose nicht möglich war, hatte das Virus verrückt gespielt. Der Ansteckungsmodus hatte ein übriges zum fatalen Ausgang der Geschichte beigetragen. Die wenigen überlebenden Tiere bildeten eine Koevolution mit dem Virus und schließlich ging die Sterblichkeit im Lauf von sieben Jahren auf fünfundzwanzig Prozent zurück. Allmählich wurden die Kaninchen widerstandsfähiger und die Virusstämme weniger aggressiv.

Auch wenn der Vergleich hinken mag, weil die Ansteckung ganz anders abläuft und schon deshalb die Erkrankungsziffern viel geringer sind: Bei Aids ist ein ganz ähnlicher Mechanismus zu beobachten. Inzwischen gibt es nämlich Patienten, die die Infektion mit dem HIV 1-Virus überleben, und in ein paar hundert Jahren wird der Erreger vielleicht in einer ähnlichen Symbiose mit dem Menschen existieren wie heute schon mit Schimpansen und anderen Affenarten, für die eine Infektion mit HIV nicht tödlich ist.

Wie also müßte ein Virus beschaffen sein, um die Menschheit auslöschen zu können? Der britische Mediziner Frank Ryan hat sich darüber Gedanken gemacht und nennt in seinem Szenario den Todfeind unserer Spezies »Virus X«: »Zwei Schritte müßte Virus X unternehmen: Zunächst müßte es praktisch alle, die es infiziert, auch umbringen – bis auf vielleicht ganz wenige Menschen, die aber unsere Zivilisation allein ohnehin nicht aufrechterhalten könnten. Die zweite Voraussetzung sind ideale Verbreitungsbedingungen. Sprich: Virus X sollte mindestens so ansteckend sein wie ein Schnupfen. Das heißt, es muß über eine Tröpfcheninfektion weitergegeben werden können – durch Husten oder Niesen also.«

Was Ryan vorschwebt, ist also ein Erreger, der die Eigenschaften eines Grippevirus mit denen von HIV oder Ebola in sich vereint. Kehren wir zurück zu unserem Szenario am Anfang dieses Kapitels.

Es beginnt im brasilianischen Regenwald. Im Jahr 2029 war ein fünfköpfiges Forscherteam aus Frankreich aufgebrochen, um aussterbende Pflanzenarten zu suchen – aus deren Blättern sollten später im Labor identische Pflanzen geklont werden. Drei Wochen verbringen die Forscher in einem Zeltcamp. Hoch in den Baumkronen des völlig unberührten Dschungels installieren sie ein Gondelsystem, um auch an seltene Kletterpflanzen heranzukommen. Die Mission verläuft erfolgreich, und das Team kehrt mit einem kleinen Flugzeug nach São Paulo zurück, um von dort die Heimreise nach Frankreich anzutreten. Einer der Forscher fliegt über Miami, um an einem Institut Kollegen zu besuchen. Die fünf ahnen noch nicht, daß sie in ihrem Körper ein tödliches Virus beherbergen – die besonders aggressive Variante eines sogenannten Arbovirus (von der englischen Bezeichnung *arthropod-borne* – das Virus kommt bei Arthropoden, also Spinnen, Krebsen, Gliederfüßlern und Insekten, vor). Der Mensch ist in den entsprechenden Infektionsketten als Wirt nicht vorgesehen. Aber durch eine Mutation, die während seines Aufenthalts in einer Spinnenart stattgefunden hat, war das Virus in der Lage, die Einsamkeit der Baumkronen zu verlassen und einen tödlichen Siegeszug um den Globus anzutreten. Zwei der Forscher waren auf ihren Gondelfahrten von Spinnen gestochen worden. Trotz größter Vorsicht des Teams (alle waren in einem Spezialtraining des Institut Pasteur in Paris ausführlich instruiert worden) konnten eines Nachts Stechmücken in das Zelt eindringen und zwei weitere Forscher infizieren, nachdem sie zunächst die beiden schon Angesteckten gestochen hatten. Auch das fünfte Teammitglied blieb nicht verschont – obwohl es weder von einer Spinne noch von einem Insekt gestochen worden war.

Und hier beginnt es fatal zu werden. Denn das – für den Menschen – neue Arbovirus ist nicht nur über das Blut, sondern auch durch Tröpfcheninfektion übertragbar. Das alles wissen die fünf Todesboten nicht, als sie in Paris aus der Air-France-Maschine steigen. Erst vier Wochen später stellt sich bei einigen ein hartnäckiger, mit Schmerzen in der Brust einhergehender Husten ein, bei anderen nur ein Kratzen im Hals. In dieser Phase kämpft das Immunsystem noch mit dem Eindringling – aber es unterliegt gegen den unbekannten Erreger, der in der Spezies Mensch eigentlich gar nichts zu suchen hat. Das Virus kann sich ungestört über den Blutstrom ausbreiten und jetzt neben den Atemwegen auch andere Organe mit großer Gewalt angreifen. Es setzt sich in der Leber und im Rückenmark fest, vermehrt sich dort und schickt dann seine neuen Stämme zurück ins Blut.

Besonders konzentriert tritt es in der Lunge auf, verbreitet sich noch einmal mit aller Macht in den Atemwegen, gelangt so in die Außenwelt und erreicht den Höhepunkt seines Ansteckungspotentials, bevor es den Wirt schließlich umbringt. Was wie eine Grippe beginnt und sich als Lungenentzündung weiterentwickelt, endet schließlich qualvoll mit dem Tod durch Ersticken. Drei der ersten im brasilianischen Regenwald Infizierten starben nach vier Monaten, zwei nach etwa einem halben Jahr. Alle Versuche, sie durch Antibiotika und besonders starke chemische Medikamente zu retten, waren fehlgeschlagen. Aber damit nicht genug: LARV (Lethal Arbovirus), wie die Forscher den neuen unheimlichen Erreger taufen, hat sich inzwischen über den ganzen Globus verbreitet. Schon auf dem Flughafen in São Paulo waren zwei Menschen infiziert worden – der Beginn einer Epidemie in der 23-Millionen-Metropole, wo das Virus ideale Bedingungen für seine rasche Verbreitung vorfindet. Bevor erste Quarantänemaßnahmen greifen, sind ihr allein dort im Laufe eines Jahres bereits über zehn Millionen Menschen zum Opfer gefallen.

Die nächsten Infektionen waren auf dem Air-France-Flug São Paulo – Paris zu verzeichnen. Über die Klimaanlage gaben vier der Infizierten das Virus an insgesamt achtzehn von 224 Fluggästen weiter. Der fünfte hatte den neuen Erreger über Miami in die USA eingeschleppt. Trotz rigider Isolierungsmaßnahmen der Centers for Disease Control gelang es auch den Amerikanern nicht, die Epidemie unter Kontrolle zu bringen. Tausende von Forschern versuchen vergeblich, eine Gegenstrategie zu entwickeln. Nach einem Jahr sind in den USA bereits fünfzig Millionen Menschen von LARV dahingerafft worden, nach zwei Jahren hundertsechzig Millionen.

In Europa verläuft die Entwicklung in vergleichbarem Tempo. LARV hat das Leben auf dem gesamten Planeten verändert.

Ganze Mega-Städte sind zu gigantischen Ghettos für Infizierte geworden – streng bewacht von Militäreinheiten. Gesunde werden verpflichtet, Schutzanzüge zu tragen, und dürfen ihren Wohnort nur mit Sondergenehmigung verlassen. Interkontinentalreisen sind auf ein Minimum beschränkt, kommuniziert wird fast nur noch über das Internet – obwohl es ohnehin zu spät ist. Der Killer LARV hat die Welt fest im Griff. Für astronomische Summen werden Wohnungen in den wenigen virusfreien Zonen verkauft: auf einigen Karibikinseln und in der Antarktis. Erst nach knapp sechs Jahren wird das Tempo der Ausbreitung langsamer – Folge einer weiteren Mutation des Virus. Es scheint »verstanden« zu haben, daß es in eine Sackgasse läuft, wenn es eine Spezies auslöscht und damit seinen eigenen Wirt zerstört.

Aber das Gefühl der Apokalypse, das sich auf dem ganzen Planeten breitgemacht hat, läßt sich davon nicht mehr beeinflussen. Schon wird daran gedacht, eine neue menschliche Zivilisation auf einem anderen Planeten zu gründen. Die NASA entwickelt mit Hochdruck ein Massentransportmittel zum Mond.

Der Schwarze Tod

»Diese Schweinerei von einer Krankheit – sogar die, die sie nicht haben, tragen sie im Kopf«, schreibt Albert Camus in seinem 1947 erschienenen Werk *Die Pest.* Es gibt keine beklemmendere Darstellung der Folgen einer Seuche für das Zusammenleben der Menschen. Die Konfrontation mit der Pest, für Camus auch eine Metapher, »übersteigt das Maß des Menschlichen«. Und sie übersteigt den Horizont des Faßbaren: »Wie hätten sie an die Pest denken können, die der Zukunft, dem Reisen und dem Gedankenaustausch ein Ende macht?«

Die Geschichte des Schwarzen Todes scheint tief im Innern Asiens zu beginnen. Um 1340, so sagen heute die Archäologen, habe es in der Wüstensteppe Ostkasachstans ein Massensterben gegeben. Von dort hat die Pest sich nach Südrußland und China ausgebreitet. Sechs Jahre später werden zwei Pestausbrüche verzeichnet – ausgerechnet in Karawansereien an der Straße, die von europäischen Seidenhändlern frequentiert wurde. Das Unheil ging aber vor allem von der russischen Hafenstadt Kaffa aus. So wird in den Chroniken von der tragischen Odyssee jener zwölf Galeeren aus Genua berichtet, die mit Pestleichen beladen von Hafen zu Hafen irrten. In Messina wurden sie ebenso abgewiesen wie im Mutterhafen Genua. Schließlich dümpelten die Schiffe vor Marseille, und niemand traute sich in die Nähe der mit Seide und anderen Schätzen beladenen Schiffe. Dennoch gelangte der Schwarze Tod nach Marseille und bald darauf auch ins Hinterland. Nachdem man in Avignon gehört hatte, daß in Marseille die Menschen wie die Fliegen starben, wurden die Stadttore verschlossen, und kein Fremder kam mehr hinein. In den Dörfern am Rande der großen Handelsstraßen und entlang der Rhône war diese Strategie nicht möglich. Man konnte sich höchstens der Pestkranken entledigen, indem man sie in Ghettos weit draußen vor den Dörfern steckte. Noch heute sind zum Beispiel bei Cabrieres im Vaucluse, die »Pestmauern« zu sehen, die diese Lager umgaben. In der Provence wurden mehr als sechzig Prozent der Bevölkerung von der Pest ausgelöscht. Ähnliche Zahlen wurden bald darauf auch in Norditalien erreicht. Auch Spanien und England wurden nicht verschont. Zwischen 1347 und 1352 kostete die Seuche insgesamt mehr als zwanzig Millionen Menschen das Leben – mehr als ein Drittel der damaligen Bevölkerung des europäischen Kontinents. Immer wieder gab es Pestepidemien.

1665 brach die Krankheit in London aus. Der *Bericht vom Pest-Jahr* des Schriftstellers und Augenzeugen Daniel Defoe, Autor des Romans *Robinson Crusoe*, gehört zu den beeindruckendsten Zeugnissen aus jener Zeit. Er beschreibt die Angst und den Fatalismus, die Fluchtbewegungen, die Hilflosigkeit der Ärzte und das mißtrauische und manchmal panikartige Verhalten der Menschen untereinander – eine Gesellschaft verändert sich im gleichen Tempo, wie die Seuche sich ausbreitet. Sein Bericht, den er zunächst anonym veröffentlichte, endet mit den Worten:

> »Den grausigen Tod hat sie gebracht
> die Pest in London im Jahre fünfundsechzig;
> hunderttausend Seelen hat sie dahingerafft
> ich bin davongekommen lebendig.«

Zu Beginn des achtzehnten Jahrhunderts kam dann die Pest noch einmal nach Europa, wieder nach Marseille, eingeschleppt von einem Schiff, bei dessen Abfertigung die damals durchaus schon strengen Quarantänebestimmungen nicht beachtet worden waren. Das erneute Auftreten des Schwarzen Todes löste Großalarm in ganz Europa aus. Die seuchenpolizeilichen Maßnahmen wurden drastisch verschärft, und der Erreger traf jetzt auch auf größeren Widerstand durch eine inzwischen verbesserte Hygiene.

Jedenfalls gelang es, die Pest – im Vergleich mit vorangegangenen Attacken – ziemlich schnell zu bannen. Es kann aber auch sein, daß ein genetisch veränderter Erreger die kurze Epidemie ausgelöst hatte – die ist nie vollständig geklärt worden. Erst hundertfünfzig Jahre später konnte der Pesterreger überhaupt dingfest gemacht werden. Inzwischen waren noch einmal zwölf Millionen Menschen gestorben, als die Seuche sich in Südchina ausbreitete. 1894 erreichte sie Hongkong, jenen bis zum heutigen Tag immer wieder von Seuchen heimgesuchten Stadtdschungel.

Als Ende 1997 die Hühnergrippe in Hongkong aufkam und zu einer gefährlichen Epidemie zu werden drohte, wurden sofort Reminiszenzen an das Pestjahr 1894 wach, aber auch an den Ausbruch jener Pandemie, die selbst den Schwarzen Tod in den Schatten stellte: die Spanische Grippe, an der 1918/19 schätzungsweise dreißig Millionen Menschen starben. Der Erste Weltkrieg hatte fünfzehn Millionen Opfer in vier Jahren gefordert, die Grippe in nur sechs Monaten die doppelte Anzahl. Erstaunlich, daß dieses wohl schlimmste Ereignis, mit dem die Menschheit je konfrontiert war, nicht tiefer in das Bewußtsein unserer Vorfahren eingedrungen ist. Warum sind wir nicht alle mit überlieferten Geschichten aufgewachsen, in denen diese Katastrophe eine Rolle spielt? Warum wird sie in den Geschichtsbüchern nur beiläufig erwähnt, und warum gibt es keine Denkmäler für die Millionen Opfer und die Legionen von Ärzten, die sich um sie kümmerten? Nur selten ist Verdrängung so offensichtlich. Es mögen die Grauen des Ersten Weltkriegs gewesen sein, die alles andere in den Schatten stellten, weil sie noch sinnloser erschienen als der Krieg der Natur gegen den Menschen.

Die Grippe greift an

Das Grippevirus, das wahrscheinlich zu den ältesten Viren auf dem Planeten gehört, ist ein besonders gutes Beispiel dafür, auf welch trickreiche Weise Erreger in der Lage sind, sich andere Organismen, vom Insekt bis zum Säugetier, untertan zu machen. Sie finden immer wieder neue Wege, indem sie ihr Erbgut geschickt verändern – eine Camouflage, die sie für das Immunsystem von Tier und Mensch unkenntlich macht. Das natürliche Reservoir, in dem diese Influenzaviren schlummern, ist riesengroß. Wildenten und andere Wasservögel beherbergen die Erreger, ohne davon krank zu werden. Vierzehn bekannte Grippeviren gibt es – sie warten nur darauf, wieder angreifen zu können. Und manche rüsten sich vielleicht schon mit Mutationen für den Angriff auf die Spezies Mensch. Wie eine neue, große Epidemie sich entwickeln und welche Strategien man anwenden würde, um sie in den Griff zu bekommen, hat der Ausbruch der Hühnergrippe in Hongkong 1997 deutlich gemacht.

Als Wilina Lim, die resolute Chefvirologin des Hongkonger Gesundheitsamtes, am 20. Mai 1997 eine Blutprobe aus dem Queen Elizabeth Hospital im Stadtteil Kowloon bekam, ahnte sie noch nichts. Die Probe stammte von einem Dreijährigen, der an einer Lungenentzündung gestorben war – als Folge einer schweren Grippe mit typischem Verlauf. Frau Lim, deren Behörde Grippefälle mit Todesfolge routinemäßig untersucht und registriert, schickte das Blut zur Analyse ins Labor. Nach wenigen Stunden erfuhr sie, daß es sich um ein Grippevirus vom Typ A handelte – nichts Ungewöhnliches also. Aber als die Laboranten den Subtyp bestimmen wollten, versagten die Tests. »Da nahm ich die Sache selbst in die Hand und machte weitere Tests. Aber nichts geschah. Es schien sich um einen neuen, bisher unbekannten Subtyp zu handeln«, erzählt Wilina Lim. Sie nahm sofort Kontakt mit den Centers for Disease Control (CDC) in Atlanta auf, aber auch mit englischen und niederländischen Labors, die auf seltene Grippeviren spezialisiert sind. Zu diesem Zeitpunkt nahm die Virologin noch an, es handele sich um einen H3-Subtyp, der üblicherweise den Menschen befällt. Das Virus, so glaubte sie, habe allenfalls sein Gesicht verändert und sich damit dem Test entzogen, aber auch eine ungewöhnliche Aggressivität entwickelt.

Aber sie täuschte sich. Jan de Jong vom Niederländischen Institut für Gesundheit und Umwelt bestimmte den rätselhaften Erreger: Es war ein Subtyp des Influenza A-Stamms, H5N1, der eigentlich nur in Vögeln, vornehmlich in Hühnern, vorkommt. De Jong kam sofort nach Hongkong. Er glaubte, die von Frau Lim, den Experten in Atlanta und ihm selbst untersuchte Probe könne nicht von dem verstorbenen Patienten stammen. Es müsse sich um ein Laborartefakt handeln. Schließlich gäbe es in Hongkong an jeder Ecke Hühnerställe, und der Wind könne Viren über die ganze Stadt verteilen. »Dieser Subtyp aus einem Menschen? Niemals, dachte ich. Aber wir trauen eben der Natur noch immer zu wenig zu, vielleicht wird das einmal unser Verhängnis sein«, sagt de Jong heute. Dabei kann er sich keine Vorwürfe machen. Denn nachdem er sich vom einwandfreien Zustand des Labors von Wilina Lim überzeugt hatte, begannen er und das sogenannte »Ghostbuster«-Team der CDC mit der Detektivarbeit. Man stellte fest, daß der verstorbene Junge tatsächlich mit Hühnern in Berührung gekommen war. In seinem Kindergarten gab es ein kleines Gehege mit Hühnern, Gänsen und Enten für den Anschauungsunterricht. Aber warum hatte sich das durch diese Tiere aller Wahrscheinlichkeit nach übertragene Virus nur bei dem Dreijährigen so aggressiv entwickelt?

Von zweitausend Blutproben, die die Virusdetektive aus der Umgebung des Jungen entnommen hatten, wiesen nur neun das Virus auf. Aber keiner der H5N1-Positiven (darunter ein Freund des Jungen und sein Arzt) hatte jemals irgendwelche Krankheitssymptome aufgewiesen. »Genau das alarmierte uns enorm«, sagt Wilina Lim. »Was um alles in der Welt hatte das Virus in dem Jungen so aggressiv gemacht? Jetzt kam uns zum ersten Mal der Gedanke, daß sich der Tiererreger mit einem menschlichen Grippevirus auf irgendeine noch unbekannnte Art vereinigen und neue, verhängnisvolle Fähigkeiten entwickeln könnte.«

Frau Lim wagt es nicht auszusprechen, aber was sie meint, ist klar: ein Virus, das absolut tödlich ist, weil es aus einer Tierspezies stammt und das menschliche Immunsystem nichts mit ihm anfangen kann. Aber das Erbgut dieses Virus hat sich mit einer – in manchen Abschnitten ähnlichen – DNS aus einem ganz normalen Grippevirus vereint, das sich jeder von uns im Supermarkt oder in der U-Bahn einfangen kann (weil es durch Tröpfcheninfektion übertragen wird). Eine Doppelinfektion mit dem Tier- und dem Menschenvirus kann der Ausgangspunkt für einen neuen Erreger sein, der sich zum Beispiel im Körper des Dreijährigen gebildet haben könnte. Das würde die Stunde Null einer viralen Feuerwalze sein, die ohne Zweifel noch brutaler über den Planeten hinwegfegen würde als die Pandemie 1918. Dennoch trat erst einmal Ruhe ein in Hongkong. Keine neuen Fälle wurden festgestellt, nichts schien sich auszubreiten, alles deutete darauf hin, daß es sich bei dem bedauernswerten Jungen um einen – nicht in letzter Konsequenz erklärbaren – Einzelfall gehandelt hatte.

Man wolle aber wachsam bleiben, versicherten im August

1997 alle beteiligten Gesundheitsbeamten und Forscher. Die »Ghostbusters« kehrten nach Atlanta zurück, der niederländische Virologe de Jong ging bald ganz anderen Studien in seinem Amsterdamer Labor nach.

Im Dezember aber schlug Wilina Lim wieder Alarm. Jetzt mit dem richtigen Test ausgestattet, stellte sie bei immer mehr todkranken Patienten (sie starben ungewöhnlich schnell, weil alle Therapien versagten) den H5-Subtyp fest, und die Angst vor dem neuen Supervirus und seiner weltweiten Ausbreitung wuchs. »Das Virus schien noch aggressiver zu sein als der Erreger, der zu der Pandemie 1918 geführt hatte. Und stellen Sie sich das Tempo vor, in dem es heute um die Welt reisen und Land für Land in Windeseile verseuchen kann«, sagt Clarence J. Peters, der oberste Virusdetektiv der CDC. Als die Todesfälle in Hongkong sich häuften, brach gleichzeitig eine Grippeepidemie (Erreger: H5N1) auf mehreren Hühnerfarmen um Hongkong aus. Diese offensichtliche Infektionsquelle mußte beseitigt werden – um jeden Preis. Also wurde von den Behörden ein gigantisches Hühnermassaker beschlossen. Mehr als eine Million Tiere wurden getötet, um die Seuche einzudämmen. Das gelang auch tatsächlich – die Zahl der Ansteckungen ging zurück. Hatte sich das Virus von selbst »beruhigt«? Hatte es eine Symbiose, eine Koevolution mit dem Menschen gefunden und war jetzt »zufrieden«, weil es seinen mühsam eroberten Wirt nicht mehr umbringen mußte? Und schließlich: Wie hatte es tatsächlich den Sprung vom Huhn zum Menschen geschafft? Lauter offene Fragen. Nur eines ist sicher: Die Geschichte ist noch nicht zu Ende. Denn natürlich zirkuliert das Virus noch irgendwo im Stadtdschungel von Hongkong – vielleicht hält es sich längst in den Singvögeln im Park vor dem Rathaus versteckt, vielleicht in irgendeiner Klimaanlage, vielleicht in den Ratten, die die Katakomben unter den Märkten bevölkern. Niemand jedenfalls kann sich in Sicherheit wiegen. Die globale Seuchenpolizei hatte 1997 schnell und reibungslos funktioniert, aber einer ihrer Hauptprotagonisten, Clarence J. Peters, sagt es mit dankenswerter Offenheit: »Wir können nicht mit letzter Sicherheit garantieren, daß es eine neue große und zerstörerische Pandemie, mit welchem Erreger auch immer, *nicht* geben wird.« In dem von Peters geleiteten Sicherheitslabor wird mit dem Grippeerreger experimentiert – auch, um in dieser ziemlich aussichtslosen Lage einfach etwas zu unternehmen.

Die Ereignisse von Hongkong waren eine wichtige Lektion, aber die Natur ist voller Überraschungen. Sollte ein neuer Virusstamm auftreten, so wird ein dramatischer Wettlauf mit der Zeit beginnen. Das Ziel wäre, die Antigene des neuen Erregers in einen Impfstoff zu integrieren. Er müßte dann weltweit verteilt werden, und das möglichst schnell, um der Verbreitung des Erregers zuvorzukommen. Das ist ein gigantisches Unterfangen, denn etwa die Hälfte der Weltbevölkerung müßte geimpft werden. Allein in den USA und in Mitteleuropa wären mehr als eine halbe Milliarde Vakzine-Dosen zu verteilen. Und die pharmazeutische Industrie würde mindestens sechs Monate benötigen, um einen Impfstoff zu entwickeln. Schließlich wäre damit zu rechnen, daß das neue Grippevirus, wie harmlosere Vorläufer auch, vielleicht schon nach kurzer Zeit sein Gesicht verändern würde und wieder ein neuer Impfstoff entwickelt werden muß – wenn das überhaupt möglich ist.

Auch Erreger wie das Aidsvirus HIV, gegen das eine Impfung immer noch in weiter Ferne zu liegen scheint, mutieren ununterbrochen. Sie entwickeln sich weiter, sie »lernen« und passen sich an. Und genau das veranlaßt Joshua Lederberg zu einer erschreckenden Vision:

»Die weltweite Verbreitung des Aids-Virus hat zur Folge, daß es heute überall auf der Erde mehr davon gibt als je zuvor. Wie stehen die Chancen, daß das Virus den Trick lernt, sich durch die Luft zu übertragen? Die kurze Antwort darauf lautet: Niemand kann es sicher wissen. Diese Eigenschaft kann aber auch jedes andere Virus entwickeln. Möglich, daß die nächste Grippe- oder Windpockenepidemie zu einer ungeahnten Letalität mutiert. Wenn das HIV im Laufe der Zeit berechenbar bliebe, wäre das zunächst einmal beruhigend. Nur kann man sich die Menschheit – bei all den fatalen Eigenschaften dieses Erregers – nicht schlimmer bedroht vorstellen als mit einer durch die Luft übertragenen Variante des Aids-Virus. Kein Naturgesetz widerlegt diese Möglichkeit.«

Zeitbombe Aids

Auch wenn das Medieninteresse an Aids nachgelassen hat – die Krankheit ist weiter auf dem Vormarsch. Die neuesten Zahlen der Weltgesundheitsorganisation (WHO) sprechen eine deutliche Sprache: 2,3 Millionen Menschen starben 1997 an Aids, jeden Tag steckten sich 16 000 an – also etwa 5,8 Millionen im Jahr. Neunzig Prozent davon leben in Entwicklungsländern, vierzig Prozent sind Frauen, die das Virus auch an ihre Neugeborenen weitergeben, wenn sie schwanger werden. Über die Hälfte der Neuinfizierten sind zwischen fünfzehn und vierundzwanzig Jahre alt. Die meisten Infizierten in Afrika, Indien oder China wissen nicht, daß sie sich angesteckt haben. Ein besonders deprimierendes Beispiel für die Ausbreitung von Aids in Osteuropa ist die Ukraine. Hier nimmt die Zahl der Infizierten besonders schnell zu. Prostitution und harte Drogen sind an der Tagesordnung – ebenso wie Geschlechtskrankheiten. Syphilis und Gonorrhöe erhöhen die Gefahr einer Infektion mit HIV beim Geschlechtsverkehr enorm. Ein Teufelskreis hat begonnen – die desolaten Gesundheitssysteme in den Ländern der ehemaligen Sowjetunion werden die Epidemie nicht so schnell in den Griff bekommen. Weltweit leben zur Zeit mehr als dreißig Millionen Menschen mit dem Aids-Virus im Blut, im Jahr 2000 werden es schon vierzig Millionen sein – die Seuche galoppiert weiter. Die Geschwindigkeit ihrer Ausbreitung nimmt in den Industrieländern inzwischen dank verbesserter Therapiemöglichkeiten und wirksamerer Schutzmaßnahmen ab, in den Entwicklungsländern ist der Höhepunkt noch lange nicht erreicht. Und all das gilt nur für die bisher bekannten Formen des Aids-Erregers.

Auch für die Verbreitung anderer Erreger schafft Aids wichtige Voraussetzungen – zum Beispiel für die Tuberkulose. Hier komme ein massives Problem auf die Menschheit zu, meint die Virusforscherin Professorin Helga Rübsamen-Waigmann. »Man muß wissen, daß ein Drittel der Weltbevölkerung mit Tuberkulose infiziert ist. Die Immungesunden, bei denen das Immunsystem funktioniert, beherrschen das Bakterium zu fünfundneunzig Prozent. Aber in dem Moment, in dem eine Immunschwäche dazukommt, kann das Bakterium sehr schnell munter werden. Und deshalb schätzt die Weltgesundheitsorganisation, daß schon bis zum Jahr 2000 1,5 Millionen Menschen an Tb plus HIV sterben werden – mit der Tuberkulose als primärer Todesursache. Und ihre Zahl wird wachsen, weil ja auch die Verseuchung mit HIV weiter zunimmt«, vermutet die Forscherin. Hinzukommt freilich, daß es immer mehr resistente Stämme des Tuberkuloseerregers gibt – dann hilft kein Antibiotikum mehr. Die medizinische Nothilfeorganisation »Ärzte ohne Grenzen« schätzt, daß in den nächsten Jahren dreißig Millionen Menschen an Tuberkulose sterben werden. Und niemand kann verhindern, daß die resistenten Stämme sich über den ganzen Planeten verteilen.

Auch hier gilt: Schon im Flugzeug lauert Gefahr. Zwei schottische Geschäftsfrauen, die im Januar 1997 von Brüssel nach New York flogen, bekamen das am eigenen Leib zu spüren. Sie trauten ihren Ohren nicht, als sechs Monate nach der Reise die Fluggesellschaft anrief und ihnen zu verstehen gab, daß sie sich möglicherweise mit Tuberkulose infiziert hätten – beide fühlten sich vollkommen gesund. Aber es stellte sich schnell heraus, daß sie tatsächlich einen antibiotikaresistenten Tuberkuloseerreger in ihrem Blut hatten. Die Fluglinie hatte alle Passagiere kontaktiert, nachdem sie erfahren hatte, daß eine Tuberkulosekranke aus Liberia in dem Flugszeug saß – fünfzehn Reihen hinter den schottischen Damen. Wie konnten sie sich infiziert haben? Es gibt nur eine Antwort: über die Klimaanlage. Die beiden Geschäftsfrauen waren nicht die einzigen, die sich infiziert hatten. Die Fluglinie hatte in diesem Fall richtig gehandelt. Aber in der Regel wird kein Passagier, bevor er tatsächlich krank wird, erfahren, daß er sich im Flugzeug infiziert hat. Insgesamt wurden allein im letzten Jahr 179 Fälle bekannt. Es ist kein Geheimnis, daß Fluglinien die Frischluftzufuhr in die Kabine oft drastisch reduzieren, um Treibstoff zu sparen. Dr. John Spengler von der Harvard University, der sich eingehend mit diesem Thema beschäftigt hat, meint hierzu: »Einige Fluglinien bieten ihren Piloten für die Reduktion des Treibstoffverbrauchs Prämien an. Prompt wird die Frischluftzufuhr gedrosselt, die Erreger bleiben im System hängen, die Infektionsgefahr steigt immens.«

So können neue Epidemien entstehen – nicht nur für immungeschwächte Patienten eine tödliche Gefahr, eben weil die Therapie zunehmend schwierig wird. Die Behandlung schwerer Infektionskrankheiten hinkt der Bedrohung ständig nach.

Besonders dramatisch wird das jetzt – nach einer gewissen Euphorie in den letzten zwei Jahren – bei Aids sichtbar. Der sino-amerikanische Forscher David Ho vom Aaron Diamond Research Center in New York hatte die Parole ausgegeben: »Hit hard, hit early« – so hochdosiert und so früh wie möglich behandeln. Eine neue Kombinationstherapie aus potenten Substanzen führte tatsächlich bei vielen Patienten zum Erfolg. Die Zerstörung des Immunsystems konnte gestoppt werden, die Ärzte begannen von einer »allmählich beherrschbaren Krankheit« zu sprechen. Sie haben sich getäuscht! Nicht nur, weil außerhalb der westlichen Industrieländer die Infektionen so rasant zunahmen, sondern weil sich bei rund zwanzig Prozent der HIV-Patienten Resistenzen gegen die Medikamente entwickelt haben. Der Schweizer Aids-Experte Luc Perrin rechnet sogar damit, daß auf die Dauer die Hälfte der Patienten gegen die chemischen Bomben resistent wird und das Virus deshalb immer wieder Schlupflöcher findet. Es könnte sogar gestärkt aus dem Kampf hervorgehen. Und von den resistenten Erregern, die heute im Organismus der Aids-Patienten entstehen, könnte die Gefahr einer neuen Aids-Welle auch in den Industrieländern ausgehen.

Eine vage Hoffnung für die Zukunft bleibt bei Aids: Nicht jede Mutation oder Resistenz muß das Virus aggressiver machen. Vielleicht kann das menschliche Immunsystem mit HIV1 und HIV2, aber auch mit neuen Varianten im Lauf der Zeit besser umgehen – es gibt Beispiele anderer Infektionskrankheiten (Polio und Syphilis etwa), die zeigen, daß eine solche Entwicklung keineswegs ausgeschlossen ist. Dazu kämen dann – in zehn bis fünfzehn Jahren – weiter verbesserte Behandlungsmöglichkeiten und womöglich eine Entspannung der Lage durch die Einführung eines Impfstoffes, der wenigstens vor den Haupterregern schützen würde. Die meisten Virusforscher halten diese Sichtweise aber für zu optimistisch.

Das biologische Armageddon

Das lange verdrängte Horrorszenario einer durch menschengemachte Erreger ausgelösten Seuche, die auch Aids in den Schatten stellen würde, wurde jäh wieder ins Bewußtsein der Weltöffentlichkeit gerückt, als am 9. März 1998 das Magazin *New Yorker* mit aufsehenerregenden Recherchen des Autors Richard Preston erschien. Er hatte bei Nachforschungen für seinen Tatsachenroman *Cobra* Zugang zu bis dahin geheimen Informationen über die Gefahren von Biowaffen erhalten. Seine Kronzeugen sind ein Veteran des US-amerikanischen Biowaffenprogramms, Bill Patrick, und der Virologe Ken Alibek (früher Alibekow), der 1991 aus Rußland geflohen war. Dort hatte er das geheime Forschungsunternehmen »Biopreparat« geleitet, jene Forschungsproduktionsstätte für tödliche Erreger. Zweiunddreißigtausend Wissenschaftler sollen für ihn gearbeitet haben. Unter seiner Ägide entstand eine der gefährlichsten Biowaffen, das tödliche graue Puder *Alibekow-Anthrax*. Der Name geht auf die lateinische Bezeichnung *bazillus anthracis* zurück. Der Erreger führt zu Milzbrand, an dem die Opfer binnen weniger Stunden zugrunde gehen. Der extrem feine Anthraxstaub verteilt sich in der Luft. Die tödliche Wolke kann dann viele Kilometer weit mit dem Wind treiben – unsichtbar.

Nachdem viele Biologen aus Alibeks Institut aufgrund der Kürzungen der Rüstungsausgaben in der Sowjetunion entlassen wurden, hat sich das Wissen der Biologen inzwischen über die ganze Welt verteilt. Der Forscher selbst vermutet, daß der Irak, Syrien, Libyen, China, der Iran, vielleicht aber auch Israel und Indien heute über die Möglichkeit verfügen, diese und andere Biowaffen nach russischen »Rezepten« herzustellen. Dazu gehört auch eine besonders gefährliche Variante: das Marburg-Virus, das mit dem Ebola-Erreger eng verwandt ist. Alibeks Kollege, Dr. Nikolai Ustinov, hatte bei »Biopreparat« die Waffentauglichkeit des Marburg-Virus erforscht und sich, als er den Erreger in Guinea-Schweine spritzte, mit der Injektionsnadel gestochen – sein Todesurteil. Heroisch hielt der Wissenschaftler alle Einzelheiten seines Sterbens in einem Protokoll fest. Am vierten Tag nach der Infektion bekam er Kopfschmerzen, und seine Augäpfel verfärbten sich rot. In den folgenden Tagen spuckte er Blut und produzierte rotverfärbten Durchfall. Als man ihm Transfusionen gab, schied er das Blut sofort wieder aus – schließlich auch durch die Poren seiner Haut.

Nie zuvor hatten die Forscher bei Menschen, die sich mit dem Marburg-Virus infiziert hatten, solche Effekte gesehen – es schien sich um eine neue Variante zu handeln. Sie bekam die Bezeichnung »U« wie Ustinov. Jetzt zweifelten die Mitarbeiter des Labors nicht mehr daran, eine neue, die bisher grausamste biologische Waffe in der Hand zu haben. Sie trockneten den Erregerstamm und verwandelten ihn in extrem feinen Staub. Auch in dieser flüchtigen Form, so stellten sie im Test mit Affen fest, war der Erreger absolut tödlich. Im Herbst 1991, kurz bevor Boris Jelzin die Macht übernahm, war die Marburg-Variante U als strategisch-biologische Waffe fertig entwickelt. Sie konnte nun in großen Quantitäten produziert werden, und es wurde ein Plan entwickelt, wie man Mehrfachsprengköpfe gängiger Interkontinentalraketen mit Depots der Viren bestücken könne. Gekühlte Depots wurden entwickelt, die sicherstellen sollten, daß die tödliche Ladung die Hitze beim Wiedereintritt der Raketen in die Erdatmosphäre unbeschadet überleben würde. Mit Fallschirmen sollten die Sprengköpfe schließlich über Städten langsam heruntersinken und dabei größere Mengen des feinen Staubs aus der Marburg-Virusvariante U in der Atmosphäre verteilen. Binnen kürzester Zeit wäre alles Leben in ihrem Wirkungsbereich ausgelöscht.

Damit nicht genug: Offenbar sind in den sowjetischen Labors auch Chimären aus verschiedenen Erregern entwickelt worden. Das Ziel: ein Virus zu entwickeln, das in etwa die Eigenschaften von »Virus X« hätte: so tödlich wie Ebola und außerdem durch die Atemwege übertragbar. Ein solcher Erreger in der Hand von Bio-Terroristen, wie Robert Preston sie in seinem Roman *Cobra* beschreibt – nicht auszudenken! »Bio-Terrorismus könnte im neuen Jahrtausend zu unserem ständigen Begleiter werden«, sagt Joshua Lederberg. Er weiß, wovon er redet, denn er gehört zu einer Gruppe von Wissenschaftlern und Regierungsbeamten, die versuchen, einen ständigen Dialog zwischen amerikanischen und russischen Biowaffenforschern zu fördern – in der Hoffnung, daß auf diese Weise ein biologisches Armageddon verhindert werden kann. Aber auch Lederberg, dem wohl beschlagensten Experten auf diesem Gebiet, ist klar, daß es keine wirkliche Transparenz geben kann und daß Erreger wie Anthrax oder Ebola die idealen Voraussetzungen für einen Bio-Terrorismus bieten. »Viren sind besonders potente Waffen, weil man sie zwar in schier unendlicher Menge herstellen kann, es aber gegen ihre schlimmsten Formen keinen wirklichen Schutz gibt.« Für Ebola gilt das, wie das russische Beispiel zeigt, ganz besonders.

Wäre der Ober-Virusjäger Clarence J. Peters kein Optimist und hätte er nicht eine gewisse Affinität zum schwarzen Humor, hätte er den Dienst in der Abteilung »Spezielle Pathogene« der CDC in Atlanta wahrscheinlich schon längst quittiert. Denn nur so kann er sich ein psychisches Ventil für jene Angst schaffen, die jeden befallen muß, der bestimmte Szenarien zu Ende denkt. Vor seinem Büro hing bis vor kurzem ein makabres Foto – eine blutverschmierte, halb in Papier gewickelte Barbie-Puppe, mit einem Filzschreiber betitelt: »Ebola-Barbie«. Die Bezeichnung erinnert an das wohl gefährlichste Virus unter den bekannten Erregern – Ebola! Und weil vor einigen Wochen wieder ein neuer Verdachtsfall gemeldet wurde, hat Peters das Foto entfernt – selbst ihm war es in dieser Situation zu makaber. Denn vielleicht macht der Ebola-Erreger wieder mobil. So wie zuletzt im Juni 1997, als das afrikanische Land Gabun von einer Infektionswelle überrollt wurde. Peters mit seinem Virusjägerteam war sofort zur Stelle. Er stellte fest, daß es sich um einen Ebola-Erreger vom Typ »Zaire« handelte, der schon 1996 in Zentralafrika dreihundert Opfer gefordert hatte. Wer mit Blut oder Exkrementen von Kranken in Berührung kommt, steckt sich unweigerlich an. Aber da das Virus den neuen Wirt meist sehr schnell umbringt, hat der Erreger nie eine wirklich große Epidemie auslösen können – bisher. Denn sobald eine Mutante des Ebola-Zaire-Virus auch durch die Luft übertragbar wäre, könnte niemand mehr die Katastrophe aufhalten. »Selbst wir nicht«, sagt Peters.

1976 war der Erreger zum ersten Mal in Nzara, einer Stadt im südlichen Sudan, aufgetaucht. Die Infektion führte erst zu Fieber, dann zu Gelenkschmerzen, schon einige Tage später kamen Nierenversagen und innere Blutungen dazu, und schließlich trat der Tod ein. Nie zuvor hatte ein Virus so gewaltsam und schnell den Körper zerstört. Damals breitete sich die Seuche im Krankenhaus einer nahegelegenen Stadt aus. Dort starben nicht nur geschwächte Patienten, auch Krankenschwestern und Ärzte fielen der Seuche zum Opfer. Schon zwei Monate später brach das »Ebola-Fieber« siebenhundert Kilometer entfernt in der Nähe des Ebola-Flusses (daher hat das Virus seinen Namen) aus – es hatte ein weiteres Hospital erreicht. Dreizehn von siebzehn dort angestellten Ärzten und Pflegern starben, und wieder wurden Patienten von der Seuche erfaßt. Sie verbreiteten das Virus in mehr als fünfzig Dörfern. Eine Krankenschwester, schon schwer gezeichnet vom Ebola-Fieber, wurde zur Behandlung in die Hauptstadt Kinshasa gebracht. Armut und Überbevölkerung bestimmen dort das Bild. Weil es direkte Flugverbindungen nach Europa gibt, ließ die zairische Armee auf den Rat von Peters die gesamte Region, in der das Virus ausgebrochen war, absperren. Ein internationales Virologenteam wurde nach Kinshasa gebracht, um die Erreger an Ort und Stelle zu untersuchen. Denn noch immer war unklar, woher er eigentlich stammte.

Bis heute blieb die Suche ergebnislos. Sicher scheint nur, daß das Ebola-Virus ein natürliches Reservoir im Regenwald hat. Die Epidemie in Zaire war übrigens so plötzlich beendet, wie sie begonnen hatte – eben weil das Virus seinen Wirt so schnell umbringt, indem es sich in zahlreichen Organen und Gewebetypen explosionsartig vermehrt. Es greift Leberzellen ebenso an wie die Wände der Blutgefäße. Im Eiltempo vernichtet es dieses Gewebe, und die Virusmenge, die dabei entsteht, sprengt jede Vorstellungskraft. In der akuten Phase einer Erkrankung an Ebola-Fieber können wenige Tropfen Blut Milliarden von Viren enthalten. Schon nach neun bis zehn Tagen sterben die Patienten an unstillbaren inneren Blutungen. Die Organe versagen reihenweise. Noch bringt der Erreger alle Infizierten um, aber vielleicht gibt es längst Mutanten, die »gelernt« haben, dies nicht zu tun und länger vom Organismus ihrer Opfer zu profitieren. Niemand weiß, ob sich im tropischen Regenwald nicht längst solche Mutanten gebildet haben.

Die Biologin Claudia Eberhard-Metzger schreibt in ihrem

Buch *Die ungebrochene Macht der Seuchen*: »Anscheinend zirkuliert das Virus in freier Wildbahn zwischen kleinen Säugetieren und hochspezialisierten Insekten. Beide leben vorwiegend oder ausschließlich in Baumkronen. Die baumlebenden Kleinsäuger, so vermuten die Wissenschaftler, sind das eigentliche Reservoir des Virus, blutsaugende Insekten seine Vektoren. Trifft diese Hypothese zu, besteht für den Menschen nur eine geringe Infektionsgefahr. Vorausgesetzt, das Ebola-Virus wird in seiner ökologischen Nische nicht gestört. Erst wenn in den Lebensraum von Wirt und Vektor eingegriffen wird, etwa durch Brandrodungen des Regenwaldes oder Goldschürfen, kann der Erreger auf den Menschen überspringen.«

Die Tendenz, den tropischen Regenwald auszubeuten, könnte also durchaus zu neuen Epidemien beitragen. »Nature strikes back« (»Die Natur schlägt zurück«), sagt Peters lapidar. Der Leiter der »hot zone« der CDC ist Hüter jener Edelstahlcontainer, in denen die wenigen schon bekannten Todfeinde aufbewahrt werden, die bisher dingfest gemacht wurden. Ihre Namen entsprechen meist den exotischen Orten, an denen sie isoliert wurden: Sabia, Junin, Machupo, Lassa. Die »hot zone« ist gegen Erdbeben und Tornados mehrfach gesichert. Hier wird auch die Reaktion des Immunsystems auf diese Erreger systematisch erforscht – in Tierexperimenten. »Natürlich ist das immer eine Gefahr. Die Viren vermehren sich in den Tieren genauso schnell wie im Menschen. Man erzeugt im Labor eine Epidemie«, erläutert Peters. Und tatsächlich leben die Forscher, die dort nur in hellblauen Raumanzügen arbeiten dürfen, trotz aller Sicherheitsmaßnahmen gefährlich. Wer gebissen wird oder sich aus Versehen mit der Infusionsnadel sticht, sieht dem Tod ins Auge.

Aber nicht nur in den Labors ihrer »hot zone« und in entlegenen afrikanischen Dörfern sind die CDC-Forscher direkt mit den Killern konfrontiert. Im Südwesten der USA starb im Mai 1993 ein zuvor kerngesundes junges Paar innerhalb weniger Tage an Lungenversagen. Heftige Fieberanfälle waren vorausgegangen, Muskelschmerzen, starker Husten und Symptome einer

Lungenentzündung. Auch in den angrenzenden Bundesstaaten Colorado und Nevada waren vierundzwanzig Menschen erkrankt, elf davon tödlich. Niemand wußte, woran sie gestorben waren. Es wurde nach Pestbakterien und anderen Erregern gefahndet – ohne Ergebnis. An den CDC fanden C. J. Peters und sein Team Hanta-Viren in Blutproben der Erkrankten. Diese Erreger waren zum ersten Mal während des Koreakrieges Anfang der fünfziger Jahre aufgetaucht. Mehr als zweitausend Soldaten der Vereinten Nationen erkrankten damals an hohem Fieber, bekamen Nierenschäden und innere Blutungen. Das »Koreafieber« ging auf eine Übertragung durch Mäuse zurück und wurde nach dem Grenzfluß zwischen Nord- und Südkorea »Hanta« benannt. CDC-Forscher fanden nun eine neue Variante dieses Erregers und nannten ihn »sin nombre« (spanisch: »ohne Namen«).

Bald entdeckte man, daß in New Mexico Hirschmäuse mit diesem Virus infiziert sind. Längst haben sie sich mit dem Erreger arrangiert, eine sogenannte Koevolution hat stattgefunden. Aber wenn er auf Menschen übergeht, wird er zum Killer. Im Frühjahr 1998 stellte der Biologe Terry Yates, der eng mit den CDC zusammenarbeitet, fest, daß sich die Mäuse inzwischen um den Faktor zehn vermehrt haben. Schuld daran ist das Klimaphänomen »El Niño«, das seit gut einem Jahr für die Aufheizung der Wassermassen in der Äquatorzone des östlichen Pazifik sorgt und das Klima in weiten Teilen des Planeten durcheinanderbringt. Auf Satellitenbildern läßt sich erkennen, wie warme Wassermassen keilförmig von Südamerika aus in den Pazifik ragen. Das hat zu schweren Regenfällen geführt, die wiederum das Wachstum vieler Pflanzen im Südwesten der USA, vor allem in New Mexico, enorm beschleunigten. Die Hirschmäuse finden mehr Nahrung denn je, und entsprechend vermehren sie sich. »Es gibt eine direkte Korrelation zwischen der Anzahl dieser Nagetiere und der der Menschen, die sich infizieren«, sagt Terry Yates.

In der Hälfte aller Fälle geht die Infektion mit dem Hanta-

Virus tödlich aus. Die Strategie, die Symptome der Infektion mit starken Chemotherapeutika und Antiobiotika zu behandeln, versagt. Schon hat Terry Yates, der am liebsten in der »freien Wildbahn« arbeitet, im Hochland von New Mexico ganz neue Formen des Erregers ausgemacht. Sie alle haben eine Koevolution mit ihrem Wirt hinter sich. Virus und Nagetier entwickeln sich als perfektes Tandem. Veränderungen im Erbgut des einen haben eine Anpassung im Genom seines »Partners« zur Folge. Erst wenn die Artengrenze übersprungen wird, kommt das Gewaltpotential des Virus voll zur Geltung. Und die Wahrscheinlichkeit einer Epidemie steigt, wie die Folgen von El Niño zeigen, durch klimatische Einflüsse immens. Das gilt nicht nur für das Hanta-Virus, das Terry Yates als einen »Killer mit Zukunft« bezeichnet. Regenfälle im Osten Afrikas, um den Faktor hundert über der Norm, haben zu einer enormen Vermehrung jener Moskitos geführt, die das gefährliche Rift-Valley-Fieber übertragen.

Seuchenwarnung aus dem All

Auch die Cholera ist wieder auf dem Vormarsch, aber auch Malaria und Borreliose fordern mehr Opfer denn je, seit Insekten, die die Erreger übertragen, derart ideale Bedingungen vorfinden. Das Ausbrechen von Seuchen auf diesem Weg läßt sich kaum verhindern. Aber vielleicht lassen sich Epidemien in Zukunft genauer voraussagen, so daß sich die Medizin besser darauf einstellen kann. So wäre es etwa denkbar, von einem dichten Satellitennetz aus den Lebensraum Krankheiten übertragender Insekten besser zu erfassen. Satellitendaten geben beispielsweise Auskunft über die Vegetationsdichte einer bestimmten Region. Daraus können erfahrene Biologen und Seuchenforscher dann Rückschlüsse auf das Vermehrungspotential der Überträgerinsekten ziehen. Immerhin lassen sich die Oberflächentemperatur der Erde und die Intensität der Vegetation mit erstaunlicher Genauigkeit von Satelliten aus bestimmen. Für den mexikanischen Bundesstaat Chiapas etwa konnte ein Satellit sechzehn verschiedene Habitate von Anophelesmükken, den Überträgern der Malariaparasiten, ausmachen. Damit weiß man auch genau, wo das Versprühen von Insektiziden sinnvoll ist.

Ein anderes Beispiel: Auch das Verbreitungsgebiet von den Überträgern, die im Wasser leben, läßt sich erfassen. Im Nildelta, wo die von Süßwasserschnecken übertragene Bilharziose besonders häufig ist, korrelierte die Zahl der Erkrankungen mit der per Satellit gemessenen Tag-Nacht-Temperaturdifferenz an der Erdoberfläche: Je geringer die mittlere jährliche Differenz zwischen maximaler Tagestemperatur und minimaler Nachttemperatur war, um so mehr stieg die Zahl der Bilharzioseerkrankungen an.

Jetzt können die Epidemiologen auch zeitliche Voraussagen machen – allen voran Simon Hay von der Oxford University. »Erst wenn das möglich ist«, sagt er, »ist die Satellitenüberwachung sinnvoll.« Hay und sein Team kombinieren Daten über die Temperatur der Erdoberfläche, die Niederschlagsmengen und den sogenannten Vegetationsindex. Am Beispiel ausgewählter Orte in Kenia konnten sie zeigen, daß die Meßwerte exakt zur jährlich zu konstatierenden Zunahme bzw. dem Rückgang von Malariaerkrankungen paßten. Und weil der Anstieg der physikalischen Meßwerte der Steigerung der Malariahäufigkeit um einige Wochen vorausging, lassen sich mit den Satellitendaten Malariawellen prognostizieren. Wenn es Satellitenmessungen für alle tropischen und subtropischen Länder gäbe, könnten die knappen Ressourcen viel effizienter eingesetzt werden. Sprühaktionen gegen krankheitsübertragende Insekten würden in Abstimmung mit den entsprechenden Satellitendaten durchgeführt, und Ärzte in abgelegenen Hospitälern wüßten einige Wochen im voraus, wann mit der nächsten Malariawelle zu rechnen ist. Sie könnten sich so mit den entsprechenden Medikamenten eindecken. Zumindest einige Seuchen würden damit im neuen Jahrtausend den Schrecken des Unberechenbaren verlieren. Manche Forscher entwickeln sogar die Vision vom Satelliten, der vom All aus Flugmaschinen steuert, die ganz gezielt Insektizide versprühen.

Das aber ist ein schwacher Trost. Denn wie das Lebendige – Mikroorganismen eingeschlossen – sich verhält, ist kaum vorauszusagen – und genau diese Eigenschaft ist sogar genetisch festgelegt. Denn sie ist Teil der »Strategie« der Viren und eine Voraussetzung für ihr Überleben. Im neuen Jahrtausend werden wir mit heute noch völlig unbekannten Erregern konfrontiert werden. Mit äußerst potenten Gegnern und ihren Vernichtungswaffen! Und wir schaffen auch noch die ideale Angriffsfläche – wie etwa die immer mehr wuchernden Mega-Cities: zwölf, achtzehn, fünfundzwanzig Millionen Menschen, unter teilweise verheerenden hygienischen Bedingungen zusammengepfercht. Eine in Mexico City, São Paulo oder Bombay ausbrechende Seuche würde einen ungeheuren Schub erhalten. Ein erbarmungsloser Kampf um Leben und Tod würde beginnen und dann seinen Lauf nehmen. Wer als Sieger daraus hervorginge, bleibt offen. Aber wer zur Zeit die besseren Karten hätte, ist klar.

Die Natur schlägt zurück
Interview mit Clarence J. Peters am 2. 7. 1998

Gero von Boehm: Haben wir nicht viel zu lange angenommen, wir lebten in einer Welt, in der wir die Natur überlisten und schließlich besiegen könnten?

Clarence J. Peters: Ja, und wir haben geglaubt, alles sei stabil, wenn wir es einmal im Griff haben. Wir könnten der Evolution eine uns genehme Richtung geben. Die Infektionskrankheiten sind das beste Beispiel dafür. Wir haben Techniken entwickelt, um sie zu bekämpfen und unser Überleben zu sichern. Darüber haben wir völlig vergessen, daß die Natur sich ja auch weiterentwickelt. Wir haben sie schlicht und einfach unterschätzt und die Augen vor ihrer Kraft und Gewalt verschlossen, gegen die auf die Dauer nicht anzukommen ist...

G. v. B.: ...wobei wir manchmal dieser Gewalt sogar noch die Tür öffnen. Viren und Bakterien bieten wir ja ideale Nischen.

C. J. P.: Zum einen tut das sogar die Medizin selbst – mit Methoden, die das Immunsystem schwächen, aber etwa auch mit dem Mißbrauch von Antibiotika. Ich halte es im wahrsten Sinne des Wortes für eine Todsünde, wie inflationär diese Mittel eingesetzt werden. Und ich sage für das neue Jahrtausend große Epidemien voraus, die allein auf diesen Umstand zurückzuführen sein werden. Aber es geht auch um ökologische Veränderungen, die das Spiel für neue und alte Erreger immer einfacher machen. Ganz zu schweigen von den Reisen, mit denen wir ihnen die schnellste nur denkbare Verbreitung über den gesamten Globus sichern. Das alles kommt einer bestimmten Fähigkeit der Viren zugute, die sich im Laufe der Evolution entwickelt hat, nämlich ihrer enormen Anpassungsfähigkeit.

G. v. B.: Wird sich all das nicht in der Zukunft noch weiter beschleunigen?

C. J. P.: Natürlich. Das können wir sogar relativ genau voraussagen. Die Zahl der Staudämme, die die Bewegung von Frischwasser stören, wächst ebenso exponentiell wie die Weltbevölkerung oder die Geschwindigkeit, mit der wir uns um den Globus bewegen können. Alles Faktoren, die für das Entstehen und die Verbreitung neuer Erreger sorgen. Wir leben in einer Art »exponentiellem Zeitalter«. Und es könnte leicht auch zu einem Zeitalter der neuen Seuchen werden. Fünfzig Prozent der gesamten Oberfläche unseres Planeten sind schon in irgendeiner Form durch den Menschen verändert worden, wie man auf Satellitenbildern leicht erkennen kann. Die Lage wird für uns immer prekärer.

G. v. B.: Welche Rolle spielt die Tatsache, daß wir immer mehr Nahrungsmittel zu uns nehmen, die genetisch uniform sind? Bieten sie nicht auch eine Angriffsfläche für Viren und andere Erreger, die dann mit der Nahrung in den Körper gelangen könnten?

C. J. P.: Diese Gefahr sehe ich in der Zukunft auch auf uns zukommen. Die künstlich erzeugte genetische Gleichförmigkeit finden wir bei Tieren, vor allem Rindern, bei Gemüse und Getreide und auch in Fischkulturen. Ich vermute, daß der BSE-Erreger zuschlagen konnte, weil er im Erbgut der Rinder ein leichtes Spiel hatte und ihm so auch der Weg zum Menschen offenstand. Es gibt aber auch bereits mit bisher unbekannten

Viren infizierte Getreidesorten, die man genetisch manipuliert hat, um einen besseren Ertrag zu erzielen. In den USA und in Afrika sehen wir jetzt die ersten Probleme und warten nur darauf, daß solche Erreger auch den Menschen angreifen. Die Hoffnung ist, wiederum mit Genmanipulation solche Dinge in den Griff zu bekommen. Ob das aber möglich ist, weiß niemand. Und auch nicht, was man dann wieder mit solchen Basteleien anrichtet. Sicher ist nur, daß sich hier eine neue Achillesferse bildet, die die Erreger über kurz oder lang nutzen werden.

G. v. B.: Das heißt: Man könnte die Viren fast als intelligent bezeichnen, weil sie schnell erkennen, was sie zu tun haben.

C. J. P.: Sie sind nur in einer bestimmten Hinsicht intelligent. Nehmen Sie das Schachmatch zwischen »Big Blue« und Kasparow. Beide Seiten operierten mit ganz unterschiedlichen Ansätzen. Kasparow gab sein Bestes, indem er auf äußerst intelligente Weise seine strategischen Erfahrungen einbrachte. Die Maschine dagegen errechnete nur alle denkbaren Möglichkeiten – sie handelte nicht schlau und nicht im eigentlichen Sinne intelligent. Durch enorme Rechengeschwindigkeit fand sie die richtigen Kombinationen heraus. Auch Viren arbeiten so. Durch ihre Fähigkeit zu mutieren können sie sich an jede Situation anpassen – nicht unendlich. Aber je mehr Kontakte sie haben, je mehr neue Situationen sie vorfinden, desto erfolgreicher werden sie schließlich. Letztlich sind das alles biochemische Rechenoperationen, die sie ununterbrochen ausführen.

G. v. B.: Ein Beispiel für eine neue Situation wäre das Überqueren der Artengrenze …

C. J. P.: … was auch immer wieder geschehen ist und in der Zukunft noch häufiger geschehen wird. Wir sind heute ziemlich sicher, daß die Masern ursprünglich nur im Tierreich verbreitet waren und vor etwa fünftausend Jahren auf den Menschen übergegangen sind. Und in unserer Zeit war es der HIV-Erreger, der die Artengrenze überquert hat – sogar mehr als einmal. Ich bin sicher, daß dieser Prozeß mehrmals stattgefunden hat. Und im tropischen Regenwald lauert ein großes Reservoir an Erregern, die nach solchen Gelegenheiten suchen. Eine unvorstellbare Vielfalt an Viren wartet, bis sie dort »abgeholt« wird. Aids wird, auch in seiner ganzen Tragweite, vermutlich kein Einzelfall bleiben. Es liegt mir wirklich nicht, Kassandra zu spielen. Aber jede andere, optimistischere Aussage würde meiner tiefen Überzeugung widersprechen. Ich fürchte nur, das alles wird die Menschen nicht davon abhalten, ökologische Systeme zu verändern und beispielsweise immer weiter in den Regenwald vorzudringen und dort Schaden anzurichten – wohlwissend, daß die Natur immer wieder zurückschlägt, ebenso subtil wie grausam.

G. v. B.: Welche Epidemien sagen Sie also für die nächsten Jahrzehnte voraus?

C. J. P.: Es wird sicher einige große Grippewellen geben. Die Viren werden nicht lockerlassen und so lange mutieren, bis sie den entscheidenden Schritt schaffen. Und wiederum wird es ein Schritt vom Tier zum Menschen sein. Die Ereignisse in Hongkong Ende 1997 waren schon ein Vorgeschmack darauf. Zum Glück war das tödliche Grippevirus, das aus Hühnern stammte, nicht besonders ansteckend. Aber beim nächsten Mal, nach ein paar weiteren Mutationen, kann das schon anders aussehen. Und ob es uns gelingen wird, schnell genug einen Impfstoff zu entwickeln und so eine weltweite Epidemie zu verhindern, steht in den Sternen. Von den Viren einmal abgesehen: Wir haben die einst todsichere Waffe gegen Bakterien, die Antibiotika, auf abenteuerliche Weise mißbraucht, indem wir sie bei banalen Infektionen einsetzten und gegen Viren, bei denen sie wirkungslos sind. Die Quittung ist jetzt da: Resistenzen. Die Medikamente sind wirkungslos geworden. Das tragischste Beispiel sind wahrscheinlich die Pneumokokken, welche die Hauptursache für Lungenentzündungen darstellen und beispielsweise die dritthäufigste Ursache für Hirnhautentzündungen bei Kindern sind. Künftige Generationen werden den Finger erheben und sagen: »Wir müssen sterben, weil ihr die einst wirksame Waffe stumpf werden ließet.«

G. v. B.: Werden biologische Waffen irgendwann eine wesentliche Rolle spielen?

C. J. P.: Leider ja. Der Zerfall der Sowjetunion, die auf diesem Gebiet nach allem, was wir wissen, ziemlich stark war, hat dazu geführt, daß das entsprechende Wissen heute über die ganze Welt verstreut ist.

G. v. B.: Warum wurde dann bisher noch kein Gebrauch davon gemacht?

C. J. P.: Killerviren und tödliche Bakterien sind nur deshalb noch nicht eingesetzt worden, weil die Generäle keine Mikrobiologen sind und sich nicht auf dieses für sie fremde Terrain begeben wollen. Aber da das neue Jahrtausend ohnehin ein Jahrtausend der Biologie werden wird, könnte sich das schnell ändern. Und auch der Terrorismus wird sich wohl zunehmend biologischer Waffen bedienen. Sie sind billig und unauffällig herzustellen. Und sie treffen die Achillesferse der Menschheit.

Massenmord im Paradies

Wir schreiben das Jahr 2030. Die Weltbevölkerung bewegt sich auf die 10-Milliarden-Grenze zu. Unsere Spezies hat den Planeten im Würgegriff. Sie hat zu Klimaveränderungen beigetragen, die zusammen mit natürlichen Phänomenen wie El Niño regelmäßig zu Katastrophen führen. In Afrika verschwinden die letzten Wälder. Nach langen Dürreperioden und Großbränden in den mittelamerikanischen Tropendschungeln wurden die letzten Refugien Hunderttausender Arten zerstört. Man geht davon aus, daß jetzt etwa 25 000 Arten im Jahr verschwinden. Ökosysteme geraten zunehmend durcheinander. Gerade noch rechtzeitig hat ein Manhattan-Projekt zur Rettung der Arten wenigstens manche Spezies für die Zukunft erhalten können – ihre Klone sind in erdbebensicheren Bunkern verstaut. Irgendwann wird man sie in Zoologischen und Botanischen Gärten bestaunen können, aber nie mehr in der freien Wildbahn. Die Populationen mancher Tierarten – zum Beispiel die der Buckelwale und Kormorane – haben sich mit Hilfe ebenso massiver wie teurer Investitionen erholt. Aber sie leben jetzt in einer ärmeren Welt. Und auch für den Menschen hat das Zeitalter der Einsamkeit begonnen.

Gegen Nachmittag ist starker Wind aufgekommen im Kutai-Nationalpark in Ostkalimantan. Er treibt die Feuerwalze an, die seit Tagen durch den Park fegt. Aus einem Busch, der soeben zu brennen beginnt, springen zwei Orang-Utan-Babys, die Gesichter zu Grimassen verzerrt, verzweifelte Schreie ausstoßend. In Panik rasen sie zunächst in unterschiedliche Richtungen, finden sich dann wieder und klammern sich zitternd aneinander. Gerade noch rechtzeitig kann Birutė Galdikas die beiden Tiere, vermutlich letzte Überlebende einer größeren Herde, retten. Galdikas unterhält in Kalimantan eine Auswilderungsstation für Orang-Utan-Waisen. Die letzten Orang-Utans in Indonesien sind bedroht, seit in der indonesischen Provinz auf Borneo schwere Waldbrände wüten. Die Dschungelheimat der rothaarigen Menschenaffen verbrennt und mit ihr das Gros der Tiere. Diejenigen, die sich retten konnten, dringen auf der Suche nach Nahrung in Plantagen und Gärten ein, wo sie von Bauern als »Ernteschädlinge« niedergeschossen werden. Borneo und Sumatra sind die letzten Refugien der Tiere, die einst in ganz Südostasien verbreitet waren. Schon vor dem flammenden Inferno war ihre Art gefährdet – durch Kahlschlag im Regenwald, den Großgrundbesitzer in Palmenplantagen umwandeln. Die langanhaltende Dürre, die auf das Klimaphänomen El Niño zurückgeht, führte schließlich zur ökologischen Katastrophe und zur endgültigen Bedrohung für die Orang-Utans, die sich ohnehin nur langsam vermehren: Ein Weibchen bringt während seines ganzen Lebens nur drei Junge zur Welt.

Der Riesenpanda in China, das Sumatranashorn, der Chinesische Flußdelphin, die Spix-Aras in Brasilien, der Sibirische Tiger, Elefantenschildkröten und Kattalemuren – sie alle gehören zu den gefährdeten Arten auf unserem Planeten. Schon heute existieren nur noch wenige Exemplare. »Während die Menschheit darum ringt, sich auf acht Milliarden oder mehr Artgenossen einzurichten, die in den nächsten fünfzig Jahren die Erde bevölkern sollen, wird alles übrige Leben immer schneller plattgewalzt«, sagt der Biologe Edward O. Wilson von der Harvard University in Cambridge, Massachusetts. »Die tropischen Regenwälder, in denen die meisten Arten zu Hause sind, schrumpfen pro Jahr um ein Hundertstel. Sie bedecken nur noch die Hälfte jener Gebiete, die sie vor dem Abholzen und Sengen einnahmen. Genauso werden die Korallenriffe, die artenreichen Regenwälder des Meeres, ausgebeutet und zerstört.« Wilson, Ameisenforscher und Begründer der Soziobiologie, ist heute einer der engagiertesten Kämpfer gegen das Artensterben. Er glaubt, daß wir uns mit Riesenschritten einem »Zeitalter der Einsamkeit« nähern (siehe Interview am Ende dieses Kapitels), und bilanziert den Artentod an der Schwelle zum neuen Jahrtausend so:

»Ein Fünftel aller Vogelarten wurde in den vergangenen zweitausend Jahren ausgerottet, elf Prozent der überlebenden 11 940 Arten sind gefährdet. Auf den ökologisch empfindlichen polynesischen Inseln sind mehr als die Hälfte aller Landvogelarten verschwunden, auf Hawaii sogar drei Viertel.

Über die Hälfte der 366 Südwasserfischarten der malaiischen Halbinsel: vernichtet. Fünfzehn der achtzehn endemischen Fischarten des Lanao-Sees auf den Philippinen: verschwunden. Sämtliche elf einheimischen Baumschneckenarten auf Moorea und mehr als die Hälfte von ihnen auf Hawaii: vergangen.

Mehr als neunzig Pflanzenarten, die auf einer einzigen Bergkette in Equador heimisch waren, fielen Rodungen zum Opfer.

In den Vereinigten Staaten sind 2,3 Prozent der Vogelarten, 2 Prozent der Amphibien und erschreckende 8,6 Prozent der Süßwassermuschelarten ausgerottet, hauptsächlich in den vergangenen hundert Jahren. Insgesamt sind 22,2 Prozent aller Tier- und Pflanzenarten gefährdet oder stark bedroht.«

Der Artenbankrott

Tatsächlich ist das Massensterben der Arten in den vergangenen fünfzig Millionen Jahren ohne Beispiel. In jeder Stunde sterben drei Arten aus, über siebzig Arten am Tag. 27 000 im Jahr! Sie alle sind Unikate, die die Natur in Hunderttausenden von Jahren hervorgebracht hat, unwiederbringliche Bestandteile der Schöpfung. Natürlich entstehen auch immer wieder neue Arten.

Aber die Geburt einer neuen Spezies ist nach Edward O. Wilson ein äußerst seltenes Ereignis: Pro einer Million existierender Arten kommt im Jahr eine neue hinzu. Wenn man also von zehn Millionen Spezies auf der Erde ausgeht, von denen wir nur einen Bruchteil kennen, wären das zehn neue Arten pro Jahr – das allerdings nur unter ungestörten Bedingungen. Und die gibt es fast nirgends mehr. Der Mensch hat einen großen Teil der Schauplätze der Evolution vernichtet. »Er hat die Wiege zerstört, in der neue Spezies geboren werden«, sagt Wilson. »Während wir also einerseits ganz aktiv Möglichkeiten für das Entstehen neuer Arten einschränken, erhöhen wir auf der anderen Seite die Todesrate. Wenn wir bis ins kommende Jahrhundert so fortfahren wie bisher, dann sage ich einen Arten-Bankrott voraus. Es ist, als ob jemand sein Geld hundert- oder tausendmal schneller ausgibt, als er es verdient. In einem solchen Fall geht der Kontostand sehr schnell nach unten«, bemerkte der Biologe 1995 in einem *Spiegel*-Gespräch.

Während der letzten 570 Millionen Jahre Erdgeschichte hat es etwa fünfzehn Mal ein Massensterben der Arten gegeben. Bei fünf dieser Ereignisse verschwand jeweil die Hälfte aller Spezies. Die ersten vier planetaren Krisen (Ordivizium vor 440 Millionen Jahren, Devon vor 365 Millionen Jahren, Perm vor 245 Millionen Jahren, Trias vor 210 Millionen Jahren) gingen offenbar auf eine starke Abkühlung der Erdatmosphäre zurück. Arten, die während dieser Krisen nicht ausstarben, erfuhren eine starke Einschränkung ihrer Verbreitungsgebiete, und so erhöhte sich das Risiko, wegen anderer Ursachen auszusterben. Man geht heute davon aus, daß die globale Abkühlung, die den Artentod herbeiführte, durch die Bewegung der Landmassen und der angrenzenden Meere während der Kontinentaldrift verursacht wurde. Während der ersten Massensterben gab es nur einen einzigen riesigen Urkontinent (Pangaia). Ein südlicher Teil, Gondwanaland, driftete schließlich über den Südpol, riesige Gletscherlandschaften entstanden und mit ihnen ein Klima, das für die meisten Arten tödlich war. Achtzig Millionen Jahre später bewegte sich der Urkontinent weiter nach Norden, und damit dehnten sich die Gletscher weiter aus. Das führte zu einer Absenkung des Meeresspiegels – die warmen Binnenmeere schrumpften regelrecht, und das Reservoir der meisten marinen Lebensformen hatte ein Leck bekommen, die Evolution einen empfindlichen Dämpfer.

Dann, vor 65 Millionen Jahren, die nächste Massenauslöschung: Sie war schon von Veränderungen des Klimas und des Meeresspiegels vorbereitet worden, wurde aber erst durch ein dramatisches Ereignis auf die Spitze getrieben: Einer oder mehrere riesige Asteroide bohrten sich in die Oberfläche der Erde und beendeten abrupt das Mesozoikum, das 150 Millionen Jahre gedauert und die Dinosaurier hervorgebracht hatte. Die Asteroideneinschläge verwandelten die Erde in eine brennende Hölle, begleitet von riesigen Flutwellen und großen Mengen giftiger Gase. Aber der Langzeiteffekt muß noch gravierender gewesen sein: Eine riesige Staubwolke – Folge der Asteroideneinschläge – verschleierte zunächst die Sonne und hüllte die Erde dann in totale Dunkelheit ein. Für Flora und Fauna eine tödliche Dunkelheit. Wieder verschwand eine Unmenge von Arten, diesmal etwa jede elfte, zusammen mit den Dinosauriern.

Und nun ein neues Armageddon? »Ich glaube tatsächlich, daß unser Zeitalter mit dem der Dinosaurier zu vergleichen ist«, meint der Geologe und Zoologe Professor Peter Douglas Ward von der University of Washington in Seattle. »Damals war die Biosphäre durch schnelle Klimaveränderungen auch schon ziemlich mitgenommen. Und dann kamen die Asteroide und gaben der Artenvielfalt den Rest. Heute sehe ich ein ganz ähnliches Szenario: Vor über zwei Millionen Jahren begannen riesige Gletscher die Erde zu bedecken, Klima und Meeresspiegel global zu verändern. Und dann, vor hunderttausend Jahren – diesmal in Afrika – schlug ein neuer Asteroid in die Erde ein. Sein Name ist Homo sapiens. Die Folgen seiner Ankunft auf der Erde spüren wir jetzt massiv. Die sechste Auslöschung steht unmittelbar bevor.«

Niemand weiß, ob die Dramatik dieser Aussagen wirklich angebracht ist – aber tendenziell sind sie sicher richtig. Tatsache ist freilich auch, daß wir gar nicht genau wissen, was wir da eigentlich verlieren. Denn eigentlich leben wir, was die Artenvielfalt betrifft, auf einem unerforschten Planeten. Gerade erst beginnen wir, die ausgeklügelten Mechanismen zu verstehen, die den Ökosystemen zugrunde liegen. Wie viele Arten es auf der Erde überhaupt gibt, wissen wir dagegen nicht. Bis heute hat die Wissenschaft 1,8 Millionen Tier-, Pflanzen-, Pilz- und Bakterienarten katalogisiert. Man schätzt aber, daß es noch zwischen vier und vierzig Millionen weiterer Arten gibt. Insekten scheinen die Spezies mit den meisten Untergruppen zu sein. Käfer machen allein ein Viertel *aller* bisher beschriebenen Arten aus. Wie können wir also sicher sein, welche Dimension das Arten*sterben* hat? Wie können wir wissen, was das alles für das Netz des Lebens auf dem Planeten bedeutet?

Der Platz jeder einzelnen Art ist letztlich auch in ihrem Erbgut festgeschrieben – ganz gleich, ob es sich um ein Escherichia-Coli-Bakterium, einen Vogel oder einen Menschen handelt. Sie alle besitzen ein Genom, das sich aus etwa einer bis zehn Milliarden Basenpaaren zusammensetzt. Diese ungeheure Komplexität genetischer Information, in der Signale und Befehle programmiert sind, wird durch ungezähle Mutationen und Schritte der natürlichen Auslese erreicht. So konnte sich jede Art im Laufe der Jahrmillionen an ihre ganz besondere Umgebung anpassen und ihren Platz im jeweiligen Ökosystem besetzen. Die zahllosen Ökosysteme, vor allem die der Wildnis, werden von der Artenvielfalt getragen – je größer sie ist, desto stabiler das Ökosystem. Die Qualität des Bodens, des Wassers und der Luft hängt davon ab. Das heißt: Auch als Menschen sind wir von den Lebensgemeinschaften in der Natur auf äußerst komplexe Weise abhängig – nicht nur weil die Natur uns Nahrung und Rohstoffe liefert. Dieses Überlebensprinzip ist so alt wie die Erde selbst. Ihre Atmosphäre enthält seit fast einer Milliarde Jahren große Mengen an Sauerstoff und Kohlendioxyd. Diese chemischen Rahmenbedingungen für das Leben entstanden am Anfang ausschließlich durch die Photosynthesetätigkeit der Meeresbewohner, später auch durch ähnlich funktionierende Lebewesen an Land.

Der weltweite Wasserkreislauf seinerseits hängt von einem ständig sich wiederholenden Vorgang in den Wäldern entlang des Äquators ab: Ein einziger Baum des Regenwaldes pumpt während seines Lebens etwa zwölf Millionen Liter Wasser aus dem Boden in die Luft – und bestimmt somit die Regenmenge der ganzen übrigen Erde. Deshalb sind die Wälder die Lunge unseres Planeten. Aber Bäume leben weder in den Tropen noch in gemäßigten Breiten isoliert. Unter einem Quadratmeter durchschnittlichen europäischen Waldbodens existieren nicht weniger als 46 000 Regenwürmer und noch einmal so viele Insekten. Ein Gramm des gleichen Bodens enthält über eine Million Bakterien, hunderttausend Hefezellen und fünfzigtausend Pilzsporen – ein ganzes Füllhorn an unterschiedlichen Lebensformen, die alle minutiös kooperieren, ein reichhaltiges Geflecht von Wechselwirkungen, eben ein lebendes Netzwerk.

Schon Charles Darwin wußte, wie es in der Evolution entstanden ist. In seinem Hauptwerk *Die Entstehung der Arten* schreibt er: »Es ist interessant, beim Anblick eines Fleckchens Boden, das mit vielen verschiedenartigen Pflanzen bedeckt ist, wo Vögel in den Büschen singen, zahlreiche Insekten durch die Luft schwirren und Würmer auf dem feuchten Boden kriechen – es ist interessant, dabei zu bedenken, daß alle diese so merkwürdig gebildeten Formen, welche so verschieden voneinander und doch in so komplizierter Weise voneinander abhängig sind, durch Gesetze hervorgebracht wurden, die noch rund um uns wirksam sind.« Und an anderer Stelle, seine Faszination nicht verhehlend, bemerkt Darwin: »Zu der Befruchtung zahlreicher Blumen sind bestimmte Insekten als Überträger des Pollenstaubes notwendig. So ist der Besuch für einige Kleegattungen unerläßlich, speziell der Rotklee bedarf zur Befruchtung der Hummel. Was würde nun geschehen, wenn die Hummeln in England selten würden oder sogar gänzlich verschwänden? Der Rotklee würde dann eben auch sehr selten werden oder überhaupt verschwinden. Die Zahl der Hummeln hängt größtenteils von der Zahl der Feldmäuse ab, die ihre Waben und Nester zerstören. Die Anzahl der Mäuse ist wieder von der Zahl der Katzen abhängig. Auf diese Weise wird die Fruchtbarkeit des Rotklees von der Anzahl der Katzen bestimmt!«

Superorganismus Erde

Vernetzte Systeme waren zu Darwins Zeiten in der Wissenschaft längst kein Fremdwort mehr. Schließlich hatte William Harvey im siebzehnten Jahrhundert schon den Blutkreislauf entdeckt, und James Hutton, der Mitte des achtzehnten Jahrhunderts die wissenschaftliche Geologie begründete, sah im Wasserkreislauf der Erde eine Analogie zum Kreislauf im menschlichen Organismus. Er nannte die Erde einen »Superorganismus«, der eigentlich über die Physiologie – also die Grundlage der Medizin – erforscht werden müsse.

Diese Sicht sozusagen aus der Vogelperspektive, die die Erde als Ganzes, als ein System, als physiologisch beschreibbaren Organismus erfaßt, machten sich auch die Harvard-Biologen James Lovelock und Lynn Margulis zu eigen, als sie 1972 ihre »Gaia«-Hypothese entwickelten. *Gaia* ist der Name, den die alten Griechen der Erdgöttin gaben – jener sanften und hegenden Gottheit, wie man sie in fast allen frühen Religionen findet. In der griechischen Mythologie aber konnte Gaia auch äußerste Härte anwenden. Denn sie kannte keine Nachsicht mit denen, die nicht in Einklang mit der Erde lebten. Der Grundgedanke, von dem Lovelock und Margulis ausgingen, war die Erkenntnis, daß die Erdatmosphäre ein chemisch vollkommen instabiles Gasgemisch ist und dennoch über lange Zeiträume in ihrer Zusammensetzung konstant bleibt. Könnte es sein, daß das Leben die Atmosphäre nicht nur gemacht hat, sondern auch *reguliert*, sie also auf einem für das Leben erforderlichen Niveau konstant hält? Die Organismen auf der Erdoberfläche mußten daran beteiligt sein, nahmen Lovelock und Margulis an. Die Gaszusammensetzung war vielleicht nur einer der regulierten Faktoren. Aus der Astrophysik wußte Lovelock, daß alternde Sterne ihren Wärmeausstoß allmählich vergrößern und daß die Leuchtkraft unserer Sonne seit dem Beginn des Lebens um fünfundzwanzig Prozent zugenommen hat. Dennoch ist die Temperatur der Erdoberfläche über diesen gesamten Zeitraum von 3,6 Milliarden Jahren hinweg auf einem für das Leben förderlichen und behaglichen Niveau geblieben. Unterliegt vielleicht auch das Klima der aktiven Regulation? Die Idee eines Steuerungssystems, an dem die gesamte Erde und alles Leben auf ihr, alle Pflanzen- und Tierarten, beteiligt sind, gewann jetzt klare Konturen. Lovelock: »Jetzt haben wir eine Gaia-Theorie, die besagt, daß die Organismen und ihre physikalisch-chemische Umwelt in ihrer Evolution so eng miteinander gekoppelt sind, daß sie zusammen *einen*, und zwar einen selbstregulierenden Evolutionsprozeß konstituieren. Klima und Zusammensetzung von Gestein, Luft und Meer sind also nicht einfach die Folge *geologischer* Vorgänge, sondern auch durch das Leben bedingt. Durch das unaufhörliche Wirken des Lebens sind die Bedingungen auf der Erde seit 3,6 Milliarden Jahren so geblieben, daß Leben existieren kann. Jede Spezies, die die Umwelt schädigt und sie dadurch für ihre Nachkommen unbewohnbar macht, wird schließlich ebenso sicher ausgestoßen wie jene schwächeren Exemplare einer Spezies, die den ›Fitneßtest‹ der Evolution nicht bestehen.«

Brauchen wir alle Arten?

Um einen gewissen mystischen Ballast befreit, ist diese These inzwischen von Biologen und Ökologen anerkannt. Nicht nur der Wasserkreislauf, sondern das Gleichgewicht vieler chemischer

Zyklen ergibt sich nachgewiesenermaßen unmittelbar aus dem Funktionieren der Ökosysteme. Nur wenn die physikalischen Bedingungen, die Leben möglich machen, aufrechterhalten werden, können die Lebensgemeinschaften der Erde als ein Ganzes, das im Innern eng zusammenhängt, funktionieren. Aber: Brauchen wir tatsächlich alle fünfzig Millionen lebenden Arten, damit Gaia weiter funktioniert? Würden hunderttausend Pflanzenarten anstelle der heute bekannten Viertelmillion für diese Aufgabe nicht ausreichen? Und sind die sechshunderttausend Käferarten wirklich notwendig? Würden es nicht auch fünfzigtausend tun?

Lovelock selbst hat dazu eigene theoretische Überlegungen angestellt. In einer Computersimulation konstruierte er eine »Gänseblümchenwelt«, ein Mini-Ökosystem. Das Ergebnis: Ein Ökosystem ist um so stabiler, je mehr Arten es umfaßt. Biologische Vielfalt und Stabilität scheinen also unmittelbar zusammenzuhängen. Dafür spricht auch, was der Biologe Michael Swift im Rahmen des bodenbiologischen Forschungsprogramms der Vereinten Nationen in Kenia nachweisen konnte: Die Produktivität eines Maisfeldes wird am besten gesteigert, wenn man zusätzlich Melonen, stickstoffixierende Bohnen und Bäume anpflanzt – und nicht, indem man immer mehr Mais herausholt. Auch David Tilman von der University of Minnesota konnte in einer elf Jahre dauernden Studie zeigen, daß Artenvielfalt und Gesundheit eines natürlichen Ökosystems eng miteinander verknüpft sind. Die Forscher um Tilman untersuchten die natürlichen Graslandschaften in Minnesota, und ausgerechnet während der Untersuchungsphase stellte sich die schlimmste Dürre seit fünfzig Jahren ein – so kamen sie per Zufall zu ungewöhnlich interessanten Ergebnissen. Der Unterschied zwischen artenreichen Ökosystemen und solchen mit geringer Artenvielfalt wurde deutlich: Wo es viele Arten gab, waren die Verluste durch Trockenheit geringer – ebenso der Produktivitätsrückgang. Die Systeme erholten sich anschließend schneller. In der Fachzeitschrift *Nature* schrieb Tilman: »Unsere Befunde stützen die

Hypothese der Stabilität durch Vielfalt und zeigen, daß die Funktionsfähigkeit der Ökosysteme sich mit der Artenvielfalt ändert. Sie sprechen nicht für die Hypothese von den überflüssigen Arten, denn wir fanden immer deutliche Auswirkungen der biologischen Vielfalt auf die Widerstandsfähigkeit gegen die Trockenheit und auf die Erholung der Systeme.« »Stabilität durch Vielfalt« ist die Schlagzeile, unter der man solche Forschungsergebnisse zusammenfassen könnte.

Und die Befunde mehren sich. Am Institut für Populationsbiologie, fünfzig Kilometer westlich von London, steht eine außergewöhnliche Forschungsstation – das Ecotron. Hier versucht man auf völlig neue Weise, die Bedeutung der Artenvielfalt in Ökosystemen wissenschaftlich hieb- und stichfest zu ergründen. Wie in einer Raumstation sind hier sechzehn gasdichte Klimakammern untergebracht, in denen unterschiedliche Biotope mit ganz gewöhnlichen Pflanzen, Insekten und Bodenorganismen aufgebaut sind. Im Zeitraffer wird die Entwicklung der Ökosysteme simuliert, und alles, was hinein- oder hinausgeht – Sauerstoff, Kohlendioxyd, Wasser, Biomasse –, wird genau kontrolliert. Der Boden wird jedesmal vor dem Bepflanzen sterilisiert, in einer Bakterienbrühe gewaschen und standardisiert. In einer Kammer wächst eine typische englische Wiese. Es ist Juni im Jahre 2060. Die Temperatur ist um zwei Grad gestiegen, der Gehalt an Kohlendioxyd in der Luft ist fast doppelt so hoch wie heute. Bestimmte winzige Lebewesen – in diesem Fall Maden –, die im Boden leben, konnten sich an die Klimaveränderung nicht anpassen. John Lawton, Direktor des Center of Population Biology: »Der Verlust der Artenvielfalt, auch wenn es sich um die Reduktion von Maden handelt, wie in diesem Fall, führt zu Klimaveränderung. Das ist eines der wichtigsten Ergebnisse, das wir bei unserem ersten großen Versuch im Ecotron erhalten haben. Überall auf der Welt verschwinden immer mehr Tier- und Pflanzenarten aus natürlichen Ökosystemen. Unsere Modellsysteme können jetzt weniger Kohlendioxyd aus der Atmosphäre aufnehmen und im System speichern.«

Bisher standen Ökologen nur drei Möglichkeiten für ihre Forschung zur Verfügung: Im Laborversuch konnten sie in der Regel nur mit zwei Arten experimentieren. Freilandversuche boten zwar große Komplexität, aber man konnte sie nicht wirklich beeinflussen. Und Computersimulationen sind in der Regel von der Realität entfernt. Das Ecotron dagegen stellt eine gelungene Mischung aus Freiland- und Laborversuch dar. Die Bedingungen sind hier besser kontrollierbar als in der Natur, gleichzeitig kann mit komplexeren Anordnungen gearbeitet werden. Im Ecotron leben Schädlinge, die an Pflanzen nagen, und Nützlinge, die wiederum an den Schädlingen schmarotzen. Extremsituationen wie sehr kleine Biotope mit wenigen ausgesuchten Insekten- oder Pflanzenarten können dort simuliert werden. Bodenorganismen recyceln totes Material und führen es in den Nährstoffkreislauf zurück. Dabei hat sich gezeigt, daß einige Arten eine Schlüsselrolle spielen. »In unserem jüngsten Experiment veränderten wir die klimatischen Bedingungen und stellten bedeutende Veränderungen bei der Collembula-Population fest, bei den sogenannten Springschwänzen. Wir wissen heute, daß diese Springschwänze eine immens wichtige Rolle bei der Verarbeitung und Umwandlung von organischem Material spielen. Wäre der Versuch noch länger gelaufen, dann hätten wir mit Bestimmtheit sagen können, daß die Veränderungen an dieser Population tatsächlich die wesentlichen Veränderungen sind, die gravierende Auswirkungen auf die Zusammensetzung des Ökosystems haben.« Das soll die nächste Versuchsserie jetzt zweifelsfrei nachweisen. Schon 1994 belegte eine Studie des Ecotron, daß der weltweite Verlust von Arten fatale Auswirkungen hat. Der Planet wird gleichsam aus zwei Richtungen in den Würgegriff genommen: Durch die globale Industrialisierung wird immer mehr Kohlendioxid ausgestoßen, gleichzeitig kann die schwindende Pflanzenvielfalt immer weniger davon binden. Der Mensch hat einen verhängnisvollen Kreislauf in Gang gesetzt. Und das millionenfach und immer wieder.

Das beste Modell, um die Folgen menschlicher Eingriffe in die Ökosysteme grundsätzlich zu verstehen, sind vielleicht die Inseln des Hawaii-Archipels. An wohl keinem anderen Platz der Erde werden Erinnerungen an die ungestört verlaufende Entwicklungsgeschichte des Planeten so wachgerufen wie hier. Und nirgends ist die Bedrohung der biologischen Vielfalt so spürbar. Hawaii mit seinen acht Hauptinseln gilt heute als Weltmittelpunkt des Artensterbens. Das hängt mit der besonderen Lage dieser Inselgruppe zusammen. Sie ist ein besonders isolierter Archipel – kaum ein anderer Platz der Welt ist so weit von den Kontinenten entfernt wie dieser. So ist über Hunderttausende von Jahren völlig ungestört von äußeren Einflüssen ein Regenwaldparadies entstanden. Einst lebten hier fast neuntausend einheimische Tier- und Pflanzenarten in perfekter Harmonie. Säugetiere und Reptilien gab es an Land nicht, und so verloren Pflanzen und Tiere allmählich ihre natürlichen Waffen. So existieren zum Beispiel keine giftigen Schlangen auf Hawaii. Manche Vogelarten verloren die Fähigkeit zu fliegen, weil sie sich nicht vor feindlichen Tieren in Sicherheit bringen mußten. Und die einheimischen Pflanzen haben keine Stacheln.

Dann, im Jahre 400 vor Christi Geburt, landeten die Polynesier auf den Inseln. Sie brachten etwa dreißig Pflanzenarten aus ihrem Kulturkreis mit, und die späteren Einwanderer mindestens noch einmal 3 500 Arten von Blütenpflanzen. Auf den Schiffen der Siedler kamen erst Ratten, die Pflanzen fraßen – bis heute ein großes Problem für die Vielfalt der Fauna. Sogar der Hibiskus, die Nationalpflanze Hawaiis, gehört zu den höchst gefährdeten Pflanzenarten. Dann wurden Kühe, Ziegen und große europäische Schweine eingeführt. Es bildete sich beispielsweise eine Wildschweinart heraus, die heute auf Hawaii eine Plage geworden ist und gegen die die Jäger machtlos sind. Auch das Wildschwein ist ein Todfeind vieler Pflanzenarten auf den Inseln. Selbst die robusten, Jahrmillionen alten Farnbäume sind gefährdet. Und die biologische Invasion hat sich auch fatal auf die Tierwelt ausgewirkt: Von den ursprünglich sechsundachtzig Vogelarten auf Hawaii starben fünfundvierzig schon während der Besiedlung durch die Polynesier aus und weitere elf nach dem Eintreffen der Weißen. Die meisten übrigen Vögel stehen heute auf der Liste der aussterbenden Arten. Von dem wunderschönen karminroten *I'iwi* gibt es gerade noch sechs Exemplare. Eine eingeschleppte Malariamücke verbreitet Erreger, die für die Tiere tödlich sind. Außerdem sind einige Eidechsen-, Chamäleon- und Schildkrötenarten bedroht.

Ein Recht für Pflanzen?

Die Koki'o-Pflanze, einst in Millionen Exemplaren auf der Insel vertreten, ist heute vom Aussterben bedroht. Der Botaniker Bill Garnett von der University of Hawaii in Honolulu hat die letzten Exemplare unter teilweise abenteuerlichen Bedingungen gerettet, manchmal von Felsvorsprüngen. Vor kurzem stürzte er dabei zwanzig Meter tief und brach sich sämtliche Rippen. Das hält ihn freilich nicht davon ab, jeden Tag in der mühsam zu erreichenden, von hohen Zäunen umgebenen Baumschule, die er angelegt hat, nach dem Rechten zu sehen. Sein Ziel ist es, den Regenwald wiederherzustellen. Für die Botaniker, die nach Hawaii kommen, um die Pflanzenwelt zu studieren, grenzen Bill Garnetts Ergebnisse an ein Wunder. Denn sie hatten die Koki'o schon aufgegeben und insgeheim zu den ausgestorbenen Pflanzenarten gezählt. Während des mühsamen Aufstiegs zu Bill Garnetts Baumschule begegnen wir mehren Bergratten, die sich an Setzlingen zu schaffen machen. »Sie sind die größten Feinde, wir müssen sie in Schach halten«, sagt Garnett. »Alles Nachfahren der Ratten, die die ersten Siedler mitbrachten.« Dann, in 1200 Metern Höhe, erreichen wir schließlich Garnetts Zaubergarten, einen gesunden hawaiianischen Mini-Regenwald auf anderthalb Hektar. Er besteht vor allem aus hohen, gesunden Exemplaren der Koki'o-Pflanze mit ihren ausladenden und archaisch wirkenden Blättern. Irgendwann, so der Plan der Botaniker, soll die Pflanze wieder die ganze Insel besiedeln. Aber natürlich fragen wir uns: Wozu die ganze Mühe? Die Koki'o ist ja nur eine Grünpflanze, und der Wald auf Hawaii ist sowieso grün genug. Er wird mit Sicherheit nicht sterben, wenn diese eine Pflanze verschwindet. Ist das nicht alles ein bißchen übertrieben? Garnett meint: »Hier geht es um biologische Vielfalt. Auf der ganzen Welt gab es nur noch fünf Exemplare – alle in den Bergen, in denen wir uns hier befinden. Aus alten Aufzeichnungen wissen wir aber, daß die Pflanze hier vor zweihundert Jahren noch sehr häufig war. Wir fühlten uns verpflichtet, ihr Überleben zu sichern, damit künftige Generationen sie noch kennenlernen. Außerdem kennen wir die chemische Zusammensetzung der Koki'o noch gar nicht. Wir wollen das untersuchen und anhand ihrer Genetik feststellen, welches ihre nächsten Verwandten sind. Aber davon abgesehen, hat diese Pflanze genauso ein Recht zu leben wie wir.«

In einem Labor der University of Hawaii war die Koki'o-Pflanze aus einem der letzten Exemplare, die Bill Garnett auf der Insel fand, geklont worden. Das Labor ist längst zur Schatzkammer verschwindender Arten geworden. Hier lagern, bei besonderen Temperaturen und hochgradig gesichert gegen Erdbeben und Hurrikans, die Embryonen von insgesamt zweihundert Pflanzenarten, die nur auf Hawaii vorkommen. Manche von ihnen werden, wenn sie groß genug sind, ins Treibhaus gebracht und von dort aus nach genau ausgetüftelten Programmen im Freien ausgesetzt. Ein Musterbeispiel dafür, wie die moderne Forschung und die von ihr entwickelten Techniken helfen können, das Erbe der Natur zu retten! Für viele tropische Pflanzen gilt, daß man ihre Samen nicht aufbewahren kann, weil sie keine Wachstumspausen haben. Wenn man aber Pflanzengewebe unter bestimmten Bedingungen im Reagenzglas erhält, kann man ihr genetisches Material retten. Es gibt auch Fälle, in denen zwar Samen produziert werden, die aber nicht reifen. Bei einigen wenigen Pflanzen gerät das Fortpflanzungssystem oft durcheinander. Sie blühen, aber sie produzieren keine Samen mehr. Die Embryonen gehen zugrunde, bevor der Samen reif wird. Auch in diesem Fall ist es sinnvoll, die Pflanzen aus Gewebe zu klonen, weil die Samen niemals überleben würden. »Insgesamt können wir dann die Zahl dieser Pflanzen erhöhen und die gesamte genetische Vielfalt, die in ihnen steckt, erhalten. Das ist bei Pflanzen noch nicht einmal teuer. Wenn es sich um Elefanten handeln würde, wäre das Ganze schon etwas schwieriger«, sagt Charles Lamoureux, der Leiter des Labors. Warum ist eine Pflanze für ihn so wertvoll wie ein Elefant? »Jede Pflanzenart auf der Welt ist nicht nur genetisch einmalig, sondern sie ist auch eine einmalige Chemiefabrik. Wir wissen nicht, welche Stoffe in jeder Pflanze enthalten sind. Vielleicht ein Heilmittel gegen Krebs oder Aids! Wenn wir die Pflanzen einfach aussterben lassen, werden wir es nie erfahren.« Das ist in der Tat ein wichtiges Argument für den Erhalt der Artenvielfalt – auch wenn die Pharmaforschung heute molekularbiologische Ansätze eher favorisiert als die teure Suche nach Zufallstreffern unter natürlichen Substanzen. Dennoch soll auch der phytotherapeutische Weg weiterverfolgt werden, denn im grünen Dickicht der tropischen Regenwälder verbergen sich kostbare Schätze. Wo, weiß niemand so genau: vielleicht in den Blättern einer bestimmten Pflanze, unter der Rinde einer Baumart, im Panzer eines Insekts.

Inventur des Lebens

Der US-amerikanische Pharmakonzern Merck hat zusammen mit dem Kleinstaat Costa Rica ein interessantes Modell für die Schatzsuche im Dschungel gewählt. Costa Rica liegt auf einer schmalen Landbrücke zwischen Nord- und Südamerika und ist für seine Artenvielfalt berühmt. Das Land ist kleiner als Österreich, trotzdem leben mehr als achthundert Vogelarten hier –

mehr als auf dem ganzen Gebiet der USA. In Costa Rica gibt es schätzungsweise fünfhunderttausend verschiedene Tier- und Pflanzenarten, fünf Prozent aller Arten der Welt. Das kleine Land hatte 1989 eigens ein Institut gegründet, um diesen Reichtum zu erfassen: das Nationale Institut für Biodiversität (INBio). Schon seit 1992 hilft INBio dem Pharmariesen Merck bei der Suche nach neuen Wirkstoffen. Die costaricanischen Wissenschaftler sammeln, identifizieren und präparieren Pflanzen, Insekten und Erdproben für den Konzern. In dessen Labors wiederum werden die gelieferten Exemplare auf ihre pharmazeutische Verwertbarkeit überprüpft. Beide Partner können von dieser Kooperation profitieren: Merck hat die Exklusivrechte an allen gefundenen Substanzen, die als Grundlage für neue Medikamente dienen könnten. An INBio zahlt der Konzern eine Million US-Dollar jährlich, dazu kommen Gewinnanteile. INBio hat ähnliche Verträge mit Bristol Myers, der National Science Foundation und den Gesundheitsbehörden der USA abgeschlossen. Mit dem eingenommenen Geld werden die Naturschutzgebiete des Landes gesichert und erweitert – und so verhindert man die Abholzung des Regenwaldes. Mit Costa Rica, das unter relativ geordneten Verhältnissen regiert wird, sind solche Verträge möglich, mit anderen mittelamerikanischen Staaten wohl kaum. Deshalb ist das Modell nicht auf alle Regionen, in denen Arten gefährdet sind, übertragbar.

Was also sollte die Wissenschaft in Zukunft tun? Edward O. Wilson meint: »Die Biologen sollten eine schnellere Übersicht der Weltflora und -fauna erstellen, einen möglichst vollständigen Katalog der überlebenden Ressourcen. Wir benötigen diese Information, um weltweit jene *hot spots* in den Lebensräumen zu finden, die erstens die größte und sonst nirgends zu findende Artenvielfalt beherbergen und zweitens am stärksten von Zerstörung bedroht sind. Diese biogeographischen Daten sind notwendig, um ein Schutzkonzept zu entwickeln, das möglichst sicher und kostengünstig ist.« Ein derartiges wissenschaftliches Crashprogramm, gleichsam die Inventur allen Lebens auf der Erde, ist ein langwieriges Unterfangen – mindestens fünfundzwanzig Jahre würde die Katalogisierung dauern, fast fünf Milliarden Mark würde sie kosten. Und letztlich würde das Projekt immer dem aktuellen Stand der Vielfalt hinterherhinken, eben weil bei weitem nicht alle existierenden Arten bekannt sind und ständig neue entstehen. Der biologische Reichtum ist größer, als wir uns auch nur annähernd vorstellen können – er ist noch nicht in unser Bewußtsein gedrungen. Denn die Vorstellung, daß es vielleicht hundert Millionen Arten gibt, ist in etwa so abstrakt wie der Gedanke an das, was draußen im Universum in jeder Sekunde geschieht.

Auf der Erde gibt es eine Komplexität und Vielfalt, die auf keinem anderen Planeten im beobachtbaren Universum denkbar wäre. Kann es wirklich sein, daß das einzige intelligente Wesen, das sie hervorgebracht hat, dieses Wunderwerk in selbstmörderischer Absicht aktiv zerstört? Andererseits: Neunundneunzig Prozent aller Arten vor uns sind sang- und klanglos von diesem Planeten verschwunden. Warum sollte uns dieses Schicksal erspart bleiben? Trotzdem – jetzt kommt es darauf an, das Verschwinden hinauszuzögern. Nicht aus Hybris, sondern um unserer Verantwortung gerecht zu werden und die Schöpfung, die wir mit Gewalt zerstören, doch noch zu retten. Anzeichen für eine solche Umkehr gibt es bisher kaum.

Das Zeitalter der Einsamkeit beginnt...
Interview mit Edward O. Wilson am 18. 3. 1998

Gero von Boehm: Wir steuern als Menschen geradewegs auf ein Zeitalter der Einsamkeit zu, sagen Sie – warum glauben Sie das?

Edward O. Wilson: Weil alles darauf hindeutet, daß wir wieder ein großes Massensterben erleben werden – wie damals, nach dem Meteoriteneinschlag vor 65 Millionen Jahren, als die Dinosaurier zugrunde gingen. Dann hat es noch einmal zehn Millionen Jahre gedauert, und das Känozoikum, das Zeitalter der Säugetiere, begann. Wenn wir so weitermachen wie bisher und damit fortfahren, unsere natürliche Umwelt derart zu reduzieren, Pflanzen- und Tierarten auszurotten und keine Rücksicht auf die Vielfalt der Arten zu nehmen, werden wir irgendwann in ein »Eremozoikum« eintreten – in das Zeitalter der Einsamkeit. Wir werden uns in einer biologisch verarmten Welt wiederfinden. Denn wir befinden uns im Frühstadium der nächsten großen Massenvernichtung.

G. v. B.: Wann hat dieses Stadium begonnen?

E. O. W.: Mit den ersten großen Wanderbewegungen der Menschheit. Auf Hawaii oder Madagaskar, aber auch in Australien verschwanden nach der Ankunft der Menschen zunächst die großen Säugetiere und die großen Vögel. Wenn Sie die Moas nehmen, riesige Laufvögel aus Neuseeland, die Säbelzahnkatzen oder Rhinozerosse – all diese Arten sind heute ausgestorben. Homo sapiens hat ziemlich schnell ausgefeilte Jagdmethoden entwickelt, und als er dann vor zehntausend Jahren mit der Landwirtschaft begann, wurde das Ganze noch einmal beschleunigt. Seit dieser Zeit werden Lebensräume ganz einfach vernichtet, zum Beispiel durch Brandrodung. Jetzt verschwinden auch kleine Vögel und Insekten, und damit wird die gesamte Mikrosphäre verändert, sie verarmt. Seit dem sechzehnten Jahrhundert, als vor allem die Europäer begannen, weltweit Handel zu treiben, wurden alle möglichen Spezies vom Pflanzensamen bis zum Raubtier in Lebensräume gebracht, wo sie nicht hingehörten – wieder ein entscheidender Eingriff. Und nun, im neuen Jahrtausend, werden wir eine weitere Zerstörungswelle erleben, wenn wir das Klima nicht in den Griff bekommen. Allein ein Anstieg der globalen Temperatur um drei Grad Celsius würde zu einer Verschiebung von Klimazonen führen, so daß viele Tierarten und Pflanzen sich nicht anpassen können und aussterben werden.

G. v. B.: Aber Sie sind überzeugt, daß wir Menschen eine Zukunft auf der Erde haben?

E. O. W.: Ja, das glaube ich. Selbst mit einer ärmeren Fauna und Flora können wir natürlich leben. Ich glaube nicht, daß die menschliche Rasse aussterben wird, selbst wenn wir die Hälfte aller Pflanzen und Tiere auf der Erde ausrotten. Es geht nicht so sehr um unser physisches Überleben auf diesem Planeten, sondern mehr um die geistige Verarmung, die sich automatisch ergibt, wenn die Natur immer mehr reduziert wird. Wir werfen ein Stück Schöpfung weg und begeben uns wichtiger Möglichkeiten der ästhetischen und geistigen Erfahrung, aber auch der Möglichkeit, die tieferen Zusammenhänge der Artenvielfalt zu erforschen.

G. v. B.: Für viele ist bereits die Tatsache, daß wir als Menschen nicht so schnell von diesem Planeten verschwinden werden, eine gute Nachricht. Was mit den anderen Arten geschieht, ist ihnen egal.

E. O. W.: Ja, und genau diese Einstellung ist sehr gefährlich. Natürlich ist es Unsinn zu behaupten, daß das Ende der letzten Regenwälder auch das Ende unserer Spezies bedeutet. Man hört ja auch oft das Argument: »Wozu brauchen wir überhaupt so viel Natur? Menschen können doch auch in der Stadt leben.« Meine Antwort ist eine Gegenfrage: »Habt ihr jemals Kühe oder Schafe in der Massentierhaltung gesehen, wenn sie gefüttert werden? Sie scheinen glücklich zu sein, weil sie zu fressen kriegen, aber sie sind keine vollständigen Kühe oder Schafe mehr.« Ich glaube nicht, daß wir als Menschen seelisch und geistig vollständig sind, wenn man uns die Umgebung nimmt, in der sich unsere Spezies entwickelt hat. Aber genau das geschieht. Die Bevölkerungsexplosion wird vermutlich gegen das Jahr 2050 einen Höhepunkt erreicht haben. Es leben dann schätzungsweise zwölf Milliarden Menschen auf diesem Planeten, wenn die Entwicklung so weitergeht, man für die Geburtenrate den Faktor 2,2 zugrunde legt (1997 betrug er 2,6) und berücksichtigt, daß die Menschen durch die medizinischen Fortschritte immer älter werden. Insgesamt wird sich auch der Lebensstandard verbessern. Aber der Preis, den wir für all das zahlen, ist der rasend schnelle Verbrauch des gesamten in Millionen Jahren entstandenen ökologischen Kapitals unseres Planeten – die natürlichen Ressourcen und die biologische Vielfalt eingeschlossen. Noch nie zuvor in der Geschichte des Planeten hat eine Spezies derart massiv in die Umwelt und in das Klima eingegriffen wie der Mensch. Er verschmutzt das Wasser, minimiert ständig die Waldbestände und sorgt für die Ausbreitung der Wüsten.

G. v. B.: Warum ist unsere Zukunft als Menschen so eng verbunden mit der Zukunft der anderen Arten, seien es Ameisen – Ihr bevorzugtes Forschungsobjekt –, Würmer oder Pflanzen?

E. O. W.: Weil die Vielfalt der Arten für ein gesundes Gleichgewicht sorgt. Das Wort »gesund« meine ich auch so. Unsere Gesundheit, unser Leben ist gefährdet, wenn wir so stark in das Gleichgewicht eingreifen. Das hat auch damit zu tun, daß sich die Natur zu wehren beginnt. Nehmen Sie nur die Erreger, denen wir auf diese Weise ganz neue Angriffsflächen bieten.

G. v. B.: Wie viele Arten werden nach Ihrer Schätzung bis zum Jahr 2030 verschwinden?

E. O. W.: Wir kennen Arten, die jetzt massenhaft zugrunde gehen – das ist sehr gut dokumentiert. Süßwasserfische in Malaysia gehören dazu, Vögel und Säugetiere, das Sumatranashorn, von dem es nur noch weniger als fünfhundert Exemplare gibt, der Riesenpanda in China, viele Vogelarten in der Südsee. Die Liste ist schier unendlich. In den nächsten dreißig Jahren werden zwischen zwanzig und dreißig Prozent der Arten spurlos verschwinden, wenn wir nichts dagegen unternehmen. Und ich zweifle sehr stark daran, daß wir das Blatt wirklich wenden werden. Denn schon heute wissen wir ja genau, was wir da tun – und wir tun es trotzdem.

G. v. B.: Es gibt die Idee, eine Art Manhattan-Projekt zur Rettung der Arten zu beginnen: Das Ziel wäre es, von jeder heutigen Art mindestens ein Exemplar zu erhalten, mit der Möglichkeit, Pflanzen und Tiere zu klonen und zur gegebenen Zeit dann wieder größere Populationen entstehen zu lassen. Was halten Sie von solchen Ansätzen?

E. O. W.: Eigentlich bin ich immer auf seiten der Wissenschaft – schließlich bin ich selber Forscher. Aber ich halte solche Projekte für höchst unrealistisch. Wenn wir die Kapazität aller Zoologischen Gärten der Welt zusammennehmen, könnten dort etwa viertausend Arten untergebracht werden, und das sind nur zehn Prozent aller gefährdeten Tierarten. Und auch Botanische

Gärten könnten nur einen winzigen Teil der 250 000 gefährdeten Pflanzen beherbergen. Außerdem ist es unmöglich, die Millionen Insekten, Pilze und Bakterien, die die Basis für unser Ökosystem sind, im Labor tiefgefroren aufzubewahren. Es ist einfach unrealistisch zu glauben, daß wir auf diese Weise die gefährdeten Arten retten können, indem wir sie wegschließen und dann warten, bis wir sie irgendwo auf der Welt wieder aussetzen können, wenn die Zeit gekommen ist.

G. v. B.: Das heißt: Ihr Glaube an die Technologie geht doch nicht so weit, daß Sie an ein großes Reservoir glauben, in dem die Arten überleben könnten?

E. O. W.: Nein, denn ich glaube, auch wenn wir viele Milliarden ausgäben, um Tiere und Pflanzen in Zoos und Botanischen Gärten zu sammeln oder ihre Klone in flüssigem Stickstoff aufzubewahren, wäre es niemals möglich, das einmal zerschlagene System wiederherzustellen. Da bleiben unüberwindliche Schwierigkeiten. Es ist so, als würde man versuchen, ein Rührei mit einem Löffel wieder zu einem ganz normalen Ei mit geschlossener Schale zu machen. Ich glaube an die Wissenschaft, aber Wunder vollbringen kann sie nicht.

G. v. B.: Dennoch machen Sie nicht den Eindruck, als hätten Sie resigniert. Gibt es also noch einen Rest Hoffnung?

E. O. W.: Wir dürfen die Hoffnung nicht aufgeben, denn es gibt keine Alternative. Der menschliche Geist muß daran glauben, daß es gelingen kann, denn sonst würden wir die Flinte gleich ins Korn werfen. Damit würden wir uns aber unserer Verantwortung gegenüber der Schöpfung entziehen. Wir müssen jetzt mit aller Kraft Methoden entwickeln, mit denen man die Landwirtschaft ändern und verbessern kann, Methoden, mit denen sich die Ressourcen regenerieren lassen. Wir müssen die Ausbeutung der Regenwälder und Rohstoffquellen stoppen. Das ist die große Herausforderung im einundzwanzigsten Jahrhundert. Natürlich können wir den Planeten auch verlassen. Ich bin sicher, daß das technisch eines Tages möglich sein wird. Aber die eigentliche Herausforderung besteht doch tatsächlich darin, die Erde wieder für den Menschen und für möglichst viele andere Arten bewohnbar zu machen und die Zerstörung der Schöpfung so weit wie möglich aufzuhalten, wenigstens ihr Tempo zu verlangsamen. Niemand glaubt doch im Ernst daran, daß wir hier das ewige Leben haben. Aber die menschliche Existenz und unsere Koexistenz mit der Natur sind es doch wert, daß wir den Tag X so lange wie irgend möglich hinauszögern.

G. v. B.: Voraussetzung für den Wandel, den Sie fordern, wäre zweifellos ein Umdenken – selbst wenn das nicht von heute auf morgen geschehen kann. Dieses Umdenken kann nur erfolgreich sein, wenn wir die Welt wieder als Ganzes sehen, vor allem auch die Welt des Wissens. Sie fordern eine neue »Einheit des Wissens«.

E. O. W.: Ja, ich hoffe, daß dieses alte und eigentlich sehr erfolgreiche Prinzip aus der Philosophie auf unsere moderne Zeit anwendbar ist und uns wieder die Augen öffnet für die Zusammenhänge. Ich möchte das Wissen aus einzelnen Disziplinen wieder miteinander verknüpfen – so wie das in den Naturwissenschaften schon geschieht. Wir wissen, wie wir die Physik mit der Chemie verknüpfen können. Das funktioniert nach dem Prinzip von Ursache und Wirkung. In diesem Jahrhundert ist die Biologie revolutioniert worden, indem sie wiederum mit Physik und Chemie verknüpft wurde. So entstand eine Kontinuität der Erklärungen. Das war schon der Traum der Aufklärung im siebzehnten und achtzehnten Jahrhundert. Newton, Francis Bacon und Leibniz wollten sich nicht mit einer einzigen Erklärung zufriedengeben, sondern in der Lage sein, alle Formen des menschlichen Denkens, von Wissenschaft und Kultur so zu verbinden, daß eine Kontinuität entsteht. Die Kontinuität als Ganzheit der menschlichen Erfahrung. Das ist kein mystisches Konzept, das ist ein Konzept der Analyse, der Forschung und des Verständnisses. Im frühen neunzehnten Jahrhundert waren diese Ideen dann plötzlich nicht mehr gefragt, und ich glaube, wir müssen sie jetzt wiederbeleben, weil sie uns einen im Wortsinn »natürlichen« Blick auf unsere eigene Spezies ermöglichen. Wir müssen die Spaltung von Natur-, Geistes- und Humanwissenschaften überwinden, dann hat der wissenschaftliche Fortschritt etwas Befreiendes, und dann werden wir unsere Spezies endlich als Teil der biologischen Welt begreifen und verstehen, warum auch der Rest dieser biologischen Welt so entscheidend wichtig für unsere Zukunft ist. Es wird plötzlich klar, daß jede Verletzung dieser biologischen Welt auch für uns eine Verletzung bedeutet, die uns ärmer macht und unsere Existenz gefährdet.

G. v. B.: Wie wird die Evolution des Menschen weitergehen? Welches könnten die nächsten Schritte sein?

E. O. W.: Im Augenblick entwickeln wir uns nicht in eine bestimmte Richtung. Wir bilden nicht längere Zähne aus, keine besser arbeitenden Nieren, kein kräftigeres Herz, und wir werden auch nicht schlauer. Das heißt: Es gibt zur Zeit keine Evolution, die irgendwelche Fortschritte macht. Aber wir beginnen zum Beispiel, genetische Fehler auszumerzen. Damit werden wir uns aber nicht zufriedengeben. Sondern, sobald es möglich ist, werden wir auch in das normale Genom eingreifen und dort Verbesserungen anbringen: Wir werden klügere und stärkere Menschen produzieren wollen. Die Perspektive einer solchen »willensgesteuerten Evolution« – eine Art entscheidet, was mit ihrem Erbgut zu geschehen hat – wird die tiefgreifendste intellektuelle und ethische Herausforderung sein, der sich die Menschheit jemals gegenübersah.

G. v. B.: Wovor haben Sie Angst?

E. O. W.: Um ehrlich zu sein: Ich würde es vorziehen, nicht zu sterben. In diesem Zusammenhang zitiere ich gern Woody Allen, der meinte: »Ich möchte nicht durch meine Arbeit unsterblich werden. Ich möchte unsterblich werden, indem ich nicht sterbe.« Aber ganz ernsthaft: Ich habe Angst davor, in dem Gefühl zu sterben, daß wir den Kampf um biologische Vielfalt tatsächlich verlieren werden und daß die Massenvernichtung der Arten weitergeht. Das würde mich sehr traurig machen, und ich möchte nicht traurig sterben.

Schlußgedanken

Die Szene werden wir nie vergessen. Ein Sommergewitter war aufgezogen über Cambridge. Die Eilung fegte durch den engen Hof des Instituts, an dem schon Isaac Newton gelehrt hatte. Der Wind stieß mit Macht das Fenster zu Stephen Hawkings kleinem Büro auf und verwüstete in Sekundenschnelle den Schreibtisch. Papiere flogen durch den Raum und verteilten sich überall. Eine Vase stürzte um. Hawking zog – eine Anstrengung für ihn – den rechten Mundwinkel nach unten und rollte mit den Augen. Dann begann der völlig Gelähmte, mit der einzigen Bewegung, die er noch beherrscht (ein Zucken des Daumens), seinen Sprachcomputer zu bedienen. Wenig später bemerkte die monotone Synthetikstimme: »Vielleicht sollte so etwas auch in der Wissenschaft geschehen, ein großer Wirbel, damit die Dinge dann neu zusammengefügt werden müssen. Das Wissen ist heute so fragmentiert, daß wir die großen Zusammenhänge nicht mehr sehen. Damit meine ich nicht die vollständige ›Theorie von allem‹, an die ich inzwischen selbst immer weniger glaube. Ich meine vielmehr eine Einheit des Wissens, ohne die wir auf die Dauer nicht weiterkommen werden.«

Es elektrisierte uns, daß einer der größten Forscher des 20. Jahrhunderts so deutlich formulierte, was als zunehmendes Problem des Fortschritts zu spüren ist: Die Naturwissenschaften sind auf gefährliche Weise zersplittert – einen Dialog zwischen den Disziplinen gibt es kaum, und den Kontakt zu den Geisteswissenschaften haben sie ohnehin verloren. Gleichzeitig sind die

Naturwissenschaften zur monotheistischen Religion unserer Zeit geworden. Ihre immer sensationeller anmutenden Ergebnisse tragen sie wie Monstranzen vor sich her. Andauernd stellen die Forscher uns vor vollendete Tatsachen. Aber niemand kann diese Ergebnisse wirklich noch in einen größeren Zusammenhang einordnen, und oft sind wir auch moralisch überfordert.

Die Wahrheiten der Naturwissenschaft brauchen die Weisheit vergangener Zeiten und die gewachsenen Grundlagen unserer Kultur nicht mehr – sie sind unnötiger Ballast im atemlosen Geschäft heutiger Forschung, obwohl es, paradox genug, vielfach noch immer uralte Mythen sind, die sich dahinter verbergen. Aber es liegt eben nicht in der Natur der Wissenschaft, rückwärts zu schauen oder sich durch ethische Bedenken wirklich von dem einmal eingeschlagenen Pfad abbringen zu lassen.

Alles, was gemacht werden kann, wird auch in die Tat umgesetzt. Es gibt jedenfalls kein überzeugendes Beispiel aus der Geschichte der Wissenschaften, das gegen dieses Faktum spräche. Es besteht die Gefahr, daß der Fortschritt uns und unsere Kultur wie ein Bulldozer überrollt, zumal in einer Zeit, in der ein echter Dialog zwischen Experten unterschiedlicher Disziplinen als etwas Exotisches gilt und ansonsten Sprachlosigkeit herrscht. Um so wichtiger erscheint es, die großen Entwicklungslinien nicht aus dem Auge zu verlieren. Niemand kann vorhersagen, was die Zukunft wirklich bringt. Aber man kann in der Gegenwart Fakten und Symptome bestimmen, die aller Wahrscheinlichkeit nach zu gewissen Entwicklungen führen werden.

»Odyssee 3000« ist der Versuch einer Bilanz an der Schwelle zum neuen Jahrtausend. Es geht darum, wieder Zusammenhänge herzustellen zwischen Entwicklungen, die scheinbar nebeneinander laufen, sich aber oft genug sogar auf Kollisionskurs befinden. Zusammenhänge herstellen kann nicht nur frappierend sein, es hilft auch, die Zukunft wenigstens annähernd einzuschätzen. Vernetztes Denken – wahrhaftig kein neuer, aber ein immer wieder verdrängter Ansatz – ist die Chance unserer Zeit.

Was haben Gentechnik und Fortpflanzungsmedizin miteinander zu tun, was die Bevölkerungsexplosion mit dem Artensterben, neue Epidemien mit dem Vordringen des Menschen in den Regenwald, Mega-Städte mit dem Aufbau des Gehirns? Wie werden die großen Trends sich auf unsere Zivilisation auswirken? Filme und Buch versuchen, eine Antwort zu geben und neue Perspektiven zu eröffnen.

Ich danke allen, die zu diesem Projekt beigetragen haben. Stellvertretend seien genannt: Hans Helmut Hillrichs und Hans-Christian Huf, die beim ZDF die Idee von Anfang an getragen und mitentwickelt haben; Piotr Jaxa als Kameramann, mit dem ich für »Odyssee 3000« eine eigene Bildsprache entwickeln konnte – Katja Giorgetti hat ihr mit ihrem Schnitt einen eigenen Rhythmus gegeben; Günter Haaf, der mir mit Rat und Tat zur Seite stand. Christine Reiß-Suckow danke ich für die kluge und kritische Durchsicht des Manuskripts, Martin Ehrmann für seine wertvollen Recherchen und den Freunden Susan Sontag, Richard Sennett und David Hockney für die Anregungen aus ganz unterschiedlichen Perspektiven.

Paris, im Juli 1998

Literatur

Frankensteins Kinder

Bloom, Allan: *Der Niedergang des amerikanischen Geistes. Ein Plädoyer für die Erneuerung der westlichen Kultur.* Hamburg: Hoffmann und Campe, 1988

Fox Keller, Evelyn: *Das Leben neu denken. Metaphern der Biologie im 20. Jahrhundert.* München: Kunstmann, 1998

Frydman, René: *Dieu, la Médecine et l'Embryon.* Paris: Odile Jacob, 1997

Galton, Francis: *Inquiries into Human Faculty and its Development.* New York: Dutton, 1911

Goethe, Johann Wolfgang von: *Faust. Der Tragödie zweiter Teil.* II. Akt. V. 6835 ff.

Herbig, Jost: *Die Geningenieure. Durch Revolutionierung der Natur zum Neuen Menschen?* München/Wien: Hanser, 1978

Hotz, Robert Lee: *Designs of Life. Exploring the new Frontiers of Human Fertility.* New York: Pocket Books, 1991

Huxley, Aldous: *Schöne Neue Welt.* München: Piper, 1987

Jonas, Hans: *Technik, Medizin und Ethik. Zur Praxis des Prinzips Verantwortung.* Frankfurt/Main: Insel, 1987

Jordan, Bertrand: *Génétique & Génome. La Fin de l'Innocence.* Paris: Flammarion, 1996

Kitcher, Philip: *The Lives to Come. The Genetic Revolution and Human Possibilities.* London: Penguin, 1996

Koch, Claus: *Ende der Natürlichkeit. Eine Streitschrift zu Bio-Technik und Bio-Moral.* München: Hanser, 1994

Kolata, Gina: *Das geklonte Leben. Ein Jahrhundert-Experiment verändert die Zukunft des Menschen.* München/Zürich: Diana, 1997

Levine, Joseph S. / Suzuki, David: *Das Lebensmolekül. Erfolge der medizinischen Genetik.* München: Droemer Knaur, 1996

Maranto, Gina: *Designer-Babys. Träume vom Menschen nach Maß.* Stuttgart: Klett-Cotta, 1998

Paracelsus: *Liber primus de generationibus rerum naturalium.* Sämtliche Werke, Bd. 11. Hg. Karl Sudhoff. München: Barth/Oldenbourg

Rifkin, Jeremy: *Das biotechnische Zeitalter. Die Geschäfte mit der Genetik.* München: C. Bertelsmann, 1998

Schellekens, Huub u. a.: *Ingenieure des Lebens. DNA-Moleküle und Gentechniker.* Heidelberg: Spektrum, 1994

Shelley, Mary Wollstonecraft: *Frankenstein.* Aus dem Englischen von Friedrich Polakovics. Bibliotheca ›Dracula‹. Zweitausendeins. München: Hanser, 1970

Silver, Lee M.: *Das geklonte Paradies. Künstliche Zeugung und Lebensdesign im neuen Jahrtausend.* München: Droemer Knaur, 1998

Suzuki, David / Knudtson, Peter: *Genetics. The Ethics of Engeneering Life.* Cambridge/Massachusetts: Harvard University Press, 1990

Im Netz der Superhirne

Allman, William F.: *Menschliches Denken – Künstliche Intelligenz. Von der Gehirnforschung zur nächsten Computer-Generation.* München: Droemer Knaur, 1990

Breton, Philippe: *A l'Image de l'Homme. Du Golem aux créatures virtuelles.* Paris: Seuil, 1995

Crevier, Daniel: *A la recherche de l'intelligence artificielle.* Paris: Flammarion, 1997

Dennett, Daniel C.: *Brainchildren. Essays on Designing Minds.* London: Penguin, 1998

Dennett, Daniel C.: *Wie erkennen wir die Welt? Ein neues Verständnis des Bewußtseins.* München: C. Bertelsmann 1999

Derouzos, Michael L.: *What Will Be. How the New World of Information Will Change our Lives.* New York: Harper Edge, 1997

Dery, Mark: *Cyber. Die Kultur der Zukunft.* Berlin: Volk und Welt, 1997

Forrest J. Ackerman's World of Science Fiction. Los Angeles: General Publishing Group, o. J.

Freedman, David H.: *Brainmakers. How Scientists are Moving beyond Computers to Create a Rival to the Human Brain.* New York: Simon & Schuster, 1994

Gaudin, Thierry: *2100. Récit du prochain siècle.* Paris: Payot, 1990

Genth, Renate: »Im Banne der Maschinisierung. Neuordnung des Zivilisationsprozesses durch technische Eroberungen«. In: *Die Eroberung des Lebens. Technik und Gesellschaft an der Wende zum 21. Jahrhundert.* Hg. Lisbeth N. Tallori. Wien: Verlag für Gesellschaftskritik, 1996

Hagner, Michael: *Homo cerebralis. Der Wandel vom Seelenorgan zum Gehirn.* Berlin: Berlin Verlag, 1997

Helbig, Hermann: *Künstliche Intelligenz und automatische Wissensverarbeitung.* Berlin: Verlag Technik, 1996

Kaku, Michio: *Zukunftsvisionen. Wie Wissenschaft und Technik des 21. Jahrhunderts unser Leben revolutionieren.* München: Lichtenberg, 1998

Kelly, Kevin: *Das Ende der Kontrolle. Die biologische Wende in Wirtschaft, Technik und Gesellschaft.* Mannheim: Bollmann, 1997

Negroponte, Nicolas: *Total digital. Die Welt zwischen 0 und 1 oder Die Zukunft der Kommunikation*. München: C. Bertelsmann, 1995

Paul, Gregory S. / Cox, Earl: *Beyond Humanity. Cyberrevolution and Future Minds*. Rockland: Charles River Media, 1996

Penrose, Roger: *The Emperor's new Mind. Concerning Computers, Minds and the Laws of Physics*. Oxford: Oxford University Press, 1990

Randow, Gero von: *Roboter. Unsere nächsten Verwandten*. Reinbek: Rowohlt, 1997

Rawlins, Gregory J. E.: *Slaves of the Machine. The Quickening of Computer Technology*. Cambridge/Massachusetts: Bradford Book, 1997

Rorty, Richard: *Kontingenz, Ironie und Solidarität*. Frankfurt/Main: Suhrkamp, 1989

Rosnay, Joël de: *L'homme symbiotique. Regard sur le troisième millénnaire*. Paris: Seuil, 1995

Stock, Gregory: *Metaman. The Merging of Humans and Machines into a Global Superorganism*. New York: Simon & Schuster, 1993

Turkle, Sherry: *Leben im Netz. Identität in Zeiten des Internet*. Reinbek: Rowohlt, 1998

Weizenbaum, Joseph: *Kurs auf den Eisberg. Die Verantwortung des einzelnen und die Diktatur der Technik*. München/Zürich: Piper, 1987

Wills, Christopher: *Das vorauseilende Gehirn. Die Evolution der menschlichen Sonderstellung*. Frankfurt/Main: S. Fischer, 1996

Monster, Moloch, Mega-Stadt

Davis, Mike: *City of Quartz. Excavating the Future in Los Angeles*. New York: Vintage Books, 1992

Linden, Eugene: »Megacities«. In: *Time* 141,2 (11. 1. 1993): 24-34

Maar, Christa / Rötzer, Florian (Hg.): *Virtual Cities. Die Neu-*

erfindung der Stadt im Zeitalter der globalen Vernetzung. Basel: Birkhäuser, 1997

Mitchell, William J.: *City of Bits. Space, Place and the Infobahn.* Cambridge: MIT Press, 1997

Rieff, David: *Los Angeles: Capital of the Third World.* New York: Simon & Schuster, 1991

Safdie, Moshe: *The City After the Automobile. An Architect's Vision.* New York: BasicBooks, 1997

Scott, Allen J. / Soja, Edward W.: *The City. Los Angeles and Urban Theory at the End of the Twentieth Century.* Berkeley: University of California Press, 1996

Siegel, Fred: *The Future once happened here. New York, D. C., L. A., and the Fate of America's Big Cities.* New York: The Free Press, 1997

World Resources: The Urban Environment 1996–97. Oxford: University Press, 1997

Krieg der Viren

Camus, Albert: *Die Pest.* Reinbek: Rowohlt, 1984

Defoe, Daniel: *Ein Bericht vom Pest-Jahr.* Marburg: Jonas, 1987

Eberhard-Metzger, Claudia / Ries, Renate: *Verkannt und heimtückisch. Die ungebrochene Macht der Seuchen.* Basel: Birkhäuser, 1996

Garrett, Laurie: *Die kommenden Plagen. Neue Krankheiten in einer gefährdeten Welt.* Frankfurt/Main: S. Fischer, 1996

Karlen, Arno: *Man and Microbes. Disease and Plagues in History and Modern Times.* New York: Touchstone, 1996

Kursbuch 94 (November 1988): *Die Seuche.* Berlin: Kursbuchverlag

McCormick, Joseph B. / Fisher-Hoch, Susan: *Level 4. Virus Hunters of the CDC.* Atlanta: Turner, 1996

Preston, Richard: »The Bioweaponeers«. In: *The New Yorker* (9. März 1998): 52–65

Ryan, Frank: *Virus X. Tracking the new Killer Plagues – out of the Present and into the Future.* Boston/New York: Little, Brown & Company, 1997

Massensterben im Paradies

Grolle, Johann / Petermann, Jürgen: »›Wir werden einsam sein‹. Evolutionsbiologe Edward O. Wilson über Artenvielfalt, Ameisen und Menschen«. In: *Der Spiegel* 48 (27. 11. 1995): 193–204

Leakey, Richard / Lewin, Roger: *The Sixth Extinction. Biodiversity and its Survival.* London: Phoenix, 1997

Lovelock, James: *Gaia: Die Erde ist ein Lebewesen. Anatomie und Physiologie des Organismus Erde.* München: Heyne, 1996

Royte, Elizabeth: »On the Brink. Hawaii's Vanishing Species«. In: *National Geographic* 188, 3 (September 1995): 2–37

Ward, Peter: *The End of Evolution. A Journey in Search of Clues to the Third Mass Extinction Facing Planet Earth.* New York/Toronto: Bantam Books, 1995

Wilson, Edward O.: *Der Wert der Vielfalt. Die Bedrohung des Artenreichtums und das Überleben des Menschen.* München: Piper, 1995

Wilson, Edward O.: *Die Einheit des Wissens.* Berlin: Siedler, 1998

Wilson, Edward O.: *In Search of Nature.* Washinton/D. C.: Island Press, 1996

Personenregister

Sachregister